Ernst Mach

Populärwissenschaftliche Vorlesungen

Ernst Mach

Populärwissenschaftliche Vorlesungen

ISBN/EAN: 9783741147081

Hergestellt in Europa, USA, Kanada, Australien, Japan

Cover: Foto ©berggeist007 / pixelio.de

Weitere Bücher finden Sie auf **www.hansebooks.com**

POPULÄR-WISSENSCHAFTLICHE
VORLESUNGEN.

Von demselben Verfasser:

Die Geschichte und die Wurzel des Satzes der Erhaltung der Arbeit. Prag. 1872. Calve'sche Buchhandlung. 8⁰. 58 S.

Optisch-akustische Versuche. Prag. Calve'sche Buchhandlung. 1873. 8⁰. 110 S.

Grundlinien der Lehre von den Bewegungsempfindungen. Leipzig. Engelmann. 1875. 8⁰. 127 S.

Die Mechanik in ihrer Entwickelung historisch-kritisch dargestellt. Leipzig. Brockhaus. 2. Aufl. 1889. 8⁰. 492 S.

Beiträge zur Analyse der Empfindungen. Jena. Fischer. 1886. 8⁰. 168 S.

Im Druck:

Die Prinzipien der Wärmelehre, historisch-kritisch dargestellt. Leipzig. Johann Ambrosius Barth.

POPULÄR-WISSENSCHAFTLICHE

VORLESUNGEN

VON

Dr. E. MACH

PROFESSOR AN DER UNIVERSITÄT WIEN

MIT 46 ABBILDUNGEN

LEIPZIG
JOHANN AMBROSIUS BARTH
1896

Vorwort.

Die von der »Open Court Publishing Compagny« in Chicago i. J. 1895 veranstaltete Sammelausgabe meiner »Popular scientific lectures« in der vorzüglichen Übersetzung des Herrn Mc. Cormack hat der Verlagshandlung den Gedanken nahe gelegt, diese Sammlung auch in deutscher Sprache erscheinen zu lassen. Dieselbe ist in dieser Gestalt vermehrt um die Artikel 4, 9 und 14. Der Artikel 10 ist allein zuerst englisch erschienen in »The Monist«, und stellt eine freie Bearbeitung vor eines Teiles meiner Schrift über die »Erhaltung der Arbeit« (Prag. Calve 1872), welche ich auf Wunsch des Herrn Dr. P. Carus, Herausgebers des »Monist«, unternahm. Letztere Schrift, in welcher ich zuerst meinen Standpunkt in physikalischen Fragen darlegte, stellt nämlich in ihrer ursprünglichen Form allzugrofse Anforderungen an den Leser von populären Vorlesungen.

Die grofse Verschiedenheit der Artikel in Form, Geschmack, Stil, Stimmung und Ziel wird man entschuldigen, wenn man bedenkt, dafs dieselben einen Zeitraum von mehr als dreifsig Jahren umfassen. Im übrigen kann ich hier nur die Worte wiederholen, welche die englische Ausgabe begleiteten:

»Populäre Vorlesungen können mit Rücksicht auf die vorausgesetzten Kenntnisse und die zur Verfügung stehende Zeit nur in bescheidenem Maafse belehrend wirken. Dieselben müssen zu diesem Zweck leichtere Stoffe wählen und sich auf die Darlegung der einfachsten und wesentlichsten Punkte beschränken. Nichts desto weniger kann durch geeignete Wahl des Gegenstandes die Romantik und die Poesie der Forschung fühlbar gemacht werden. Hierzu ist nur nötig, dafs man das Anziehende und Spannende eines Problems darlegt, und zeigt, wie durch das von einer unscheinbaren Aufklärung ausstrahlende Licht zuweilen weite Gebiete von Thatsachen erleuchtet werden.«

»Auch durch den Nachweis der Gleichartigkeit des alltäglichen und des wissenschaftlichen Denkens können solche Vorlesungen günstig wirken. Das Publikum verliert hierdurch die Scheu vor wissenschaftlichen Fragen und gewinnt jenes Interesse an der Untersuchung, welches dem Forscher so förderlich ist. Diesem hingegen wird die Einsicht nahe gelegt, dafs er mit seiner Arbeit nur einen kleinen Teil des allgemeinen Entwicklungsprozesses vorstellt, und dafs die Ergebnisse der Forschung nicht nur ihm und einigen Fachgenossen, sondern dem Ganzen zu gut kommen sollen.«

Der deutsche Physiker wird in den nachfolgenden Artikeln und insbesondere in der erwähnten Schrift über »Erhaltung der Arbeit« manche Frage in früher Zeit erörtert finden, die später unter andern Schlagworten von andern Autoren behandelt worden ist. Einige dieser Fragen stehen in naher Beziehung zu der lebhaften Diskussion über ›Energetik‹, welche sich auf der Naturforscherversammlung zu Lübeck entwickelt hat. Einen Grund, m e i n e n Standpunkt zu ändern, habe ich aber aus dieser Diskussion nicht schöpfen können.

Wien, Februar 1896.

E. Mach.

Inhalt.

		Seite
I.	Die Gestalten der Flüssigkeit.	1
II.	Über die Cortischen Fasern des Ohres.	17
III.	Die Erklärung der Harmonie.	32
IV.	Zur Geschichte der Akustik.	48
V.	Über die Geschwindigkeit des Lichtes.	59
VI.	Wozu hat der Mensch zwei Augen?	74
VII.	Die Symmetrie.	100
VIII.	Bemerkungen zur Lehre vom räumlichen Sehen. . .	117
IX.	Über die Grundbegriffe der Elektrostatik (Menge, Potential, Capazität u. s. w.).	124
X.	Über das Prinzip der Erhaltung der Energie. . . .	154
XI.	Die ökonomische Natur der physikalischen Forschung	203
XII.	Über Umbildung und Anpassung im naturwissenschaftlichen Denken.	231
XIII.	Über das Prinzip der Vergleichung in der Physik. . .	251
XIV.	Über den Einfluſs zufälliger Umstände auf die Entwickelung von Erfindungen und Entdeckungen. . .	282
XV.	Über den relativen Bildungswert der philologischen und der mathematisch-naturwissenschaftlichen Unterrichtsfächer der höheren Schulen.	297

I.
Die Gestalten der Flüssigkeit.*

Was meinst Du wohl, lieber Euthyphron, was das Heilige sei und was das Gerechte und was das Gute? Ist das Heilige deshalb heilig, weil es die Götter lieben, oder sind die Götter deshalb heilig, weil sie das Heilige lieben? Solche und ähnliche leichte Fragen waren es, durch welche der weise Sokrates den Markt zu Athen unsicher machte, durch welche er namentlich naseweise junge Staatsmänner von der Last ihres eingebildeten Wissens befreite, indem er ihnen vorhielt, wie verwirrt, unklar und widerspruchsvoll ihre Begriffe seien.

Sie kennen die Schicksale des zudringlichen Fragers. Die sogenannte gute Gesellschaft zog sich auf der Promenade vor ihm zurück, nur Unwissende begleiteten ihn. Er trank zuletzt den Giftbecher, den man auch heute noch manchem Rezensenten seines Schlags, — wenigstens wünscht.

Was wir aber von Sokrates gelernt haben, was uns geblieben, ist die wissenschaftliche Kritik. Jedermann, der

* Vortrag gehalten im deutschen Casino zu Prag im Winter 1863.

sich mit Wissenschaft beschäftigt, erkennt, wie schwankend und unbestimmt die Begriffe sind, welche er aus dem gewöhnlichen Leben mitgebracht, wie bei schärferer Betrachtung der Dinge scheinbare Unterschiede sich verwischen, neue Unterschiede hervortreten. Und eine fortwährende Veränderung, Entwicklung und Verdeutlichung der Begriffe weist die Geschichte der Wissenschaft selbst auf.

Bei dieser allgemeinen Betrachtung des Schwankens der Begriffe, welche sich bis zur Unbehaglichkeit steigern kann, wenn man bedenkt, dafs sich dasselbe so ziemlich auf alles erstreckt, wollen wir nicht verweilen. Wir wollen vielmehr an einem naturwissenschaftlichen Beispiel sehen, wie sehr sich ein Ding ändert, wenn man es immer genauer und genauer ansieht, und wie es hierbei eine immer bestimmtere Form annimmt.

Die meisten von Ihnen meinen wohl ganz gut zu wissen, was flüssig und was fest sei. Und gerade wer sich nie mit Physik beschäftigt hat, wird diese Frage für die leichteste halten. Der Physiker weifs, dafs sie zu den schwierigsten gehört, und dafs die Grenze zwischen fest und flüssig kaum anzugeben ist. Ich will hier nur die Versuche von Tresca erwähnen, welche lehren, dafs feste Körper, einem hohen Druck ausgesetzt, sich ganz wie Flüssigkeiten verhalten, z. B. in Form eines Strahles aus der Bodenöffnung des Gefäfses, in welchem sie enthalten sind, ausfliefsen können. Der vermeintliche Artunterschied zwischen „flüssig und fest" wird hier zu einem blofsen Gradunterschied.

Wenn man sich gewöhnlich erlaubt, aus der Abplattung

der Erde auf einen ehemals flüssigen Zustand derselben zu schliefsen, so ist dies mit Rücksicht auf solche Thatsachen voreilig. Eine Kugel von einigen Zoll Durchmesser wird sich bei der Drehung freilich nur dann abplatten, wenn sie sehr weich, etwa aus frisch angemachtem Thon oder gar flüssig ist. Die Erde aber, sie mag aus dem festesten Gestein bestehen, mufs sich durch ihre eigene ungeheure Last zerdrücken, und verhält sich dann notwendig wie eine Flüssigkeit. Auch die Höhe unserer Berge könnte nicht über eine gewisse Grenze wachsen, ohne dafs sie eben zusammmenbrechen müfsten. Die Erde kann flüssig gewesen sein, aus der Abplattung folgt dies keineswegs.

Die Teilchen einer Flüssigkeit sind äufserst leicht verschiebbar, sie schmiegt sich dem Gefäfse genau an, sie hat keine eigentümliche Gestalt, wie Sie in der Schule gelernt haben. Indem sie sich in die Verhältnisse des Gefäfses bis in die feinsten Details hineinfindet, indem sie selbst an der Oberfläche, wo sie freies Spiel hätte, nichts zeigt, als das lächelnde, spiegelglatte, nichtssagende Antlitz, ist sie der vollendete Höfling unter den Naturkörpern.

Die Flüssigkeit hat keine eigentümliche Gestalt! Wenigstens für den nicht, der flüchtig beobachtet. Wer aber bemerkt hat, dafs ein Regentropfen rund und niemals eckig ist, der wird dieses Dogma nicht mehr so unbedingt glauben wollen.

Wir können von jedem Menschen, selbst dem charakterlosesten annehmen, dafs er einen Charakter hätte, wenn es eben in dieser Welt nicht zu schwierig wäre. So hätte wohl auch die Flüssigkeit ihre eigene Gestalt, wenn es der Druck der Verhältnisse gestattete, wenn sie nicht durch ihr eigenes Gewicht zerdrückt würde.

Ein müsiger Astronom hat einmal berechnet, dafs in der Sonne, selbst abgesehen von der unbehaglichen Temperatur, keine Menschen bestehen könnten, weil sie daselbst unter ihrer eigenen Last zusammenbrechen würden. Die gröfsere Masse des Weltkörpers bringt nämlich auch ein gröfseres Gewicht des Menschenkörpers auf demselben mit sich. Dagegen könnten wir im Monde, weil wir daselbst viel leichter wären, mit der uns eigenen Muskelkraft fast thurmhohe Sprünge ohne Schwierigkeit ausführen. Plastische Kunstwerke aus Syrup gehören wohl auch im Monde zu den Fabeln. Doch zerfliefst dort der Syrup wohl so langsam, dass man wenigstens zum Scherz einen Syrupmann ausführen könnte, wie bei uns einen Schneemann.

Wenn also auch bei uns die Flüssigkeiten keine eigentümliche Gestalt haben, vielleicht haben sie dieselbe im Monde oder auf einem noch kleineren und leichteren Weltkörper. Es handelt sich nur darum, die Schwere zu beseitigen, um die eigentümliche Gestalt der Flüssigkeit kennen zu lernen.

Diesen Gedanken hat Plateau in Gent ausgeführt. Er taucht eine Flüssigkeit (Öl) in eine andere von gleichem (spezifischem) Gewicht, in eine Mischung von Wasser und Weingeist. Das Öl verliert nun entsprechend dem Archimedes'schen Prinzip in dieser Mischung sein ganzes Gewicht; es sinkt nicht mehr unter seiner eigenen Last zusammen, die gestaltenden Kräfte des Öls, wären sie auch noch so schwach, haben jetzt freies Spiel.

In der That sehen wir jetzt zu unserer Ueberraschung, wie das Öl, statt sich in einer Schichte zu lagern, oder eine formlose Masse zu bilden, die Gestalt einer schönen, sehr vollkommenen Kugel annimmt, welche frei in der Mischung schwebt wie der Mond im Weltraum. Man kann so eine Kugel von mehreren Zoll Durchmesser aus Öl darstellen.

Bringt man in diese Ölkugel ein Scheibchen an einem Draht, so kann man den Draht zwischen den Fingern und damit die ganze Ölkugel in Drehung versetzen. Sie plattet sich hierbei ab, und man kann es sogar dahin bringen, daß sich von derselben ein Ring, ähnlich demjenigen des Saturnus, ablöst. Letzterer zerreißt schließlich, zerfällt in mehrere kleinere Kugeln und gibt uns ungefähr ein Bild der Entstehung des Planetensystems nach der Kant'schen und Laplace'schen Auffassung.

Noch eigentümlicher werden die Erscheinungen, wenn

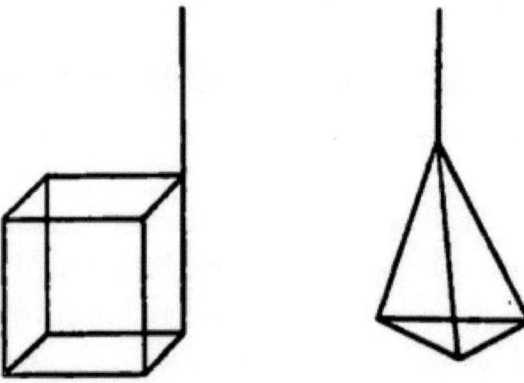

Fig. 1.

man die gestaltenden Kräfte der Flüssigkeit gewissermafsen stört, indem man einen festen Körper mit der Oberfläche der Flüssigkeit in Berührung bringt. Taucht man z. B. das Kantengerüst eines Würfels aus Draht in die Ölmasse, so legt sich diese überall an den Draht an. Reicht nun die Menge des Öls gerade hin, so erhält man einen Ölwürfel mit vollkommen ebenen Wänden. Ist zu viel oder zu wenig Öl vorhanden, so werden die Wände des Würfels bauchig, beziehungsweise hohl. Auf ganz ähnliche Weise kann man noch die verschiedensten geometrischen Figuren aus Öl herstellen, z, B. eine dreiseitige Pyramide, oder einen Cylinder, indem man im letzteren Falle das Öl zwischeu zwei Drahtringe fafst u. s. w.

Interessannt wird die Veränderung der Gestalt, die eintritt, sobald man von einem solchen Ölwürfel oder von der Ölpyramide fort und fort mit Hilfe eines Glasröhrchens etwas Öl wegsaugt. Der Draht hält das Öl fest. Die Figur wird im Innern immer schmächtiger, zuletzt ganz dünn. Sie besteht schliefslich aus einer Anzahl dünner ebener Ölplättchen, welche von den Kanten des Würfels ausgehen und im Mittelpunkte in einem kleinen Tropfen Öl zusammenstofsen. Ähnlich bei der Pyramide.

Es liegt nun der Gedanke nahe, dafs eine so dünne Flüssigkeitsfigur, die auch nur ein sehr geringes Gewicht hat, durch dieses nicht mehr zerdrückt werden kann, so wie eine kleine, weiche Thonkugel unter ihrem eigenen Gewicht auch nicht mehr leidet. Dann brauchen wir aber das Wasser-Weingeistgemisch nicht mehr zur Darstellung unserer Figuren, dann können wir sie im freien Luftraume darstellen. Wirklich fand nun Plateau, daß die dünnen Figuren, oder wenigstens sehr ähnliche, sich einfach in Luft darstellen lassen, indem man die erwähnten Drahtnetze für einen Augenblick in Seifenlösung taucht und wieder herauszieht. Das Experiment ist nicht schwer. Die Figur bildet sich ohne Anstand von selbst. Die nachstehende Zeichnung vergegenwärtigt den Anblick, den man an dem Würfel- und Pyramidennetz erhält. Am Würfel

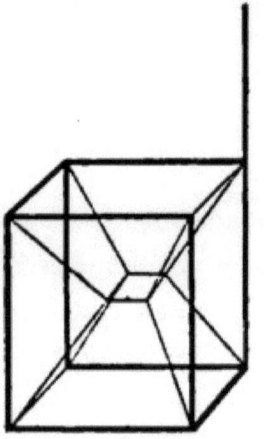

Fig. 2.

gehen dünne, ebene Seifenhäutchen von den Kanten aus nach einem kleinen quadratischen Häutchen in der Mitte. An der Pyramide geht von jeder Kante ein Häutchen nach dem Mittelpunkt der Pyramide.

Diese Figuren sind so schön, daß sie sich schwer entsprechend beschreiben lassen. Die hohe Regelmäßigkeit und geometrische Schärfe setzen jeden in Erstaunen, der sie zum erstenmale sieht. Leider sind sie nur von kurzer Dauer. Sie platzen beim Trocknen der Lösung an der Luft, nachdem sie uns zuvor das brillanteste Farbenspiel vorgeführt haben, wie dies so die Art der Seifenblasen ist. Teils die Schönheit der Figuren, teils die Absicht, sie genauer zu untersuchen, erregt den Wunsch, sie zu fixieren. Dies gelingt sehr einfach. Man taucht die Drahtnetze statt in Seifenlösung in geschmolzenes reines Kolophonium oder in Leim. Beim Herausziehen bildet sich sofort die Figur und erstarrt an der Luft.

Es ist zu bemerken, daſs auch die massiven Flüssigkeitsfiguren sich in der freien Luft darstellen lassen, wenn man sie nur von hinlänglich kleinem Gewichte, also mit recht kleinen Drahtnetzen darstellt. Verfertigt man sich z. B. aus sehr feinem Draht ein Würfelnetz von etwa 3 mm Seitenlänge, so braucht man dies nur einfach in Wasser zu tauchen, um ein massives kleines Wasserwürfelchen herauszuziehen. Mit etwas Löschpapier läſst sich leicht das überflüssige Wasser entfernen und das Würfelchen ebnen.

Noch eine einfache Art, die Figuren zu beobachten, läſst sich auffinden. Ein Tröpfchen Wasser auf einer befetteten Glasplatte zerflieſst nicht mehr, wenn es klein genug ist, es plattet sich aber durch sein Gewicht, durch welches es gegen die Unterlage gepreſst wird, etwas ab. Die Abplattung ist desto geringer, je kleiner der Tropfen. Je kleiner der Tropfen, desto mehr nähert er sich der Kugelform. Umgekehrt verlängert sich ein Tropfen, der an einem Stäbchen hängt, durch sein Gewicht. Die untersten Teile eines Tropfens auf der Unterlage werden gegen die Unterlage gepreſst, die oberen Teile gegen die unteren, weil letztere am Ausweichen gehindert sind. Fällt aber ein Tropfen frei herab, so bewegen sich alle Teile gleich schnell, keiner wird durch den andern gehindert, keiner drückt also den andern. Ein frei fallender Tropfen leidet also nicht unter seinem Gewicht, er verhält sich wie schwerlos, er nimmt die Kugelform an.

Wenn wir die Seifenhautfiguren, welche mit verschiedenen Drahtnetzen erzeugt wurden, überblicken, bemerken wir eine grofse Mannigfaltigkeit, die nichtsdestoweniger das Gemeinsame derselben nicht zu verdecken vermag.

„Alle Gestalten sind ähnlich, und keine gleichet der andern;

Und so deutet das Chor auf ein geheimes Gesetz —"

Plateau hat dieses geheime Gesetz ermittelt. Es lässt sich zunächst ganz trocken in folgenden zwei Sätzen aussprechen:

1. Wo mehrere ebene Flüssigkeitshäutchen in der Figur zusammentreffen, sind sie stets drei an der Zahl, und je zwei bilden mit einander nahe gleiche Winkel.
2. Wo mehrere flüssige Kanten in der Figur zusammentreffen, sind sie stets vier an der Zahl, und je zwei derselben bilden mit einander nahe gleiche Winkel.

Das sind nun freilich zwei recht kuriose Paragraphen eines trostlosen Gesetzes, dessen Grund wir nicht recht einzusehen vermögen. Diese Bemerkung können wir aber oft auch an anderen Gesetzen machen. Nicht immer sind der Fassung des Gesetzes die vernünftigen Motive des Gesetzgebers anzusehen. In der That lassen sich aber unsere beiden Paragraphen auf sehr einfache Gründe zurückführen. Werden nämlich diese Paragraphe genau befolgt, so kommt dies darauf hinaus, daſs die Oberfläche der Flüssigkeit so klein ausfällt, als sie unter den gegebenen Umständen werden kann.

Wenn also ein äuſserst intelligenter, mit allen Kniffen der höheren Mathematik ausgerüsteter — Schneider sich die Aufgabe stellen würde, das Drahtnetz eines Würfels so mit Tuch zu überziehen, daſs jeder Tuchlappen mit dem Draht und auch mit dem übrigen Tuch zusammenhängt, wenn er dies Geschäft mit der Nebenabsicht ausführen wollte, möglichst viel Stoff — bei Seite zu legen; so würde er keine andere Figur zu stande bringen, als diejenige, welche sich auf dem Drahtnetz aus Seifenlösung von selbst bildet. Die Natur verfährt bei Bildung der Flüssigkeitsfiguren nach dem Prinzip eines habsüchtigen Schneiders, sie kümmert sich hiebei nicht um die Façon. Aber merkwürdig genug! die schönste Façon bildet sich dabei von selbst.

Unsere erwähnten beiden Paragraphen gelten zunächst nur für die Seifenfiguren, sie finden selbstverständlich keine Anwendung auf die massiven Ölfiguren. Der Satz aber, dass die Oberfläche der Flüssigkeit so klein ausfällt, als sie unter den gegebenen Umständen werden kann, passt auf alle Flüssigkeitsfiguren. Wer nicht nur den Buchstaben, sondern die Motive des Gesetzes kennt, wird sich auch in Fällen zurechtfinden, in welchen der Buchstabe nicht mehr ganz passt. So ist es nun auch mit dem Prinzip der kleinsten Oberfläche. Es führt uns überall richtig, auch wo die beiden erwähnten Paragraphen nicht mehr passen.

Es handelt sich nun zunächst darum, uns anschaulich zu machen, dafs die Flüssigkeitsfiguren nach dem Princip der kleinsten Oberfläche zu stande kommen. Das Öl auf unserer Drahtpyramide in dem Wasser-Weingeistgemisch haftet an den Drahtkanten, die es nicht verlassen kann, und die gegebene Oelmenge trachtet sich nun so zu formen, dafs die Oberfläche hiebei möglichst klein ausfällt. Versuchen wir diese Verhältnisse nachzuahmen! Wir überziehen die Drahtpyramide mit einer Kautschukhaut und an die Stelle des Drahtstiels setzen wir ein Röhrchen, welches in's Innere des von Kautschuk eingeschlossenen Raumes führt. Durch dieses Röhrchen können wir Luft einblasen oder aussaugen. Die vorhandene Luftmenge stellt uns die Menge des Öls vor, die gespannte Kaut-

Fig. 3.

schukhaut aber, welche sich möglichst zusammenziehen will, und an den Drahtkanten haftet, repräsentiert die verkleinerungssüchtige Öloberfläche. Wirklich erhalten wir nun beim Einblasen und Ausziehen der Luft alle Ölpyramidenfiguren von der bauchigen bis zur hohlwandigen. Schliefslich, wenn wir alle Luft aussaugen, präsentirt sich uns die Seifenfigur. Die Kautschukblätter klappen ganz an einander, werden vollkommen eben und stofsen in vier scharfen Kanten im Mittelpunkte der Pyramide zusammen.

An den Seifenhäutchen läfst sich, wie V. an der Mensbrugghe gezeigt hat, das Verkleinerungsbestreben direkt nachweisen. Taucht man ein Drahtquadrat mit einem

Stiel in Seifenlösung, so erhält man an demselben eine schöne ebene Seifenhaut. Auf diese legen wir einen dünnen

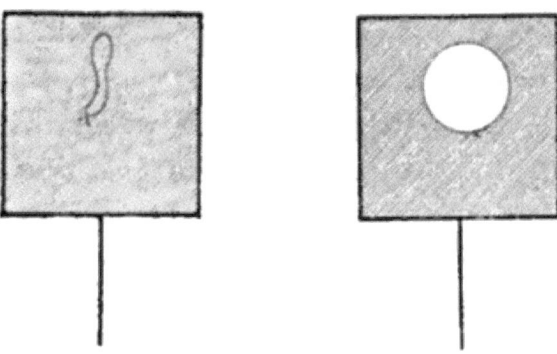

Fig. 4.

Faden, dessen beide Enden wir mit einander verknüpft haben. Stöfst man die vom Faden umschlossene Flüssigkeit durch, so erhalten wir eine Seifenhaut mit einem kreisförmigen Loch, dessen Grenze der Faden bildet, ähnlich einer Sparherdplatte. Indem der Rest der·Haut sich möglichst verkleinert, wird bei der unveränderlichen Länge des Fadens das Loch möglichst grofs, was nur bei der Kreisform erreicht ist.

Nach dem Prinzip der kleinsten Oberfläche nimmt auch die frei schwebende Ölmasse die Kugelform an. Die Kugel ist die Form der kleinsten Oberfläche bei gröfstem Inhalt. Nähert sich doch ein Reisesack desto mehr der Kugelform, je mehr wir ihn füllen.

Wieso das Prinzip der kleinsten Oberfläche unsere beiden sonderbaren Paragraphen zur Folge haben kann, wollen wir uns an einem einfacheren Falle aufklären. Denken wir uns über vier feste Rollen *abcd* und durch zwei bewegliche Ringe fg, eine am Nagel e befestigte glatte Schnur gewunden, welche bei h mit einem Gewicht

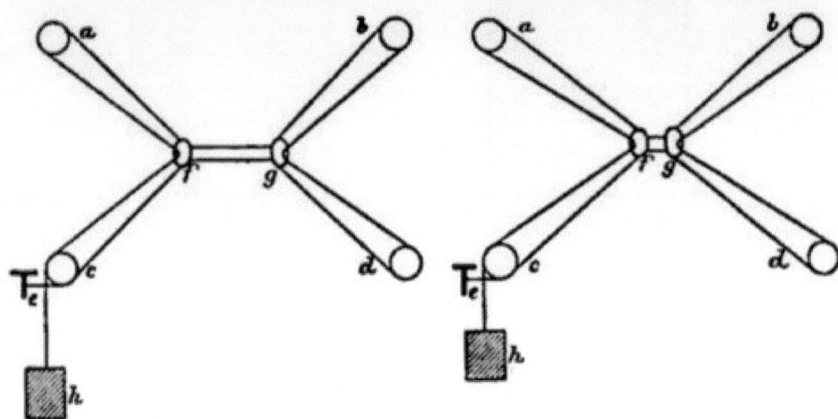

Fig. 5.

beschwert ist. Dies Gewicht hat nun kein anderes Bestreben, als zu fallen, also den Schnurteil eh möglichst zu verlängern, also den Rest der Schnur, der sich über die Rollen schlingt, möglichst zu verkürzen. Die Schnüre müssen mit den Rollen und vermöge der Ringe mit einander in Verbindung bleiben. Die Verhältnisse sind also ähnliche, wie bei den Flüssigkeitsfiguren. Das Ergebnis ist auch ein ähnliches. Wenn wie in der Figur vier Schnurpaare zusammenstofsen, so bleibt es nicht dabei. Das Verkürzungsbestreben der Schnur hat zur Folge, dafs die Ringe auseinandertreten, so zwar, dafs jetzt überall nur drei Schnurpaare aneinanderstofsen, und zwar je zwei unter gleichen Winkeln (von 120°.) In der That ist bei dieser Anordnung die gröfstmögliche Verkürzung der Schnur erreicht, wie sich elementar geometrisch leicht nachweisen läfst.

Wir können hiernach das Zustandekommen der schönen und komplizierten Figuren durch das blofse Streben der Flüssigkeit nach einer kleinsten Oberfläche wohl einigermafsen begreifen. Eine weitere Frage ist aber die: Warum streben die Flüssigkeiten nach einer kleinsten Oberfläche?

Die Teilchen der Flüssigkeit haften an einander. Die Tropfen, mit einander in Berührung gebracht, fliefsen zusammen. Wir können sagen, die Flüssigkeitstheilchen ziehen sich an. Dann suchen sie sich aber einander möglichst zu nähern. Die Teile, welche sich an der Oberfläche befinden, werden trachten, möglichst in das Innere der Mafse einzudringen. Dieser Prozefs kann erst beendigt sein, wenn die Oberfläche so klein geworden ist, als es unter den gegebenen Umständen möglich ist, wenn so wenige Teilchen als möglich an der Oberfläche zurückgeblieben, wenn so viele Teile als möglich in's Innere eingedrungen sind, wenn die Anziehungskräfte nichts mehr zu leisten übrig behalten haben.*)

Der Kern des Prinzips der kleinsten Oberfläche, welches auf den ersten Blick ein recht ärmliches Prinzip zu sein scheint, liegt also in einem anderen, noch viel einfacheren Grundsatz, der sich etwa so anschaulich machen läfst. Wir können die Anziehungs- und Abstofsungskräfte der Natur als Absichten der Natur auffassen. Es ist ja der innere Druck, den wir vor einer Handlung fühlen und den wir Absicht nennen, endlich nicht so wesentlich verschieden von dem Drucke des Steines auf seine Unter-

---

* Fast in allen gut durchgeführten Teilen der Physik spielen solche Maximum- oder Minimum-Aufgaben eine grofse Rolle.

lage oder dem Drucke des Magneten auf einen andern, dafs es unerlaubt sein müfste, für beide wenigstens in gewisser Rücksicht denselben Namen zu gebrauchen. Die Natur hat also die Absicht, das Eisen dem Magnete, den Stein dem Erdmittelpunkte zu nähern u. s. w. Kann eine solche Absicht erreicht werden, so wird sie ausgeführt. Ohne aber Absichten zu erreichen, thut die Natur gar nichts. Darin verhält sie sich vollkommen wie ein guter Geschäftsmann.

Die Natur will die Gewichte tiefer bringen. Wir können ein Gewicht heben, indem wir ein anderes gröfseres dafür sinken lassen, oder indem wir eine andere stärkere Absicht der Natur befriedigen. Meinen wir die Natur schlau zu benützen, so stellt sich die Sache, näher betrachtet, immer anders. Denn immer hat sie uns benützt, um ihre Absichten zu erreichen.

Gleichgewicht, Ruhe besteht immer nur dann, wenn die Natur nichts in ihren Absichten erreichen kann, wenn die Kräfte der Natur so weit befriedigt sind, als dies unter den gegebenen Umständen möglich ist. So sind z. B. schwere Körper im Gleichgewicht, wenn der sogenannte Schwerpunkt so tief wie möglich liegt, oder wenn so viel Gewicht, als es die Umstände erlauben, so tief wie möglich gesunken ist.

Man kann sich kaum des Gedankens erwehren, dafs dieser Grundsatz auch aufser dem Gebiete der sogenannten unbelebten Natur seine Geltung hat. Gleichgewicht im Staate besteht auch dann, wenn die Absichten der Parteien so weit erreicht sind, als es momentan möglich ist, oder wie man scherzweise in der Sprache der Physik sagen könnte, wenn die soziale potentielle Energie ein Minimum geworden ist.*)

Sie sehen, unser geizig kaufmännisches Prinzip ist reich an Folgerungen. Ein Resultat der nüchternsten Forschung, ist es für die Physik so fruchtbar geworden, wie die trockenen Fragen des Sokrates für die Wissenschaft überhaupt. Erscheint auch das Prinzip zu wenig ideal, desto idealer sind dessen Früchte.

Und was sollte sich auch die Wissenschaft eines solchen Prinzipes schämen? Ist doch die Wissenschaft selbst nichts weiter als ein — Geschäft!**) Stellt sie sich doch die Aufgabe, mit möglichst wenig Arbeit, in möglichst kurzer Zeit, mit möglichst wenigen Gedanken sogar, möglichst viel zu erwerben von der ewigen, unendlichen Wahrheit.***)

---

* Ähnliche Betrachtungen finden sich bei Quételet, „du systeme sociale".

** Die Wissenschaft selbst läfst sich als eine Maximum- und Minimum-Aufgabe betrachten, so wie das Geschäft eines Kaufmannes. Überhaupt ist die geistige Thätigkeit des Forschers nicht so sehr verschieden von jener des gewöhnlichen Lebens, als man sich dies gewöhnlich vorstellt.

*** Vergl. Artikel 11.

II.
Über die Cortischen Fasern des Ohres.*)

Wer das Reisen kennt, der weiſs, daſs die Wanderlust mit dem Wandern wächst. Wie schön muſs sich wohl dies waldige Thal von jenem Hügel ausnehmen! Wo rieselt dieser klare Bach hin, der sich dort in dem Schilf verbirgt. Wenn ich nur wüſste, wie die Landschaft hinter jenem Berge' aussieht. So denkt das Kind bei seinen ersten Ausflügen. So ergeht es auch dem Naturforscher.

Die ersten Fragen werden dem Forscher durch praktische Rücksichten aufgedrängt, die spätern nicht mehr. Zu diesen zieht ihn ein unwiderstehlicher Reiz, ein edleres Interesse, das weit über das materielle Bedürfnis hinaus geht. Betrachten wir einen besonderen Fall.

Seit geraumer Zeit fesselt die Einrichtung des Gehörorgans die Aufmerksamkeit der Anatomen. Eine bedeutende Anzahl wichtiger Entdeckungen wurde durch ihre Arbeit zu Tage gefördert, eine schöne Reihe von Thatsachen und Wahrheiten wurde festgestellt. Allein mit

---
*) Populäre Vorlesung gehalten i. J. 1864 zu Graz.

diesen Thatsachen erschien eine Reihe von neuen merkwürdigen Rätseln.

Während die Lehre von der Organisation und den Verrichtungen des Auges bereits zu einer verhältnismäßig bedeutenden Klarheit gediehen ist, während gleichzeitig die Augenheilkunde eine Stufe erreicht hat, welche das vorige Jahrhundert kaum ahnen konnte, während der beobachtende Arzt mit Hilfe des Augenspiegels tief ins Innere des Auges eindringt, liegt die Theorie des Ohres zum Teil noch in einem ebenso geheimnisvollen als für den Forscher anziehenden Dunkel.

Nehmen Sie dies Ohrmodell in Augenschein! Schon bei jenem allgemein bekannten populären Teile, nach dessen Erstreckung in den Weltraum hinaus die Menge des Verstandes geschätzt wird, schon bei der Ohrmuschel beginnen die Rätsel. Sie sehen hier eine Reihe zuweilen sehr zierlicher Windungen, deren Bedeutung man nicht genau anzugeben vermag. Und doch sind sie gewiß nicht ohne Grund da.

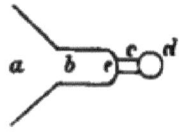

Fig. 1.

Die Ohrmuschel (*a* in nebenstehendem Schema) führt den Schall in den mehrfach gekrümmten Gehörgang *b*, welcher durch eine dünne Haut, das sogenannte Trommelfell *c* abgeschlossen ist. Dieses wird durch den Schall in Bewegung gesetzt und bewegt wieder eine Reihe kleiner sonderbar geformter Knöchelchen (*c*). Den Schluß bildet das Labyrinth (*d*). Es besteht aus einer Anzahl mit Flüssigkeit gefüllter Höhlen, in welche die unzähligen Fasern des Gehörnervs eingebettet sind.

Durch die Schwingung der Knöchelchen *c* wird die Labyrinthflüssigkeit erschüttert und der Gehörnerv gereizt. Hier beginnt der Prozeſs des Hörens. So viel ist festgestellt. Die Einzelheiten aber sind ebensoviele unerledigte Fragen.

Zu allen diesen Rätseln hat Marchese A. Corti erst im Jahre 1851 ein neues hinzugefügt. Und merkwürdig, gerade dieses Rätsel ist es, welches wahrscheinlich die erste richtige Lösung erfahren hat. Dies wollen wir heute besprechen.

Corti fand nämlich in der Schnecke, einem Teil des Labyrinthes, eine grofse Anzahl skalenartig geordneter mit fast geometrischer Regelmäſsigkeit neben einander gelagerter mikroskopischer Fasern. Kölliker zählte derselben an 3000. Max Schultze und Deiters haben sie ebenfalls untersucht.

Die Beschreibung der Einzelheiten könnte Sie nur belästigen, ohne grössere Klarheit in die Sache zu bringen. Ich ziehe es deshalb vor kurz zu sagen, was nach der Ansicht bedeutender Naturforscher wie Helmholtz und Fechner das Wesentliche an diesen Cortischen Fasern ist. Die Schnecke scheint eine grofse Anzahl elastischer Fasern von abgestufter Länge (Fig. 2) zu enthalten, an welchen die Zweige des Hörnervs hängen. Diese ungleich langen Cortischen Fasern müssen offenbar auch von ungleicher Elastizität und demnach auf verschiedene Töne gestimmt sein. Die Schnecke stellt also eine Art Klavier vor.

Fig. 2.

Wozu mag nun diese Einrichtung, die sich sonst bei keinem andern Sinnesorgan wieder findet, taugen? Hängt sie nicht mit einer ebenso besonderen Eigenschaft des Ohres zusammen? Und in der That gibt es eine solche. Sie wissen wohl, daß es möglich ist, in einer Symphonie die einzelnen Stimmen für sich zu verfolgen. Ja sogar in einer Bach'schen Fuge geht dies noch an, und dies ist doch schon ein tüchtiges Stück Arbeit. Aus einer Harmonie sowohl, wie aus dem größten Tongewirre, vermag das Ohr die einzelnen Tonbestandteile herauszuhören. Das musikalische Ohr analysiert jedes Tongemenge. Das Auge hat eine analoge Eigenschaft nicht. Wer vermöchte es z. B. dem Weiß anzusehen, ohne es auf dem Wege des physikalischen Experimentes erfahren zu haben, daß es durch Zusammensetzung aus einer Reihe von Farben entsteht. Sollten nun die beiden Dinge, die genannte Eigenschaft und die von Corti entdeckte Einrichtung des Ohres, wirklich zusammenhängen? Es ist sehr wahrscheinlich. Das Rätsel wird gelöst, wenn wir annehmen, dass jedem Ton von bestimmter Höhe eine besondere Faser des Corti'schen Ohrklaviers und demnach ein besonderer an derselben hängender Nervenzweig entspricht.

Damit ich jedoch in den Stand gesetzt werde, Ihnen dies vollständig klar zu machen, muß ich bitten, mir einige Schritte durch das dürre Gebiet der Physik zu folgen.

Betrachten Sie ein Pendel. Aus der Gleichgewichtslage gebracht, etwa durch einen Stoß, fängt das Pendel an in einem bestimmten Takte zu schwingen, der von seiner

Länge abhängt. Längere Pendel schwingen langsamer, kürzere rascher. Unser Pendel soll etwa einen Hin- und Hergang in einer Sekunde ausführen.

Das Pendel kann leicht auf doppelte Art in heftige Schwingungen versetzt werden, entweder durch einen starken plötzlichen Stofs, oder durch eine Anzahl passend angebrachter kleiner Stöfse. Wir bringen z. B. dem in der Gleichgewichtslage ruhenden Pendel einen ganz kleinen Stofs bei. Es führt dann eine sehr kleine Schwingung aus. Wenn es nun nach einer Sekunde zum drittenmal die Gleichgewichtslage wieder passiert, geben wir wieder einen ganz kleinen Stofs in der Richtung des ersten. Abermals nach einer Sekunde beim fünften Durchgang durch die Gleichgewichtslage stofsen wir wieder u. s. f. — Sie sehen, bei einer solchen Operation werden unsere Stöfse immer die bereits vorhandene Bewegung des Pendels unterstützen. Nach jedem kleinen Stofse wird es in seinen Schwingungen etwas weiter ausholen und endlich eine ganz beträchtliche Bewegung zeigen.*)

Dies wird uns jedoch nicht immer gelingen. Es gelingt nur, wenn wir in demselben Takte stofsen, in welchem das Pendel selbst schwingen will. Würden wir z. B. den zweiten Stofs schon anbringen nach einer halben Sekunde und in gleicher Richtung wie den ersten Stofs, so müfste dieser der Bewegung des Pendels gerade entgegen wirken. Überhaupt ist leicht einzusehen, dafs wir die Bewegung des Pendels desto mehr unterstützen, je mehr der Takt

---

*) Dies Experiment mit den anschliefsenden Betrachtungen rührt von Galilei her.

unserer kleinen Stöfse dem eigenen Takte des Pendels gleichkommt. Stofsen wir in einem andern Takte, als das Pendel schwingt, so befördern wir zwar auch in einigen Momenten dessen Schwingung, in andern aber hemmen wir dieselbe wieder. Der Effekt wird im ganzen desto geringer, je mehr unsere Handbewegung von der Bewegung des Pendels verschieden ist.

Was vom Pendel gilt, kann man von jedem schwingenden Körper sagen. Eine tönende Stimmgabel schwingt auch, sie schwingt rascher wenn sie höher, langsamer wenn sie tiefer ist. Unserm Stimm-A entsprechen etwa 450 Schwingungen in der Sekunde.

Ich stelle zwei genau gleiche Stimmgabeln mit Resonanzkästchen versehen auf den Tisch nebeneinander. Die eine Gabel schlage ich kräftig an, so dafs sie einen starken Ton gibt, und erfasse sie alsbald wieder mit der Hand, um den Ton zu unterdrücken. Nichtsdestoweniger hören Sie den Ton ganz deutlich fortsingen, und durch Betasten können Sie sich überzeugen, dafs nun die andere nicht angeschlagene Gabel schwingt.

Ich klebe dann etwas Wachs an die eine Gabel. Dadurch wird sie verstimmt, sie wird ein klein wenig tiefer. Wiederhole ich nun dasselbe Experiment mit den zwei ungleich hohen Gabeln, indem ich die eine Gabel anschlage und dieselbe mit der Hand erfasse, so verlischt in demselben Augenblicke der Ton, als ich die Gabel berühre.

Wie geht es nun bei diesen beiden Experimenten zu? — Ganz einfach! — Die schwingende Gabel bringt der Luft 450 Stöfse in der Sekunde bei, welche sich bis zur anderen Gabel fortpflanzen. Ist die andere Gabel auf denselben Ton gestimmt, schwingt sie also für sich angeschlagen in demselben Takte, so genügen die ersten Stöfse, so gering sie auch sein mögen, um sie in lebhaftes Mitschwingen zu versetzen. Dies tritt nicht mehr ein, sobald der Schwingungstakt beider Gabeln etwas verschieden ist. Man mag noch so viele Gabeln anschlagen, die auf A gestimmte Gabel verhält sich gegen alle Töne gleichgiltig aufser gegen ihren Eigenton oder demselben sehr nahe liegende Töne. Und wenn Sie 3, 4, 5 .... Gabeln zugleich anschlagen, so tönt die A-Gabel nur dann mit, wenn sich unter den angeschlagenen auch eine A-Gabel befindet. Sie wählt also unter den angegebenen Tönen denjenigen aus, welcher ihr entspricht.

Man kann dasselbe von allen Körpern behaupten, welche zu tönen vermögen. Trinkgläser klingen beim Klavierspiel auf den Anschlag bestimmter Töne, ebenso die Fensterscheiben. Die Erscheinung ist nicht ohne Analogie in anderen Gebieten. Denken Sie sich einen Hund, der auf den Namen Phylax hört; er liegt unter dem Tische. Sie sprechen von Herkules und Plato, Sie rufen alle Heldennamen, die Ihnen einfallen. Der Hund rührt sich nicht, obgleich Ihnen eine ganz leise Bewegung seines Ohres andeutet das leise Mitschwingen seines Bewufstseins. So wie Sie aber Phylax rufen, springt er Ihnen freudig entgegen. Die Stimmgabel ist ähnlich dem Hund; sie hört auf den Namen A.

Sie lächeln, meine Damen! — Sie rümpfen die Näschen — das Bild gefällt Ihnen nicht! — Ich kann noch mit einem andern dienen. Zur Strafe sollen Sie's hören. Es ergeht Ihnen nicht besser als der Stimmgabel. Viele Herzen pochen Ihnen warm entgegen. Sie nehmen keine Notiz davon; Sie bleiben kalt. Das nützt Ihnen aber nichts; das wird sich rächen. Kommt nur einmal ein Herz, das so ganz im rechten Rhythmus schlägt, dann — hat auch Ihr Stündlein geschlagen. Dann schwingt auch ihr Herz mit, Sie mögen wollen oder nicht. Dies Bild ist wenigstens nicht ganz neu, denn schon die Alten, wie die Philologen versichern, kannten — die Liebe.

Das für tönende Körper aufgestellte Gesetz des Mitschwingens erfährt eine gewisse Änderung für solche Körper, welche nicht selbst zu tönen vermögen. Solche Körper schwingen zwar viel schwächer aber fast mit jedem Tone mit. Ein Cylinderhut tönt bekanntlich nicht. Wenn Sie aber im Konzert den Hut in der Hand halten, können Sie die ganze Symphonie nicht bloſs hören, sondern mit den Fingern fühlen. Es ist wie bei den Menschen. Wer selbst den Ton anzugeben vermag, kümmert sich wenig um das Gerede der andern. Der Charakterlose geht aber überall mit, der muſs überall dabei sein, im Mäſsigkeitsverein und beim Trinkgelage — überall wo es ein Comité zu bilden gibt. Der Cylinderhut ist unter den Glocken, was der Charakterlose unter den Charakteren.

Ein klangfähiger Körper tönt also jedesmal mit, sobald sein Eigenton entweder allein oder zugleich mit andern Tönen angegeben wird. Gehn wir nun einen Schritt weiter. Wie wird sich eine Gruppe von klangfähigen Körpern verhalten, welche ihren Tonhöhen nach eine Skala bilden? — Denken wir uns z. B. eine Reihe von Stäben oder Saiten (Fig. 3), welche auf die Töne $c\,d\,e\,f\,g\ldots$ gestimmt sind. Es werde auf einem musikalischen Instrument der Akkord $c\,e\,g$ angegeben. Jeder der Stäbe (Fig. 3) wird sich umsehen, ob in dem Akkorde sein Eigenton enthalten ist, und wenn er diesen findet, wird er mittönen. Der Stab c gibt also sofort den Ton c, der Stab e den Ton e, der Stab g den Ton g. Alle übrigen Stäbe bleiben in Ruhe, tönen nicht.

Fig. 3.

Wir brauchen nach einem solchen Instrumente, wie das hier erdichtete, nicht lange zu suchen. Jedes Klavier ist ein solcher Apparat, an welchem sich das erwähnte Experiment in ganz auffallender Weise ausführen läfst. Wir stellen zwei gleichgestimmte Klaviere neben einander. Das erste verwenden wir zur Tonerregung, das zweite lassen wir mitschwingen, nachdem wir die Dämpfung gehoben, und die Saiten also bewegungsfähig gemacht haben.

Jede Harmonie, die wir auf dem ersten Klavier kurz anschlagen, hören wir auf dem zweiten deutlich wiederklingen. Um nun nachzuweisen, dafs es dieselben Saiten sind, die auf dem einem Klavier angeschlagen werden, und auf dem andern wiederklingen, wiederholen wir das Experiment in etwas veränderter Weise. Wir lassen auch auf dem zweitem Klavier die Dämpfung nieder und halten auf diesem blofs die Tasten $c\,e\,g$, während wir auf dem ersten $c\,e\,g$ kurz anschlagen. Die Harmonie $c\,e\,g$ tönt auch jetzt in dem zweiten Klavier nach. Halten wir aber auf einem Klavier blofs g, indem wir auf dem andern $c\ e\ g$ anschlagen, so klingt blofs g nach. Es sind also stets die gleichgestimmten Saiten beider Klaviere, welche sich wechselseitig anregen.

Das Klavier vermag jeden Schall wiederzugeben, der sich aus seinen musikalischen Tönen zusammensetzen läfst. Es gibt z. B. einen Vokal, den man hineinsingt, ganz deutlich zurück. Und wirklich hat die Physik nachgewiesen, dafs die Vokale sich aus einfachen musikalischen Tönen darstellen lassen.

Sie sehen, dafs in einem Klavier durch Erregung bestimmter Töne in der Luft sich mit mechanischer Notwendigkeit ganz bestimmte Bewegungen auslösen. Es liefse sich dies zu manchem netten Kunststückchen verwenden. Denken Sie sich ein Kästchen, in welchem etwa eine Saite von bestimmter Tonhöhe gespannt wäre. Dieselbe gerät jedesmal in Bewegung, so oft ihr Ton gesungen oder gepfiffen wird. Der heutigen Mechanik würde es nun nicht sonderlich schwer fallen, das Kästchen so einzurichten, dafs die schwingende Saite etwa eine galvanische Kette schliefst und das Schlofs aufspringt. Nicht viel mehr Mühe könnte es kosten, ein Kästchen zu verfertigen, welches auf den Pfiff einer bestimmten Melodie sich öffnet. Ein Zauberwort! und die Riegel fallen! Da hätten wir denn ein neues Vexirschlofs; wieder ein Stück jener alten Märchenwelt, von welcher die Gegenwart bereits so viel verwirklicht hat, jener Märchenwelt, zu der Caselli's Telegraph, durch welchen man mit eigener

Handschrift einfach in die Entfernung schreibt, den neusten Beitrag liefert. Was würde wohl der gute alte Herodot, der schon in Ägypten über manches den Kopf geschüttelt, zu allen diesen Dingen sagen? — „ἐμοὶ μὲν οὐ πιστά, „mir kaum glaublich", so treuherzig wie damals, als er von der Umschiffung Afrikas hörte.

Ein neues Vexirschloß! — Wozu diese Erfindung? Ist doch der Mensch selbst ein solches Vexirschloß. Welche Reihe von Gedanken, Gefühlen, Empfindungen, werden nicht durch ein Wort angeregt. Hat doch jeder seine Zeit, da man ihm mit einem bloßen Namen das Blut zum Herzen treiben kann. Wer in einer Volksversammlung war, weiß die ungeheure Arbeit und Bewegung zu schätzen, welche ausgelöst wird durch die unschuldigen Worte: Freiheit, Gleichheit, Brüderlichkeit!

Kehren wir nun zu unserm ernstern Gegenstande zurück. Betrachten wir wieder unser Klavier oder irgend einen andern klavierartigen Apparat. Was leistet ein solches Instrument? Es zerlegt, es analysiert offenbar jedes in der Luft erregte Tongewirre in seine einzelnen Tonbestandteile, indem jeder Ton von einer andern Saite aufgenommen wird: es führt eine wahre Spektralanalyse des Schalles aus. Selbst der vollständig Taube könnte mit Hilfe eines Klavieres, indem er die Saiten betastet oder mit dem Mikroskop deren Schwingungen beobachtet, sofort die Schallbewegung in der Luft untersuchen und die einzelnen Töne angeben, welche erregt werden.

Das Ohr hat dieselbe Eigenschaft wie das Klavier. Das Ohr leistet der Seele, was das beobachtete Klavier dem Tauben leistet. Die Seele ohne Ohr ist ja taub. Der Taube mit dem Klavier dagegen hört gewissermafsen, nur freilich viel schlechter und schwerfälliger als mit dem Ohre. Auch das Ohr zerlegt den Schall in seine Tonbestandteile. Ich täusche mich nun auch gewifs nicht, wenn ich annehme, dafs Sie bereits ahnen, was es mit den Corti'schen Fasern für ein Bewandtnis hat. Wir können uns die Sache recht einfach vorstellen. Ein Klavier benützen wir zur Tonerregung, das zweite denken wir uns in das Ohr eines Beobachters, an die Stelle der Cortischen Fasern, welche ja wahrscheinlich einen ähnlichen Apparat vorstellen. An jeder Saite des Klaviers im Ohr soll eine besondere Faser des Gehörnerven hängen, so zwar, dafs nur diese Faser gereizt wird, wenn die Saite in Schwingungen gerät. Schlagen wir nun auf dem äussern Klavier einen Akkord an, so erklingt für jeden Ton desselben eine bestimmte Saite des innern Klaviers, es werden so viele verschiedene Nervenfasern gereizt, als der Akkord Töne hat. Die von verschiedenen Tönen herrührenden gleichzeitigen Eindrücke können sich auf diese Weise unvermischt erhalten und durch die Aufmerksamkeit gesondert werden. Es ist wie mit den fünf Fingern der Hand. Mit jedem Finger können Sie etwas anderes tasten. Das Ohr hat nun an 3000 solcher Finger und jeder ist für das Tasten eines andern Tones bestimmt[*]. Unser Ohr ist ein Vexierschlofs der erwähnten Art. Durch den Zaubergesang eines Tones springt es auf. Aber es

---

[*] Weitere Ausführungen, welche über den hier dargelegten Helmholtzschen Gedanken hinausgehen, befinden sich in meinen „Beiträgen zur Analyse der Empfindungen". Jena 1886.

ist ein ungemein sinnreiches Schloſs. Nicht bloſs ein Ton, jeder Ton bringt es zum Aufspringen, aber jeder anders. Auf jeden Ton antwortet es mit einer andern Empfindung.

Mehr als einmal ist es in der Geschichte der Wissenschaft vorgekommen, daſs eine Erscheinung durch die Theorie vorausgesagt und lange hernach erst der Beobachtung zugänglich wurde. Leverrier hat die Existenz und den Ort des Planeten Neptun vorausbestimmt und erst später hat Gall denselben an dem bestimmten Ort wirklich aufgefunden. Hamilton hat die Erscheinung der sogenannten konischen Lichtbrechung theoretisch erschlossen und Lloyd hat sie erst beobachtet. Ähnlich erging es nun auch der Helmholtzschen Theorie der Cortischen Fasern. Auch diese scheint durch die spätern Beobachtungen von V. Hensen im wesentlichen ihre Bestätigung erfahren zu haben. Die Krebse haben an ihrer freien Körperoberfläche Reihen von längeren und kürzeren, dickeren und dünneren, mutmaſslich mit Hörnerven zusammenhängenden Härchen, welche gewissermaſsen den Cortischen Fasern entsprechen. Diese Härchen sah Hensen bei Erregung von Tönen schwingen, und zwar gerieten bei verschiedenen Tönen auch verschiedene Haare in Schwingungen.

Ich habe die Thätigkeit des Naturforschers mit einer Wanderung verglichen. Wenn man einen neuen Hügel ersteigt, erhält man von der ganzen Gegend eine andere Ansicht. Wenn der Forscher die Erklärung eines Rätsels gefunden, so hat er damit eine Reihe anderer Rätsel gelöst.

Gewifs hat es Sie schon oft befremdet, dafs man, die Skala singend und bei der Oktave anlangend die Empfindung einer Wiederholung, nahezu dieselbe Empfindung hat wie beim Grundtone. Diese Erscheinung findet ihre Aufklärung in der dargelegten Ansicht über das Ohr. Und nicht nur diese Erscheinung, sondern die gesamten Gesetze der Harmonielehre lassen sich von hier aus mit bisher nicht geahnter Klarheit überschauen und begründen. Für heute mufs ich mich jedoch mit der Andeutung dieser reizenden Aussichten begnügen. Die Betrachtung selbst würde uns zu weit führen in andere Wissensgebiete.

So mufs ja auch der Naturforscher selbst sich Gewalt anthun auf seinem Wege. Auch ihn zieht es fort von einem Wunder zum andern, wie den Wanderer von Thal zu Thal, wie den Menschen überhaupt die Umstände aus einem Verhältnis des Lebens ins andere drängen. Er forscht nicht sowohl selbst, als er vielmehr geforscht wird. Aber er benütze die Zeit! und lasse den Blick nicht planlos schweifen! Denn bald erglänzt die Abendsonne, und ehe er die nächsten Wunder noch recht besehen, fafst ihn eine mächtige Hand und entführt ihn — in ein anderes Reich der Rätsel.

Die Wissenschaft stand ehemals in einem andern Verhältnis zur Poësie als heute. Die alten indischen Mathematiker schrieben ihre Lehrsätze in Versen und in ihren Rechnungsaufgaben blühten Lotosblumen, Rosen und Lilien, reizende Landchaften, Seen und Berge.

„Du schiffst auf einem See im Kahn. Eine Lilie ragt einen Schuh hoch über den Wasserspiegel hervor. Ein

Lüftchen neigt sie und sie verschwindet zwei Schuh von ihrem früheren Orte unter dem Wasser. Schnell Mathematiker, sage mir, wie tief ist der See?"

So spricht ein alter indischer Gelehrter. Diese Poësie ist, und zwar mit Recht, aus der Wissenschaft verschwunden. Aber aus ihren dürren Blättern, da weht eine andere Poësie, die sich schlecht genug beschreiben läfst für jenen, der sie nie empfunden. Wer diese Poësie ganz geniefsen will, der mufs selbst Hand ans Werk legen, mufs selbst forschen. Deshalb genug davon! Ich schätze mich glücklich, wenn Sie dieser kleine Ausflug in ein blütenreiches Thal der Physiologie nicht gereut, und wenn Sie die Überzeugung mit sich nehmen, dafs man auch von der Wissenschaft ähnliches sagen kann, wie von der Poësie:

> Wer das Dichten will verstehen,
> Mufs ins Land der Dichtung gehen;
> Wer den Dichter will verstehen,
> Mufs in Dichters Lande gehen.

III.
Die Erklärung der Harmonie.*)

Wir besprechen heute ein Thema, vielleicht von etwas allgemeinerem Interesse, die Erklärung der Harmonie der Töne. Die ersten und einfachsten Erfahrungen über die Harmonie sind uralt. Nicht so die Erklärung der Gesetze. Diese wurde erst von der neuesten Zeit geliefert. Erlauben Sie mir einen historischen Rückblick.

Schon Pythagoras (540—500 v. Chr.) wußte, daß der Ton einer Saite von bestimmter Spannung in die Oktave umschlägt, wenn man die Saitenlänge auf die Hälfte, in die Quinte, wenn man sie auf zwei Drittteile verkürzt, und daß dann der erstere Grundton mit den beiden andern konsoniert. Er wußte überhaupt, daß dieselbe Saite bei gleicher Spannung konsonierende Töne gibt, wenn man ihr nach und nach Längen erteilt, welche in sehr einfachen Zahlenverhältnissen stehen, sich etwa wie 1 : 2, 2 : 3, 3 : 4, 4 : 5, u. s. w. verhalten.

Den Grund dieser Erscheinung vermochte Pythagoras

*) Populäre Vorlesung gehalten i. J. 1864 zu Graz.

nicht zu finden. Was haben die konsonierenden Töne mit den einfachen Zahlen zu thun? So würden wir heute fragen. Pythagoras aber muſs dieser Umstand weniger befremdlich als unerklärlich vorgekommen sein. Er suchte in der Naïvetät der damaligen Forschung den Grund der Harmonie in dem geheimen wunderbaren Wesen der Zahlen. Dies hat wesentlich zur Entwickelung einer Zahlenmystik beigetragen, deren Spuren sich auch heute noch in den Traumbüchern finden und bei solchen Gelehrten, welche das Wunderbare der Klarheit vorziehen.

Euklides (500 v. Chr.) gab bereits eine Definition der Konsonanz und Dissonanz, wie wir sie den Worten nach heute kaum besser hinstellen könnten. Die Konsonanz zweier Töne, sagt er, sei die Mischung derselben, die Dissonanz hingegen die Unfähigkeit sich zu mischen, wodurch sie für das Gehör rauh werden. Wer die heutige Erklärung der Erscheinung kennt, hört sie sozusagen aus Euklides Worten wiederklingen. Dennoch kannte er die wahre Erklärung der Harmonie nicht. Er war der Wahrheit unbewuſst sehr nahe gekommen, ohne sie jedoch wirklich zu erfassen.

Leibnitz (1646—1716 n. Chr.) nahm die von seinen Vorgängern ungelöst zurückgelassene Frage wieder auf. Er wuſste wohl, daſs die Töne durch Schwingungen erregt werden, daſs der Oktave doppelt so viele Schwingungen entsprechen als dem Grundtone. Ein leidenschaftlicher Liebhaber der Mathematik wie er war, suchte er die Erklärung der Harmonie in dem geheimen Zählen und Vergleichen der einfachen Schwingungszahlen und in der geheimen Freude der Seele an dieser Beschäftigung. Ja wie denn aber — werden Sie sagen — wenn jemand gar nicht ahnt, dafs die Töne Schwingungen sind, dann wird wohl das Zählen und auch die Freude am Zählen so geheim sein müssen, dafs kein Mensch darum weifs! Was doch die Philosophen treiben! Die langweiligste Beschäftigung, das Zählen, zum Prinzip der Ästhetik zu machen! Sie haben mit diesen Gedanken so unrecht nicht, und doch hat auch Leibnitz gewifs nicht ganz Unsinniges gedacht, wenn gleich sich schwer klar machen läfst, was er unter seinem geheimen Zählen verstanden wissen wollte.

Ähnlich wie Leibnitz suchte der grofse Euler (1707—1783) die Quelle der Harmonie in der von der Seele mit Vergnügen wahrgenommenen Ordnung unter den Schwingungszahlen.

Rameau und d'Alembert (1717—1783) rückten der Wahrheit näher. Sie wufsten, dafs jeder musikalisch brauchbare Klang neben seinem Grundtone noch die Duodecime und die nächst höhere Terz hören lasse, dafs ferner die Ähnlichkeit zwischen Grundton und Oktave allgemein auffalle. Hiernach mufste ihnen das Hinzufügen der Oktave, Quinte, Terz u. s. w. zum Grundtone als „natürlich" erscheinen. Allerdings hatten sie den richtigen Gesichtspunkt, allein mit der blofsen Natürlichkeit einer Erscheinung kann sich der Forscher nicht begnügen; denn gerade das Natürliche ist es, dessen Erklärung er sucht.

Rameaus Bemerkung schleppte sich nun durch die ganze neuere Zeit fort, ohne jedoch zur vollständigen Auffindung der Wahrheit zu führen. Marx stellt sie an die

Spitze seiner Kompositionslehre, ohne eine weitere Anwendung von derselben zu machen. Auch Goethe und Zelter in ihrem Briefwechsel streifen sozusagen die Wahrheit. Letzterem ist Rameaus Ansicht bekannt. Sie werden nun gewifs erschrecken vor der Schwierigkeit dieses Problems, wenn ich Ihnen noch sage, dafs bis auf die neueste Zeit selbst die Professoren der Physik keine Auskunft zu geben wufsten, wenn sie um die Erklärung der Harmonie befragt wurden.

Erst kürzlich hat Helmholtz die Lösung der Frage gefunden.*) Um Ihnen diese aber klar zu machen, mufs ich einige Erfahrungssätze der Physik und Psychologie erwähnen.

1. Bei jedem Wahrnehmungsprozefs, bei jeder Beobachtung, spielt die Aufmerksamkeit eine bedeutende Rolle. Nach Belegen hierfür brauchen wir nicht lange zu suchen. Sie erhalten ein Schreiben mit sehr schlechter Schrift; es will Ihnen nicht gelingen dasselbe zu entziffern. Sie fassen bald diese bald jene Linie zusammen, ohne dafs sich daraus ein Buchstabe gestalten will. Erst wenn Sie Ihre Aufmerksamkeit auf Gruppen von Linien leiten, die wirklich zusammen gehören, ist das Lesen möglich. Schriften, die aus kleineren Figuren und Verzierungen bestehen, sind nur aus gröfserer Entfernung zu lesen, wenn die Aufmerksamkeit nicht mehr von den Gesamtkonturen auf die Einzelheiten abgelenkt wird. Ein schönes hierher gehöriges Beispiel geben die bekannten Bilderscherze von Giuseppe

---

*) Kritische Ausfuhrungen über die Unvollständigkeit dieser Lösung enthalten meine „Beiträge zur Analyse der Empfindungen" Jena 1886. Vgl. auch den folgenden Artikel.

Arcimboldo im Erdgeschosse der Belvedere-Gallerie zu Wien. Es sind dies symbolische Darstellungen des Wassers, Feuers u. s. w., menschliche Köpfe, zusammengesetzt aus Wassertieren und Feuermaterial. Man sieht aus geringer Entfernung nur die Einzelheiten, welche die Aufmerksamkeit auf sich ziehen, aus gröfserer Entfernung hingegen nur die Gesamtfigur. Doch erwählt man leicht eine Distanz, bei der es keine Schwierigkeit hat, durch blofse willkürliche Leitung der Aufmerksamkeit bald die ganze Figur zu sehen, bald die kleinern Gestalten, aus welchen sie sich zusammensetzt. Häufig findet man ein Bild, das Grab Napoleons vorstellend. Das Grab ist von dunklen Bäumen umgeben, zwischen welchen der helle Himmel als Grund durchblickt. Man kann dieses Bild lange betrachten, ohne etwas anderes zu bemerken als eben die Bäume. Plötzlich aber erblickt man die Gestalt Napoleons zwischen den Bäumen, wenn man nämlich unwillkürlich dem hellen Grunde die Aufmerksamkeit zuwendet. An diesem Falle sieht man am deutlichsten, welche wichtige Rolle die Aufmerksamkeit spielt. Dasselbe sinnliche Objekt kann durch ihr Zuthun allein zu ganz verschiedenen Wahrnehmungen Veranlassung geben.

Schlage ich irgend eine Harmonie am Piano an, so können Sie durch die blofse Aufmerksamkeit jeden Ton derselben fixieren. Sie hören dann am deutlichsten diesen fixierten Ton und alle übrigen erscheinen als blofse Zugabe, welche nur die Klangfarbe des erstern verändert. Der Eindruck derselben Harmonie verändert sich wesentlich, wenn wir andern und andern Tönen unsere Aufmerksamkeit zuwenden.

Versuchen Sie eine beliebige Harmoniefolge z. B.

und fixieren Sie einmal die Oberstimme *e*, dann den Bass *e — a*, so hören Sie dieselbe Harmoniefolge in beiden Fällen ganz verschieden. Im ersten Falle erhalten Sie den Eindruck, als ob der fixierte Ton sich gleich bliebe und bloſs seine Klangfarbe veränderte, im zweiten Falle hingegen scheint die ganze Klangmasse in die Tiefe zu steigen. Es gibt eine Kunst des Komponisten, die Aufmerksamkeit des Hörers zu leiten. Es gibt aber ebensowohl eine Kunst des Hörens, die auch nicht jedermanns Sache ist.

Der Klavierspieler kennt die merkwürdigen Effekte, welche man erzielt, wenn man von einer angeschlagenen Harmonie irgend eine Taste losläſst.

Der Satz 1 auf dem Piano gespielt klingt fast wie 2. Der Ton, welcher der losgelassenen Taste zunächst liegt, erklingt nach dem Loslassen der letzteren wie neu angeschlagen. Die Aufmerksamkeit, von der Oberstimme nicht mehr in Anspruch genommen, wird eben auf denselben hinüber geleitet.

Die Auflösung einer beliebigen Harmonie in die einzelnen Tonbestandteile vermag schon ein mäſsig geübtes musikalisches Ohr auszuführen. Bei fortschreitender Übung gelangt man noch weiter. Dann zerfällt der bisher für einfach gehaltene musikalische Klang in eine Reihe von Tönen. Schlägt man z. B. auf dem Piano 1 an, so hört  man bei nötiger Anspannung der Aufmerksamkeit neben diesem starken Grundtone noch die schwächeren höheren Obertöne 2 .... 7, also die Oktave, die Duodecime, die Doppeloktave, Terz, Quint und Septime der Doppeloktave.

Ganz dasselbe bemerkt man an jedem musikalisch verwendbaren Klange. Jeder läſst neben seinem Grundtone, freilich mehr oder weniger stark, noch die Oktave, Duodecime, Doppeloktave u. s. f. hören. Namentlich ist dies leicht an den offenen und gedeckten Labialpfeifen der Orgel zu beobachten. Je nachdem nun gewisse Obertöne in einem Klange mehr oder weniger stark hervortreten, verändert sich die Klangfarbe, jene Eigentümlichkeit des Klanges, durch welche wir den Klang des Klaviers von jenem der Violine, der Klarinette u. s. w. unterscheiden.

Am Piano lassen sich diese Obertöne sehr leicht auffallend hörbar machen. Schlage ich z. B. nach der letzten Notenangabe 1 kurz an, während ich nach einander die Tasten 1, 2, 3, ...7 bloſs halte, so klingen nach dem Anschlag 1 die Töne 2, 3, ... 7 fort, indem die vom Dämpfer befreiten Saiten ins Mitschwingen geraten.

Wie Sie wissen, ist dieses Mitschwingen der gleichgestimmten Saiten mit den Obertönen nicht als Sympathie, sondern vielmehr als dürre mechanische Notwendigkeit aufzufassen. Man hat sich also das Mitschwingen nicht so zu denken, wie es ein geistreicher Feuilletonist sich vorgestellt hat, der von Beethovens F-moll-Sonate Op. 2 eine schauerliche Geschichte erzählt, welche ich Ihnen nicht vorenthalten will. „Auf der letzten Londoner Industrieausstellung spielten neunzehn Virtuosen die F-moll-Sonate auf demselben Piano. Als nun der zwanzigste Virtuose hintrat, um zur Abwechslung die F-moll-Sonate zu spielen, da begann das Klavier selbst, zum Schrecken aller Anwesenden, die Sonate von sich zu geben. Der eben anwesende Erzbischof von Canterbury mufste ans Werk und den F-moll-Teufel austreiben."

Obgleich nun die besprochenen Obertöne blofs bei besonderer Aufmerksamkeit gehört werden, spielen sie doch die wichtigste Rolle bei Bildung der Klangfarbe sowohl, als auch bei der Konsonanz und Dissonanz der Klänge. Dies erscheint Ihnen vielleicht befremdlich. Wie soll das, was nur unter besonderen Umständen gehört wird, doch für das Hören überhaupt von solcher Bedeutung sein?

Ziehen Sie doch Ihre tägliche Erfahrung zu Rate! Wie viele Dinge gibt es, die Sie garnicht bemerken, die Ihnen erst dann auffallen, wenn sie nicht mehr da sind. Ein Freund tritt zu Ihnen herein; Sie wissen nicht, welche Veränderung mit ihm vorgegangen. Erst nach längerer Musterung finden Sie, dafs sein Haar geschoren sei. Es ist nicht schwer den Verlag eines Werkes nach dem blofsen Druck zu erkennen, und doch vermag kaum jemand genau anzugeben, wodurch sich diese Typen von jenen so auffallend unterscheiden. Oft erkannte ich ein gesuchtes Buch an einem Stückchen unbedruckten weifsen Papiers, das unter dem Gewühle der übrigen Bücher hervorsah, und doch habe ich das Papier nie genau gemustert, wüste auch nicht anzugeben, wodurch es von andern Papieren so sehr verschieden ist.

Wir wollen also festhalten, daſs jeder musikalisch verwendbare Klang neben seinem Grundtone noch die Oktave, Duodecime, Doppeloktave u. s. w. als Obertöne hören läſst und daſs diese für das Zusammenwirken mehrerer Klänge von Wichtigkeit sind.

2. Es handelt sich nun noch um eine zweite Thatsache. Betrachten Sie eine Stimmgabel. Dieselbe gibt angeschlagen einen ganz glatten Ton. Schlagen Sie aber zu dieser Gabel eine zweite etwas höhere oder tiefere an, welche für sich allein ebenfalls einen ganz glatten Ton gibt; so hören Sie, sobald Sie beide Gabeln zusammen auf den Tisch stemmen oder beide vor das Ohr halten, keinen gleichmässigen Ton mehr, sondern eine Anzahl von Tonstöſsen. Diese Tonstöſse werden rascher, wenn der Unterschied der Tonhöhen gröſser wird. Man nennt diese Tonstöſse, welche für das Ohr sehr unangenehm werden, wenn sie etwa 33 mal in der Sekunde stattfinden, Schwebungen.

Immer, wenn von zwei gleichen Tönen einer gegen den andern verstimmt wird, entstehen Schwebungen. Ihre Zahl wächst mit der Verstimmung und sie werden gleichzeitig unangenehmer. Diese Rauhigkeit erreicht ihr Maximum bei etwa 33 Schwebungen in der Sekunde. Bei weiterer Verstimmung und noch gröſserer Zahl der Schwebungen nimmt dies Unangenehme wieder ab, so zwar, daſs Töne, welche in ihrer Höhe bedeutend verschieden sind, keine beleidigenden Schwebungen mehr geben.

Um sich das Zustandekommen der Schwebungen einigermafsen klar zu machen, nehmen Sie zwei Metronome zur Hand und stellen dieselbe nahezu gleich ein. Sie können geradezu beide gleich einstellen. Sie brauchen deshalb nicht zu fürchten, dafs sie auch wirklich gleich schlagen. Die im Handel vorkommenden Metronome sind schlecht genug, um bei Einstellung auf gleiche Skalenteile merklich ungleiche Schläge zu geben. Setzen Sie nun diese etwas ungleich schlagenden Metronome in Gang, so bemerken Sie leicht dafs ihre Schläge abwechselnd bald auf einander, bald zwischen einander fallen. Die Abwechslung ist desto rascher, je verschiedener der Takt beider Metronome.

In Ermangelung von Metronomen führen Sie das Experiment mit zwei Taschenuhren aus.

Auf ähnliche Weise entstehen die Schwebungen. Die taktmäfsigen Stöfse zweier tönender Körper fallen bei ungleichen Tonhöhen bald aufeinander, bald zwischen einander, wobei sie sich abwechselnd verstärken und schwächen. Daher das stofsweise unangenehme Anschwellen des Tones.

Nachdem wir nun die Obertöne und die Schwebungen kennen gelernt, gehen wir zur Beantwortung unserer Hauptfrage über. Warum bewirken gewisse Tonhöhenverhältnisse einen angenehmen Zusammenklang, eine Konsonanz, andere einen unangenehmen, eine Dissonanz? Es scheint, dafs alles Unangenehme des Zusammenklingens von den entstehenden Schwebungen herrührt. Die Schwebungen sind nach Helmholtz die einzige Sünde, das einzige Böse in der harmonischen Musik. Konsonanz ist Zusammenklang ohne merkliche Schwebungen.

Um Ihnen dies recht anschaulich darzustellen, habe ich ein Modell konstruiert. Sie sehen in Fig. 4 eine Klaviatur. Oben an derselben befindet sich eine verschiebbare Leiste *aa* mit den Marken 1, 2 .... 6. Bringe ich diese Leiste in irgend eine Stellung, etwa so, dafs die Marke 1 auf den Ton *c* der Klaviatur fällt, so bezeichnen, wie Sie sehen, die Marken 2, 3 ... 6 die Obertöne von *c* Dasselbe gilt, wenn die Leiste in eine andere Stellung gebracht wird. Eine zweite ganz gleiche Leiste *bb* zeigt

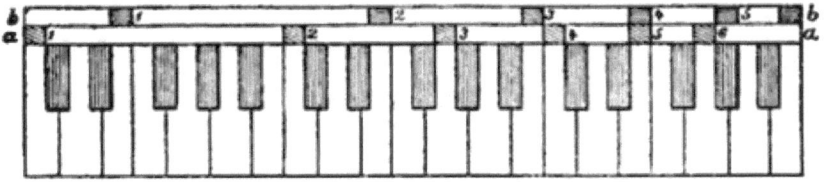

Fig. 4.

dieselbe Eigenschaft. Beide Leisten in irgend zwei Stellungen bezeichnen nun durch ihre Marken alle Töne, welche bei dem Zusammenwirken der durch die Marke 1 bezeichneten Klänge ins Spiel kommen.

Beide Leisten auf denselben Grundton eingestellt, lassen erkennen, dafs auch sämtliche Obertöne zusammenfallen Es wird der eine Klang durch den andern eben nur verstärkt. Die einzelnen Obertöne eines Klanges liegen zu weit von einander, um miteinander merkliche Schwebungen zu geben. Der zweite Klang fügt nichts Neues hinzu, demnach auch keine neuen Schwebungen. Der Einklang ist die vollkommenste Konsonanz.

Verschieben wir eine Leiste gegen die andere, so bedeutet dies eine Verstimmung des einen Klanges. Alle

Obertöne des einen Klanges fallen nun neben jene des andern, es treten sofort Schwebungen auf, der Zusammenklang wird unangenehm, wir erhalten eine Dissonanz. Wenn wir mit der Verschiebung der einen Leiste fortfahren, so finden wir, daſs im allgemeinen die Obertöne immer neben einander fallen, immer Schwebungen und Dissonanzen veranlassen. Nur in ganz bestimmten Stellungen fallen die Obertöne beider Klänge zum Teil zusammen. Solche Stellungen bezeichnen eben einen höhern Grad des Wohlklanges, die konsonanten Intervalle.

Man kann diese konsonanten Intervalle leicht versuchsweise auffinden, wenn man Fig. 4 aus Papier ausschneidet und *bb* gegen *aa* verschiebt. Die vollkommensten Konsonanzen sind die Oktave und die Duodecime, weil bei diesen die Obertöne des einen Klanges ganz auf die des andern fallen. Bei der Oktave z. B. fällt 1*b* auf 2*a*, 2*b* auf 4*a*, 3*b* auf 6*a*. Es können also keine Schwebungen entstehen. Konsonanzen sind also solche Zusammenklänge, welche nicht von unangenehmen Schwebungen begleitet sind.

Nur solche Klänge konsonieren, welche einen Teil ihrer Partialtöne gemeinsam haben. Natürlich wird man an solchen Klängen, auch wenn sie n a c h e i n a n d e r angegeben werden, eine gewisse Verwandtschaft erkennen. Denn der folgende erregt eben der gemeinsamen Obertöne wegen zum Teil dieselbe Empfindung wie der vorhergehende. Am auffallendsten ist dies bei der Oktave. Wenn die Skala bei der Oktave anlangt, glaubt man in der That den Grundton wieder zu hören. Die Grundlagen der Harmonie sind also auch jene der Melodie.

Konsonanz ist Zusammenklang ohne merkliche Schwebungen! Dieser Grundsatz genügt, um in die Lehren des Generalbasses eine wunderbare Ordnung und Konsequenz zu bringen. Die Kompendien der Harmonielehre, welche bisher an Feinheit der Logik — Gott sei's geklagt — den Kochbüchern wenig nachgaben, werden ungemein klar und einfach. Noch mehr! Viel von dem, was geniale Musiker wie Palestrina, Mozart, Beethoven unbewufst richtig getroffen, worüber bisher kein Lehrbuch Rechenschaft zu geben vermochte, erfährt durch obigen Satz seine Begründung.

Und das Beste an dieser Theorie ist, dafs sie den Stempel ihrer Wahrheit an sich trägt. Sie ist kein Hirngespinst. Jeder Musiker kann die Schwebungen selbst hören, welche die Obertöne der Klänge mit einander geben. Jeder Musiker kann sich überzeugen, dafs man die Schwebungen ihrer Zahl und Rauhigkeit nach für einen beliebigen Fall voraus berechnen kann, und dafs sie in dem Mafse eintreten, als die Theorie es bestimmt.

Dies ist die von Helmholtz gegebene Beantwortung der von Pythagoras aufgeworfenen Frage, so weit sie sich nämlich mit jenen Mitteln darstellen läfst, die ich anwenden durfte. Ein langer Zeitraum liegt zwischen der Aufstellung der Frage und der Lösung. Mehr als einmal waren bedeutende Forscher näher an dieser Beantwortung, als sie selbst ahnten.

Der Forscher sucht die Wahrheit. Ich weifs nicht, ob die Wahrheit den Forscher sucht. Wäre dem aber so, dann würde die Geschichte der Wissenschaft lebhaft an das von Malern und Dichtern oft verewigte bekannte Stelldichein erinnern. Eine hohe Gartenmauer, rechts der Jüngling, links das Mädchen. Der Jüngling seufzt, das Mädchen seufzt! Beide warten. Beide ahnen nicht, wie nahe sie sich sind.

In der That, die Analogie gefällt mir. Die Wahrheit läfst sich zwar den Hof machen, allein sie verhält sich passiv. Sie führt wohl gar den Forscher an der Nase herum. Sie will verdient sein und verachtet den, der sie zu rasch erlangen will. Und wenn sich der eine den Kopf zerbricht, was schadet's — es kommt ein anderer — und die Wahrheit bleibt ja immer jung. Zwar scheint es mitunter, als ob sie ihrem Verehrer gewogen wäre, aber das eingestehn — niemals! Nur wenn die Wahrheit besonders gut aufgeräumt ist, wirft sie dem Verehrer einen Sonnenblick zu. Denn wenn ich gar nichts thue, denkt die Wahrheit — zuletzt erforscht mich der Kerl gar nicht mehr.

Dies eine Stückchen Wahrheit haben wir nun. Die kommt uns nicht mehr los! Wenn ich aber bedenke, was sie gekostet, wieviel Arbeit, wieviele Denkerleben, wie sich durch Jahrhunderte ein halber Gedanke fortgequält, bis er zum ganzen geworden, wenn ich bedenke, dafs es die Mühe von mehr als zwei Jahrtausenden ist, welche aus meinem unscheinbaren Modell spricht, dann — ohne zu heucheln — gereut mich fast mein Scherz.

Und auch uns fehlt ja noch so viel. Wenn man einst nach einem Jahrtausend Stiefel, Cylinderhüte und Krinolinen, Klaviere und Bafsgeigen aus dem Schofs der Erde graben wird, aus dem jüngsten Alluvium, als Leitmuscheln des neunzehnten Jahrhunderts, wenn man über diese wunderlichen Gebilde und unsere moderne Ringstrafse Studien machen wird, wie heute über Steinaxt und Pfahlbau — dann wird man wohl nicht begreifen, wie wir an mancher grofsen Wahrheit so nahe sein konnten, ohne sie wirklich zu erfassen. Und so ist es ewig die ungelöste Dissonanz, ewig die trübende Septime, die uns überall entgegentönt; wir ahnen zwar, sie wird sich lösen, aber den reinen Dreiklang erleben wir nicht und — auch unsere Urenkel nicht.

Meine Damen! Wenn es Ihre reizende Lebensaufgabe ist, konfus zu machen, so ist es die meinige, klar zu sein. Und da mufs ich Ihnen denn eine kleine Sünde eingestehen, deren ich mich der Klarheit wegen schuldig gemacht. Ich habe Sie nämlich ein wenig belogen. Sie werden mir diese Lüge verzeihen, wenn ich sie sofort wieder reuig verbessere. Das Modell (Fig. 4) spricht nicht die volle Wahrheit, denn es ist für die sogenannte temperierte Stimmung berechnet. Die Obertöne der Klänge aber sind nicht temperiert, sondern rein gestimmt. Durch diese kleine Unrichtigkeit fällt nun das Modell bedeutend einfacher aus. Dabei genügt es für die gewöhnlichen Zwecke vollständig, und wer an demselben seine Studien macht, darf keinen merklichen Irrtum befürchten.

Wenn Sie nun aber von mir die volle Wahrheit fordern würden, so könnte ich Ihnen diese nur in einer mathematischen Formel darstellen. Ich müfste die Kreide zur Hand nehmen und — pfui! — in ihrer Gegenwart rechnen. Das könnten Sie mir übel nehmen. Es soll auch nicht geschehen. Ich habe mir vorgenommen heute nicht mehr zu rechnen. Ich rechne heute auf gar nichts mehr, als auf Ihre Nachsicht, und diese werden Sie mir nicht versagen, wenn Sie bedenken, dafs ich von meinem Rechte, Sie zu langweilen, doch einen beschränkten Gebrauch gemacht habe. Ich könnte ja noch länger sprechen, und bin demnach berechtigt, mit Lessings Epigramm zu schliefsen:

> Wenn Du von allem dem, was diese Blätter füllt,
> Mein Leser, nichts des Dankes wert gefunden;
> So sei mir wenigstens für das verbunden,
> Was ich zurück behielt.

IV.
Zur Geschichte der Akustik.[*]

Beim Suchen nach Arbeiten von Amontons kamen mir einige Bände der Memoiren der Pariser Akademie aus den ersten Jahren des 18. Jahrhunderts in die Hände. Es ist schwer, das Vergnügen zu schildern, das man beim Durchblättern dieser Bände empfindet, indem man einige der wichtigsten Entdeckungen sozusagen miterlebt, indem man verschiedene Wissensgebiete von beinahe gänzlicher Unkenntnis bis zu fast vollständiger prinzipieller Klarheit sich entwickeln sieht.

Hier sollen nur die grundlegenden Untersuchungen von Sauveur über Akustik besprochen werden, welche für den feinsinnigen Musiker, dem diese Blätter gewidmet sind,[**] nicht ganz ohne Interesse sein werden. Mit Überraschung nimmt man wahr, wie aufserordentlich nahe Sauveur dem Standpunkte war, welchen anderthalb Jahrhundert espäter erst Helmholtz vollständig gewonnen hat.

[*] Dieser Artikel, welcher in den Mitteilungen der deutschen mathematischen Gesellschaft zu Prag (1892) erschien, dient zur Erläuterung der vorigen.
[**] Prof. H. Durège.

Die „Histoire de l'Académie" von 1700, p. 131, teilt uns mit, daſs es Sauveur gelungen sei, aus der Musik ein naturwissenschaftliches Forschungsobjekt zu machen, und daſs er die betreffende neue Wissenschaft ‹Akustik› genannt habe. Auf fünf Blättern wird eine ganze Reihe von Entdeckungen erwähnt, welche in dem Bande des nächstfolgenden Jahres weiter erörtert werden.

Die einfachen Schwingungszahlenverhältnisse der Konsonanzen behandelt Sauveur als etwas allgemein Bekanntes.*) Er hofft durch weitere Untersuchungen die Hauptregeln der musikalischen Komposition zu ermitteln und in die ‹Metaphysik des Angenehmen›, als deren Hauptgesetz er die Verbindung der ‹Einfachheit mit der Mannigfaltigkeit› angibt, einzudringen. Ganz wie später noch Euler**) hält er eine Konsonanz für desto besser, durch je kleinere ganze Zahlen das Schwingungsverhältnis ausgedrückt werden kann, weil je kleiner diese Zahlen, desto häufiger die Schwingungen beider Töne koincidieren und desto leichter aufzufassen sind. Als Grenze der Konsonanz gilt ihm das Verhältnis $5:6$, wiewohl er sich nicht verhehlt, daſs die Übung, die Schärfung der Aufmerksamkeit, die Gewohnheit, der Geschmack und sogar das Vorurteil bei dieser Frage mitspielt, daſs dieselbe also keine rein naturwissenschaftliche ist.

Sauveurs Vorstellungen entwickeln sich nun dadurch, daſs er überall genauer quantitativ zu untersuchen strebt,

---

*) Die folgende Darstellung ist aus den Bänden für 1700 (erschienen 1703) und 1701 (erschienen 1704) geschöpft und teils der „Historie de l'Académie", teils den „Memoiren" entnommen. Die späteren Arbeiten kommen hier weniger in Betracht.

**) Euler, Tentamen novae theoriae musicae. Petropoli 1739.

als dies vorher geschehen war. Zunächst wünscht er einen fixen Ton von 100 Schwingungen als Grundlage der musikalischen Stimmung so zu bestimmen, daß derselbe jederzeit leicht dargestellt werden kann, da ihm die Fixierung der Stimmung durch die üblichen Stimmpfeifchen, deren Schwingungszahl unbekannt war, ungenügend erscheint. Nach Mersenne (Harmonie universelle 1636) macht eine gegebene Saite von 17 Fuß Länge mit 8 livres gespannt 8 unmittelbar sichtbare Schwingungen in der Sekunde. Durch Verkleinerung der Länge in einem bestimmten Verhältnis kann man also eine in demselben Verhältnis vergrößerte Schwingungszahl erhalten. Doch scheint ihm dies Verfahren zu unsicher, und er verwendet zu dem bezeichneten Zwecke die den Orgelbauern seiner Zeit bekannten Schwebungen (battemens), die er richtig durch das abwechselnde Koïncidieren und Alternieren gleicher Schwingungsphasen ungleich gestimmter Töne erklärt.*) Jeder Koïncidenz entspricht eine Tonanschwellung und demnach der Zahl der Stöße in der Sekunde die Differenz der Schwingungszahlen. Stimmt man also zwei Orgelpfeifen zu einer dritten im Verhältnis der kleinen und großen Terz, so bilden erstere zu einander das Schwingungszahlenverhältnis 24 : 25, das heißt auf je 24 Schwingungen der tieferen fallen 25 der höheren und ein Tonstoß. Geben beide Pfeifen zusammen vier Schwebungen in der Sekunde, so hat die höhere den fixen Ton von 100 Schwingungen.

---

*) Als Sauveur das Schwebungsexperiment der Akademie vorführen wollte, gelang es nur sehr mangelhaft. „Histoire de l'Académie", Année 1700, p. 136.

Die betreffende offene Pfeife hat dann die Länge von 5 Fufs. Hiermit sind auch die absoluten Schwingungszahlen aller übrigen Töne bestimmt.

Es ergiebt sich sofort, dafs die 8 mal längere Pfeife von 40 Fufs die Schwingungszahl $12\frac{1}{2}$ gibt, welche S a u v e u r dem tiefsten hörbaren Ton zuschreibt, sowie dafs die 64 mal kürzere 6400 Schwingungen ausführt, welche Zahl S a u v e u r für die obere Hörgrenze hält. Die Freude über die gelungene Zählung der «unwahrnehmbaren Schwingungen» bricht hier unverkennbar durch, und sie ist berechtigt, wenn man bedenkt, dafs auch heute noch das S a u v e u r sche Prinzip mit einer geringen Modifikation das feinste und einfachste Mittel ist zur genauen Bestimmung der Schwingungszahlen. Viel wichtiger war aber noch eine andere Beobachtung, die S a u v e u r beim Studium der Schwebungen machte, und auf die wir noch zurückkommen.

Saiten, deren Länge durch verschiebbare Stege abgeändert werden kann, sind bei den erwähnten Untersuchungen viel leichter zu handhaben als Pfeifen. Es war also natürlich, dafs S a u v e u r sich bald mit Vorliebe dieses Mittels bediente.

Durch einen zufällig nicht vollkommen anliegenden Steg, welcher die Schwingungen nur unvollkommen hemmte, entdeckte er die harmonischen Obertöne der Saite zunächst durch das Ohr, und erschlofs hieraus die Abteilung derselben in Aliquotteile. Die gezupfte Saite gab z. B. die Duodecime ihres Grundtones, wenn der Steg in einem Dritteilungspunkte stand. Wahrscheinlich auf Vorschlag eines Akademikers*) wurden nun verschieden gefärbte Papierreiter auf die Knoten (nœuds) und Bäuche (ventres) gesetzt, und die Saitenteilung bei Angabe der zu ihrem Grundton (son fondamental) gehörigen Obertöne (sons harmoniques) war hiermit auch sichtbar gemacht. An die Stelle des hemmenden Steges trat bald die zweckentsprechendere Feder oder der Pinsel.

Bei diesen Versuchen beobachtete Sauveur auch das Mitschwingen einer Saite bei Erregung einer anderen gleichgestimmten; er fand auch, daſs der Oberton einer Saite durch eine andere auf denselben gestimmte Saite ansprechen kann. Er ging noch weiter und fand, daſs bei Erregung einer Saite an einer anderen ungleichgestimmten Saite der gemeinsame Oberton anspricht, z. B. bei Saiten von dem Schwingungszahlenverhältnis 3:4 der vierte der tieferen und der dritte der höheren. Es folgt hieraus unabweislich, daſs die erregte Saite mit ihrem Grundton zugleich Obertöne gibt. Schon früher war Sauveur von anderen Beobachtern darauf aufmerksam gemacht worden, daſs man bei Musikinstrumenten, namentlich bei Nacht, die Obertöne heraushört.**) Er selbst bespricht das gleichzeitige Erklingen der Obertöne und des Grundtones.***) Daſs er diesem Umstande nicht die gebührende Beachtung schenkt, wird, wie sich alsbald zeigt, für seine Theorie verhängnisvoll.

Beim Studium der Schwebungen macht Sauveur die

---

*) Histoire de l'Académie, Année 1701, p. 134.
**) Mémoires de l'Académie, Année 1701, p. 298.
***) Histoire de l'Académie, Année 1702, p. 91.

Beobachtung, daſs dieselben dem Ohr unangenehm seien. Er meint nun die Schwebungen nur dann gut zu hören, wenn weniger als sechs in der Sekunde stattfinden. Schwebungen in gröſserer Zahl hält er für nicht gut beobachtbar und für nicht störend. Er versucht nun den Unterschied zwischen Konsonanz und Dissonanz auf die Schwebungen zurückzuführen. Hören wir ihn selbst.*)

‹ Les battemens ne plaisent pas à l'Oreille, à cause de l'inégalité du son, et l'on peut croire avec beaucoup d'apparence que ce qui rend les Octaves**) si agréables, c'est qu'on n'y entend jamais de battemens.

En suivant cette idée, on trouve que les accords dont on ne peut entendre les battemens, sont justement ceux que les Musiciens traitent de Consonances, et que ceux dont les battemens se font sentir, sont les Dissonances, et que quand un accord est Dissonance dans une certaine octave et Consonance dans une autre, c'est qu'il bat dans l'une, et qu'il ne bat pas dans l'autre. Aussi est il traité de Consonance imparfaite. Il est fort aisé par les principes de Mr Sauveur qu'on a établis ici, de voir quels accords battent, et dans quelles Octaves au-dessus ou au-dessous du son fixe. Si cette hypothèse est vraye, elle découvrira la véritable source des Règles de la composition, inconnue jusqu'à présent à la Philosophie, qui s'en remettait presque entièrement au jugement de l'Oreille. Ces sortes de jugemens naturels, quelque bisarres qu'ils

---

*) Diese Stelle ist der Histoire de l'Académie, Année 1700, p. 139 entnommen.

**) Weil alle in der Musik gebräuchlichen Oktaven einen zu groſsen Schwingungszahlenunterschied darbieten.

paroissent quelquefois, ne le sont point, ils ont des causes très réelles, dont la connaissance appartient à la Philosophie, pourveu qu'elle s'en puisse mettre en possession.»

Sauveur erkennt also richtig in den Schwebungen die Störung des Zusammenklanges, auf welche «mutmafslich» alle Disharmonie zurückzuführen ist. Man sieht aber sofort, dafs nach seiner Auffassung alle weiten Intervalle Konsonanzen, alle engen Dissonanzen sein müfsten. Auch verkennt er die gänzliche prinzipielle Verschiedenheit seiner eingangs erwähnten älteren Auffassung von der neuen, welche er vielmehr zu verwischen sucht.

R. Smith*) referiert die Sauveursche Theorie und bemerkt den ersteren der zuvor erwähnten Mängel. Indem er selbst im wesentlichen in der älteren Sauveurschen, meist Euler zugeschriebenen Auffassung, befangen bleibt, kommt er doch bei seiner Kritik der heutigen Ansicht wieder um einen kleinen Schritt näher, wie dies aus folgenden Stellen hervorgeht.**)

«The truth is, this gentleman confounds the distinction between perfect and imperfect consonances, by comparing imperfect consonances which beat because the succession of their short cycles***) is periodically confused and interruptet, with perfect ones which cannot beat, because the succession of their short cycles is never confused nor interrupted.

---

*) R. Smith, Harmonics or the philosophy of musical Sounds. Cambridge 1749. Ich habe dieses Buch 1864 nur flüchtig sehen können und habe auf dasselbe in einer 1866 erschienenen Schrift aufmerksam gemacht. Erst vor drei Jahren bin ich dieser Schrift habhaft geworden und konnte von deren Inhalt genauere Kenntnis nehmen.

**) Harmonics, p. 118 und p. 243.

***) «Short cycle» ist die Periode, nach welcher sich dieselben Phasen beider zusammenwirkenden Töne wiederholen.

«The fluttering roughness above mentioned is perceivable in all other perfect consonances, in a smaller degree in proportion as their cycles are shorter and simpler, and their pitch is higher; and is of a **different kind** from the **smother beats** and undulations of **tempered consonances**; because we can alter the rate of the latter by altering the temperament, but not of former, the consonance being perfect at a given pitch: And because a judicious ear can often hear, at the same time, both the flutterings and the beats of a tempered consonance; sufficiently distinct from each other. —

«For nothing gives greater offence to the hearer, though ignorant of the cause of it, than those rapid, piercing beats of high and loud sounds, which make imperfect consonances with one another. And yet a few slow beats, like the slow undulations of a close shake now and then introduced, are far from being disagreable.»

Smith ist also darüber im Klaren, daſs auſser den von Sauveur in Betracht gezogenen Schwebungen noch andere «Rauhigkeiten» existieren, und diese würden sich bei weiterer Untersuchung unter Festhalten des Sauveurschen Gedankens als die Schwebungen der Obertöne enthüllt haben, womit die Theorie den Helmholtzschen Standpunkt erreicht hätte.

Wenn wir die Unterschiede der Sauveurschen Auffassung von der Helmholtzschen überblicken, so finden wir Folgendes:

1. Die Ansicht, nach welcher die Konsonanz auf der häufigen regelmäſsigen Koïncidenz der Schwingungen, auf

der leichten Zählbarkeit derselben beruht, erscheint auf dem neuen Standpunkte als unzulässig. Wohl sind die einfachen Schwingungszahlenverhältnisse **mathematische Merkmale der Konsonanz und physikalische Bedingungen** derselben, da hieran die Koīncidenz der Obertöne mit ihren weiteren physikalischen und **physiologischen** Folgen gebunden ist. **Allein eine physiologische oder psychologische Erklärung der Konsonanz** ist hiermit nicht gegeben, schon deshalb nicht, weil in dem akustischen Nervenerregungsprozesse nichts mehr von der Periodicität des Schallreizes zu finden ist.

2. In der Anerkennung der Schwebungen als Störungen der Konsonanz stimmen beide Theorien überein. Die Sauveursche Theorie berücksichtigt jedoch nicht, dafs der Klang zusammengesetzt ist, und dafs vorzugsweise durch die Schwebungen der Obertöne die Störungen des Zusammenklanges weiter Intervalle entstehen. Ferner hat Sauveur mit der Behauptung, dafs die Zahl der Schwebungen weniger als sechs in der Sekunde betragen müsse, um Störungen zu bewirken, nicht das Richtige getroffen. Schon Smith weifs, dafs sehr langsame Schwebungen nicht stören, und Helmholtz hat für das Maximum der Störung eine viel höhere Zahl (33) gefunden. Endlich hat Sauveur keine Rücksicht darauf genommen, dafs die Zahl der Schwebungen zwar mit der Verstimmung zunimmt, dafür aber die Stärke derselben abnimmt. Auf das Prinzip der spezifischen Energien und die Gesetze des Mitschwingens gestützt findet die neue Theorie, dafs zwei Luftbewegungen von gleicher

Amplitüde, aber verschiedener Periode, $a\sin(rt)$ und $a\sin[(r+\varrho)(t+\tau)]$, nicht in gleicher Amplitüde auf dasselbe Nervenendorgan übertragen werden können. Vielmehr spricht das Endorgan, welches auf die Periode r am meisten reagiert, auf die Periode $r+\varrho$ schwächer an, so dafs die beiden Amplitüden im Verhältnis $a : \varphi \cdot a$ stehen. Hierbei nimmt φ ab, wenn ϱ wächst und wird $=1$ für $\varrho = 0$, so dafs nur der Reizanteil $\varphi \cdot a$ den Schwebungen unterliegt, $(1-\varphi)\,a$ aber ohne Störung glatt abfliefst.

Darf man aus der Geschichte dieser Theorie eine Moral ziehen, so kann es in anbetracht der Sauveurschen Irrtümer, die so nahe an der Wahrheit liegen, nur die sein, auch der neuen Theorie gegenüber einige Vorsicht zu üben. Und in der That scheint hierzu Grund vorhanden zu sein.

Der Umstand, dafs der Musiker niemals einen besser konsonierenden Akkord auf einem schlechter gestimmten Klavier mit einem weniger konsonanten auf einem guten Klavier verwechseln wird, obgleich die Rauhigkeit in beiden Fällen die gleiche sein kann, lehrt hinlänglich, dafs der Grad der Rauhigkeit nicht die einzige Charakteristik einer Harmonie ist. Wie der Musiker weifs, sind selbst die harmonischen Schönheiten einer Beethovenschen Sonate auf einem schlecht gestimmten Klavier schwer umzubringen; sie leiden hierbei kaum mehr als eine Raphaelsche Zeichnung in groben und rauhen Strichen ausgeführt. Das positive physiologisch-psychologische Merkmal, welches eine Harmonie von der anderen unterscheidet, ist durch die Schwebungen nicht gegeben. Dieses Merkmal kann auch nicht darin liegen, dafs z. B. beim Erklingen der grofsen Terz der fünfte Partialton des tieferen Klanges mit dem vierten des höheren zusammenfällt. Dieses Merkmal hat ja nur Geltung für den untersuchenden abstrahierenden Verstand; wollte man dasselbe auch für die Empfindung als mafsgebend ansehen, so würde man in einen fundamentalen Jrrtum verfallen, der ganz analog wäre dem sub 1 angeführten.

Die positiven physiologischen Merkmale der Intervalle würden sich wahrscheinlich bald enthüllen, wenn es möglich wäre, den einzelnen tonempfindenden Organen unperiodische (z. B. galvanische) Reize zuzuführen, wobei also Schwebungen ganz wegfallen müfsten. Leider kann ein derartiges Experiment kaum als ausführbar betrachtet werden. Die Zuführung von kurz dauernden, also ebenfalls schwebungslosen akustischen Reizen führt aber wieder den Übelstand einer nur ungenau bestimmten Tonhöhe mit sich.

V.
Über die Geschwindigkeit des Lichtes.*)

Wenn der Kriminalrichter einen recht feinen Schurken vor sich hat, der es wohl versteht, sich durchzulügen, so ist es seine Hauptaufgabe, ihm durch einige geschickte Fragen ein Geständnis abzupressen. In einem ähnlichen Falle fast scheint sich der Naturforscher der Natur gegenüber zu befinden. Zwar dürfte er sich hier nicht sowohl als Richter, wie vielmehr als Spion fühlen, aber das Ziel bleibt ziemlich dasselbe. Die geheimen Motive und Gesetze des Wirkens sind es, welche die Natur gestehen soll. Von der Schlauheit des Forschers hängt es ab, ob er etwas erfährt. Nicht ohne Grund hat also Baco von Verulam die experimentelle Methode ein Befragen der Natur genannt. Die Kunst besteht darin, die Fragen so zu stellen, daſs sie ohne Verletzung der Etikette nicht unbeantwortet bleiben können.

Betrachten Sie nun noch die zahlreichen Instrumente, Werkzeuge und Quälapparate, mit welchen man der Natur

*) Vortrag gehalten zu Graz i. J. 1866.

forschend zu Leibe geht, und die des Dichterwortes spotten : was sie Dir nicht offenbaren mag, zwingst Du ihr nicht ab mit Hebeln und mit Schrauben› — betrachten Sie diese Apparate, und die Analogie mit der Tortur liegt nahe.

Die Auffassung der Natur, als der absichtlich verhüllten, die man nur mit Zwangsmitteln oder auf unredliche Weise entschleiern könne, lag manchem älteren Denker näher als uns. Ein griechischer Philosoph, äufserte sich über die Naturforschung seiner Zeit und meinte, es könnte den Göttern nur unangenehm sein, wenn die Menschen das zu erspüren suchten, was jene ihnen nicht offenbaren wollten.*) Freilich waren hiemit bei weitem nicht alle Zeitgenossen einverstanden. Spuren dieser Anschauung finden sich auch heute noch. Im ganzen jedoch sind wir nicht mehr so engherzig. Wir glauben nicht mehr, dafs die Natur sich absichtlich verbirgt. Wir wissen jetzt aus der Geschichte der Wissenschaft, dafs unsere Fragen zuweilen unsinnig gestellt sind und dafs deshalb keine Antwort erfolgen kann. Bald werden wir vielmehr sehen, wie der Mensch selbst mit seinem ganzen Denken und Forschen nichts ist als ein Stück Naturleben.

Mögen Sie nun die Instrumente des Physikers als Quäl- oder als Liebkosungsapparate auffassen, was Ihnen mehr zusagt, jedenfalls wird sie ein Stückchen Geschichte dieser Werkzeuge interessieren, jedenfalls wird es Ihnen

---

*) Xenophon, Memorabil. IV, 7 läfst den Sokrates sagen: — οὔτε γὰρ εὑρετὰ ἀνθρώποις αὐτὰ ἐνόμιζεν εἶναι, οὔτε χαρίζεσθαι θεοῖς ἂν ἡγεῖτο τὸν ζητοῦντα ἃ ἐκεῖνοι σαφηνίσαι οὐκ ἐβουλήθησαν.

nicht unangenehm sein, zu erfahren, welche eigentümliche Schwierigkeiten zu so sonderbaren Formen der Apparate geführt haben.

Galilei (geb. 1564 zu Pisa — gest. 1642 zu Arcetri) war der erste, welcher sich die Frage vorlegte, wie grofs wohl die Geschwindigkeit des Lichtes, d. h. wie viel Zeit nötig sei, damit ein irgendwo aufleuchtendes Licht in einer bestimmten Entfernung sichtbar werde.*)

Die Methode, welche Galilei ersann, war ebenso einfach, als natürlich. Zwei mit verdeckten Laternen versehene und geübte Beobachter sollten zur Nachtzeit in bedeutender Entfernung aufgestellt werden, der eine in A, der andere in B. A hatte den Auftrag, zu einer bestimmten Zeit seine Laterne abzudecken. Sobald dies B bemerkte, mufste er das Gleiche thun. Nun ist klar, dafs die Zeit, welche A zählt von der Abdeckung der eigenen Laterne bis zum Sichtbarwerden der Laterne von B diejenige ist, die das Licht benötigt, um von A nach B und von B nach A wieder zurück zu kommen.

Fig. 1.
A — — — — — — — B

Der Versuch wurde nie ausgeführt und konnte wie Galilei selbst einsah, gar nicht gelingen.

Wie wir heute wissen, geht das Licht viel zu rasch, um so beobachtet zu werden. Die Zeit zwischen der Ankunft des Lichtes in B und der Wahrnehmung desselben durch den Beobachter, die Zeit zwischen dem Entschlufs und der That der Abdeckung der Laterne ist, wie wir

---

*) Galilei, Discorsi e dimostrazione matematiche Leyden 1638. Dialogo primo.

heute wissen, unvergleichlich gröfser, als die Zeit, welche das Licht auf irdischen Strecken verweilt. Die Gröfse der Geschwindigkeit wird sofort ersichtlich, wenn man beachtet, dafs ein Blitz in dunkler Nacht eine weit ausgedehnte Landschaft auf einmal sichtbar macht, während die einzelnen an verschiedenen Orten reflektierten Donnerschläge in beträchtlichen Zwischenzeiten das Ohr des Beobachters treffen.

Galileis Bemühungen um die Ermittelung der Lichtgeschwindigkeit blieben also bei seinen Lebzeiten erfolglos. Dennoch ist die spätere Geschichte der Messung der Lichtgeschwindigkeit eng verknüpft mit seinem Namen, denn er entdeckte mit dem von ihm konstruierten Fernrohr die vier Jupiterstrabanten, und diese wurden das Mittel zur Bestimmung der Lichtgeschwindigkeit.

Die irdischen Räume waren zu klein für Galileis Versuch. Die Bestimmung gelang erst, als man die Räume des Planetensystems zu Hilfe nahm. Olof Römer (geb. 1644 zu Aarhuus — gest. 1710 zu Kopenhagen) war es, dem dies (1675—1676) gelang. Er beobachtete mit Cassini auf der Pariser Sternwarte die Umläufe der Jupitersmonde.

AB sei die Jupitersbahn. Es bedeute S die Sonne, E die Erde, J den Jupiter und T den ersten Trabanten. Wenn die Erde in E_1 steht, sieht man den Trabanten regelmäfsig in den Schatten des Jupiter eintreten und kann aus dieser periodischen Verfinsterung die Umlaufszeit berechnen. Römer fand für dieselbe 42 Stunden 27 Minuten 33 Sekunden. Wenn nun die Erde in ihrer Bahn fortschreitend über C bis E_2 kommt, so scheinen dabei die Umläufe des Trabanten langsamer zu werden, die Verfin-

Fig. 3.

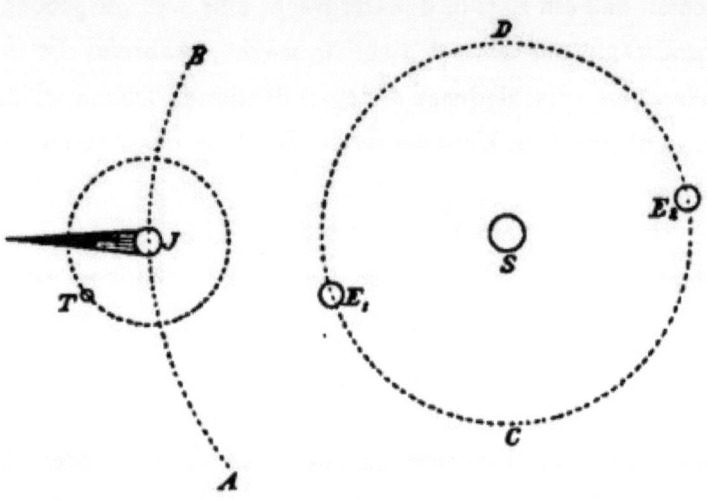

sterungen treten etwas später ein. Die Verspätung der Verfinsterung, wenn die Erde in E_2 ist, beträgt 16 Minuten 26 Sekunden. Wenn die Erde wieder über D nach E_1 sich zurückbewegt, werden die Umläufe scheinbar wieder rascher, und sie erfolgen ebenso schnell wie früher, sobald die Erde in E_1 angelangt ist. Zu bemerken ist, dass der Jupiter bei einem Bahnumlauf der Erde seine Stelle nur wenig ändert. Römer erriet sofort, dass diese periodischen Veränderungen der Umlaufszeit nicht wirkliche, sondern bloſs scheinbare sein können, welche mit der Lichtgeschwindigkeit zusammenhängen.

Machen wir uns die Erscheinung durch ein Bild klar. Wir erfahren durch die regelmäſsige Post von dem Stande der politischen Ereignisse in einer Stadt. Soweit wir auch von der Stadt entfernt sind, wir hören zwar von jedem Vorgange später, aber von allen **gleich spät**. Die Vorgänge erscheinen uns so rasch, als sie wirklich sind. Wenn wir nun aber reisen und uns dabei von der genannten Stadt entfernen, so hat jede folgende Nachricht einen längern Weg zu uns zurückzulegen, und die Vorgänge erscheinen uns langsamer, als sie wirklich sind. Das Umgekehrte würde stattfinden, wenn wir uns nähern.

Ein Musikstück hört man in jeder Entfernung, solange man in Ruhe ist, in demselben Tempo. Das Tempo muſs scheinbar rascher werden, wenn wir der Musikbande rasch entgegen fahren, langsamer, wenn wir schnell fortfahren.

Denken Sie sich ein gleichförmig um seinen Mittelpunkt gedrehtes Kreuz, z. B. Windmühlflügel. Das Kreuz erscheint Ihnen offenbar langsamer gedreht, wenn Sie sich sehr rasch von demselben entfernen. Denn die Lichtpost, welche Ihnen die Nachricht von den Stellungen des Kreuzes bringt, hat in jedem folgenden Moment einen längern Weg zu Ihnen zurückzulegen.

Fig. 3.

Ähnlich muſs es sich nun bei der Drehung (dem Umlauf) des Jupiterstrabanten verhalten. Die gröſste Verspätung der Verfinsterung, während die Erde von E_1 nach E_2 geht, sich also um den Erdbahndurchmesser von Jupiter entfernt, entspricht offenbar der Zeit, welche das Licht zum Durchlaufen des Erdbahndurchmessers braucht. Der Erdbahndurchmesser ist bekannt, die Verspätung auch. Hieraus berechnet sich die Lichtgeschwindigkeit, d. i. der vom Licht in einer Sekunde zurückgelegte Weg zu 42,000 geographischen Meilen, oder 300,000 Kilometern.

Die Methode ist ähnlich jener Galileis. Nur sind die Mittel besser gewählt. Statt der kleinen Distanz verwenden wir den Erdbahndurchmesser (41 Millionen Meilen), die Stelle der ab- und zugedeckten Laterne vertritt der abwechselnd verfinsterte und aufleuchtende Jupitermond. Galilei konnte also seine Messung nicht ausführen, aber die Laterne hat er gefunden, mit der sie ausgeführt wurde.

Diese schöne Entdeckung wollte den Physikern bald nicht mehr genügen. Man suchte nach bequemeren Mitteln, die Lichtgeschwindigkeit auf der Erde zu messen. Man konnte dies thun, nachdem die Schwierigkeiten offen dalagen. Fizeau (geb. 1819 zu Paris) führte 1849 eine solche Messung aus.

Ich will es versuchen, Ihnen das Wesen des Fizeauschen Apparates klar zu machen. S sei eine am Rande mit Löchern versehene, um ihren Mittelpunkt drehbare

Fig. 4.

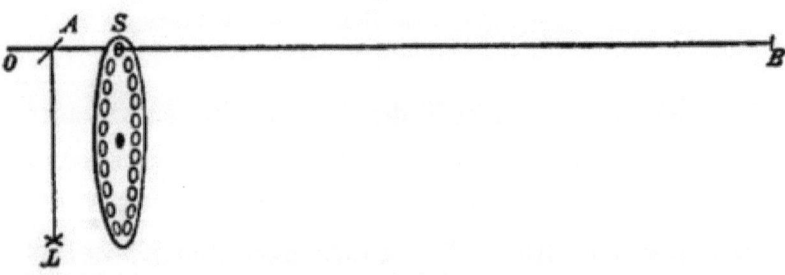

Scheibe. L sei eine Lichtquelle, welche ihr Licht auf die gegen die Axe der Scheibe um 45^0 geneigte unbelegte Glasplatte A sendet. Dieses wird dort reflektiert, geht durch ein Loch der Scheibe hindurch senkrecht auf den

Spiegel *B*, der etwa eine deutsche Meile weit von *S* aufgestellt ist. Vom Spiegel *B* wird das Licht abermals in sich zurückgeworfen, geht wieder durch das Loch in *S*, dann durch die Glasplatte in das Auge *O* des Beobachters. *O* sieht also das Spiegelbild der Lichtflamme *L* durch die Glasplatte und das Loch der Scheibe hindurch im Spiegel *B*.

Wenn nun die Scheibe in Drehung versetzt wird, so werden an die Stellen der Löcher abwechselnd die Zwischenräume treten, und das Auge *O* wird jetzt nur in Unterbrechungen das Lichtbild in *B* sehen. Bei rascherer Drehung werden jedoch diese Unterbrechungen für das Auge wieder unmerklich, und es sieht den Spiegel *B* gleichförmig erleuchtet.

Alles dies gilt jedoch nur für nicht sehr große Geschwindigkeiten der Scheibe, wenn nämlich das Licht, welches durch ein Loch in *S* nach *B* gegangen ist, bei seiner Rückkehr das Loch fast noch an derselben Stelle trifft und zum zweitenmale hindurchkommt. Denken Sie sich nun die Geschwindigkeit so weit gesteigert, daß das Licht bei seiner Rückkehr an der Stelle des Loches einen Zwischenraum vorfindet, so kann es nicht mehr zum Auge *O* hindurch. Man sieht dann den Spiegel *B* nur, wenn er kein Licht aussendet, sondern eben welches zu ihm hingeht; derselbe ist hingegen verdeckt, wenn Licht von ihm kommt. Der Spiegel wird also immer dunkel erscheinen.

Würde nun die Drehungsgeschwindigkeit noch weiter gesteigert, so könnte das durch ein Loch hindurchgegangene Licht bei seiner Rückkehr wohl nicht mehr dasselbe, dafür aber etwa das nächstfolgende Loch antreffen und wieder zum Auge gelangen.

Es muſs also bei fortwährend gesteigerter Rotationsgeschwindigkeit der Spiegel B abwechselnd hell und dunkel erscheinen. Offenbar kann man nun, wenn die Löcherzahl der Scheibe, die Umdrehungszahl in der Sekunde und der Weg SB bekannt ist, die Lichtgeschwindigkeit berechnen. Das Ergebnis stimmt mit dem Römerschen.

Die Sache ist nicht ganz so einfach, wie ich sie dargestellt habe. Es muſs dafür gesorgt werden, dass das Licht den meilenlangen Weg SB und zurück $B'S$ unzerstreut zurücklegt. Dies geschieht mit Hilfe von Fernröhren.

Sehen wir den Fizeauschen Apparat etwas näher an, so finden wir in ihm einen alten Bekannten, die Disposition des Galileischen Versuches. L ist die Laterne A, die rotierende durchlöcherte Scheibe, besorgt das regelmäſsige Ab- und Zudecken derselben. Statt des ungeschickten Beobachters B finden wir den Spiegel B, der nun gewiſs in dem Momente aufleuchtet, in welchem das Licht von S ankommt. Die Scheibe S, indem sie das rückkehrende Licht bald durchläſst, bald nicht, unterstützt nun den Beobachter O. Der Galileische Versuch wird hier sozusagen unzählige Male in einer Sekunde ausgeführt, und das Gesamtergebnis läſst sich nun wirklich beobachten. Dürfte ich die Darwinsche Theorie in diesem Gebiete anwenden, so würde ich sagen, der Fizeausche Apparat stammt von der Galileischen Laterne ab.

Eine noch feinere Methode zur Messung der Lichtgeschwindigkeit hat Foucault angewandt, doch würde uns die Beschreibung derselben hier zu weit führen.

Die Messung der Schallgeschwindigkeit gelingt nach der Galileischen Methode. Man hatte es also nicht nötig, sich weiter den Kopf zu zerbrechen. Der Gedanke aber, welcher durch die Not hervorgebracht war, der griff nun Platz auch in diesem Gebiete.

König in Paris verfertigt einen Apparat zur Messung der Schallgeschwindigkeit, welcher an die Fizeausche Methode erinnert. Die Vorrichtung ist sehr einfach. Sie besteht aus zwei elektrischen Schlagwerken, welche vollkommen gleichzeitig etwa Zehnteile von Sekunden schlagen. Stellt man beide Werke unmittelbar nebeneinander auf, so hört man überall, wo man auch stehen mag, die Schläge gleichzeitig. Stellt man sich aber neben dem einen Werke auf, und bringt das andere in gröfsere Entfernung, so findet im allgemeinen kein Zusammenfallen der Schläge mehr statt. Die entsprechenden Schläge des ferneren Werkes kommen durch den Schall später an. Es fällt z. B. der erste Schlag des ferneren Werkes unmittelbar nach dem ersten des nahen u. s. f. Bei Vergröfserung der Distanz kann man es dahin bringen, dafs wieder ein Zusammenfallen eintritt. Es fällt z. B. der erste Schlag des ferneren Werkes auf den zweiten des nähern, der zweite des ferneren auf den dritten des nähern u. s. f. Schlagen nun die Werke Zehnteile von Sekunden, und man entfernt sie so lange, bis das erste Zusammenfallen der Schläge eintritt, so wird ihre Entfernung vom Schall offenbar in einem Zehnteil einer Sekunde zurückgelegt.

Oft begegnen wir derselben Erscheinung wie hier, dafs ein Gedanke Jahrhunderte braucht, um sich mühsam zu entwickeln; ist er aber einmal da, dann wuchert er sozusagen. Er macht sich's überall bequem, auch in solchen Köpfen, in welchen er niemals hätte wachsen können. Er ist einfach nicht mehr umzubringen.

Die Bestimmung der Lichtgeschwindigkeit ist nicht der einzige Fall, in welchem die unmittelbare Auffassung unserer Sinne zu langsam und schwerfällig wird. Das gewöhnliche Mittel, für die unmittelbare Beobachtung zu rasche Vorgänge zu studieren, besteht darin, dafs man mit den zu untersuchenden Vorgängen andere bereits bekannte, ihrer Geschwindigkeit nach mit ihnen vergleichbare in Wechselwirkung setzt. Das Ergebnis ist meist sehr augenfällig und läfst auf die Art des noch unbekannten Vorganges schliefsen.

Die Fortpflanzungsgeschwindigkeit der Elektricität läfst sich durch unmittelbares Beobachten nicht finden. Wheatstone hat sie aber zu ermitteln versucht, indem er den elektrischen Funken in einem enorm rasch rotierenden Spiegel (von bekannter Geschwindigkeit) betrachtete.

Wenn man einen Stab irgendwie willkürlich hin- und herbewegt, so läfst die blofse Betrachtung nicht erkennen, wie schnell er sich in jedem Punkte seiner Bahn bewegt. Betrachten wir aber den Stab durch die Randlöcher einer rasch rotierenden Scheibe. Wir sehen dann den bewegten Stab nur in bestimmten Stellungen, wenn eben ein Loch vor dem Auge vorbeigeht.

Fig. 5.

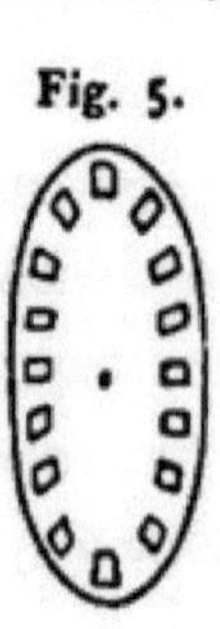

Die einzelnen Stabbilder verbleiben dem

Auge einige Zeit. Wir meinen mehrere Stäbe zu sehen, etwa wie die unten folgende Zeichnung, Fig. 6, dies andeutet. Wenn nun die Löcher der Scheibe gleich weit abstehen und dieselbe gleichmäfsig gedreht wurde, so sehen wir daraus deutlich, dafs sich der Stab von *a* bis *b* langsam, schneller von *b* bis *c*, schneller von *c* bis *d*, am schnellsten von *d* bis *e* bewegt hat.

Fig. 6.

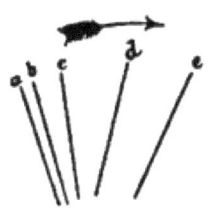

Ein Wasserstrahl, der aus einem Gefäfs ausfliefst, erscheint ganz ruhig und gleichmäfsig. Beleuchtet man ihn jedoch im Dunkeln nur momentan mit dem elektrischen Funken, so sieht man, dafs der Strahl aus einzelnen Tropfen besteht. Indem diese Tropfen rasch fallen, verwischen sich ihre Bilder, und der Strahl erscheint gleichmäfsig. Betrachten wir den Strahl durch die rotierende Scheibe. Die Scheibe würde so rasch gedreht, dafs, während das zweite Loch an die Stelle des ersten tritt, auch der Tropfen 1

Fig. 7.

bis an die Stelle von 2, 2 an die Stelle von 3 u. s. f. fällt. Dann sieht man immer an denselben Stellen Tropfen. Der Strahl scheint in Ruhe zu sein. Drehen wir nun die Scheibe etwas langsamer, so wird, während das zweite Loch an die Stelle des ersten getreten ist, der Tropfen etwas unter 2, 2 etwas unter 3 gefallen sein u. s. f. Wir werden durch jedes folgende Loch Tropfen an etwas tieferen Stellen sehen. Der Strahl erscheint langsam abwärts fliefsend.

Drehen wir nun aber die Scheibe schneller. Dann

kann, während das zweite Loch an die Stelle des ersten
tritt, der Tropfen 1 nicht ganz an die Stelle von 2 gelangen,
sondern wir finden ihn etwas ober 2, 2 etwas ober 3
u. s. f. Wir sehen durch jedes folgende Loch Tropfen an
etwas höheren Stellen. Es hat nun den Anschein, als ob
der Strahl nach oben flösse, als ob die Tropfen aus dem
unteren Gefäſs in das obere aufsteigen würden.

Sie merken, die Physik wird nach und nach furchtbar. Bald wird es der Physiker in seiner Macht haben,
die Rolle des Krebses im Mohriner See zu spielen, die
Kopisch im folgenden Gedicht so schauerlich beschreibt.

Der groſse Krebs im Mohriner See
von KOPISCH.

Die Stadt Mohrin hat immer Acht,
Guckt in den See bei Tag und Nacht:
Kein gutes Christenkind erlebt's,
Daſs los sich reiſst der groſse Krebs!
Er ist im See mit Ketten geschlossen unten an,
Weil er dem ganzen Lande Verderben bringen kann!

Man sagt: er ist viel Meilen groſs
Und wend't sich oft, und kommt er los,
So währt's nicht lang, er kommt ans Land,
Ihm leistet keiner Widerstand:
Und weil das Rückwärtsgehen bei Krebsen alter Brauch,
So muſs dann alles mit ihm zurücke gehen auch.

Das wird ein Rückwärtsgehen sein!
Steckt einer was ins Maul hinein,
So kehrt der Bissen, vor dem Kopf,
Zurück zum Teller und zum Topf!
Das Brot wird wieder zu Mehle, das Mehl wird wieder zu Korn —
Und alles hat beim Gehen den Rücken dann von vorn.

Der Balken löst sich aus dem Haus
Und rauscht als Baum zum Wald hinaus;
Der Baum kriecht wieder in den Keim,
Der Ziegelstein wird wieder Leim,
Der Ochse wird zum Kalbe, das Kalb geht nach der Kuh,
Die Kuh wird auch zum Kalbe, so geht es immer zu!

Zur Blume kehrt zurück das Wachs,
Das Hemd am Leibe wird zu Flachs,
Der Flachs wird wieder blauer Lein
Und kriecht dann in den Acker ein.
Man sagt, beim Bürgermeister zuerst die Not beginnt,
Der wird vor allen Leuten zuerst ein Päppelkind.

Dann muſs der edle Rat daran,
Der wohlgewitzte Schreiber dann;
Die erbgeseſsne Bürgerschaft
Verliert gemach die Bürgerkraft.
Der Rektor in der Schule wird wie ein Schülerlein,
Kurz eines nach dem andern wird Kind und dumm und klein.

Und alles kehrt im Erdenschoſs
Zurück zu Adams Erdenkloſs.
Am längsten hält, was Flügel hat;
Doch wird zuletzt auch dieses matt:
Die Henne wird zum Küchlein, das Küchlein kriecht ins Ei,
Das schlägt der groſse Krebs dann mit seinem Schwanz entzwei!

Zum Glücke kommt's wohl nie so weit!
Noch blüht die Welt in Fröhlichkeit:
Die Obrigkeit hat wacker acht,
Daſs sich der Krebs nicht locker macht;
Auch für dies arme Liedchen wär' das ein schlechtes Glück:
Es lief vom Mund der Leute in's Tintenfaſs zurück.

Erlauben Sie mir nun einige allgemeine Betrachtungen. Sie haben schon bemerkt, daſs einer ganzen Reihe von Apparaten zu verschiedenen Zwecken oft dasselbe Prinzip zu Grunde liegt. Häufig ist es eine ganz unscheinbare Idee, welche sehr fruchtbar wirkt und in die physikalische

Technik überall umgestaltend eingreift. Es ist hier eben nicht anders als im gewöhnlichen praktischen Leben.

Das Rad am Wagen erscheint uns ganz einfach und unbedeutend. Aber der Erfinder desselben war sicher ein Genie. Zufällig mochte vielleicht ein runder Baumstamm zu der Bemerkung geführt haben, wie leicht sich eine Last auf einer Walze fortbewegen lasse. Da scheint nun der Schritt von der einfach untergelegten Walze zur befestigten Walze, zum Rade, ein sehr bequemer. Uns freilich, da wir von Kindheit an das Rad kennen, scheint dies sehr leicht. Denken wir uns aber lebhaft in die Lage eines Menschen, der nie ein Rad gesehen hat, der erst das Rad erfinden soll, so werden wir anfangen, die Schwierigkeiten zu fühlen. Ja, es muſs uns sogar zweifelhaft werden, ob ein Mensch dies zu Stande gebracht, ob nicht vielmehr Jahrhunderte nötig waren, um aus der Walze das erste Rad zu bilden.

Die Fortschrittsmänner, welche das erste Rad gebaut, nennt keine Geschichte, sie liegen weit hinaus über die historische Zeit. Keine Akademie hat sie gekrönt, kein Ingenieurverein zum Ehrenmitglied erwählt. Sie leben nur fort in den groſsartigen Wirkungen, die sie hervorgerufen. Nehmen Sie uns das Rad — und wenig wird von der Technik und Industrie der Neuzeit übrig bleiben. Es verschwindet alles. Vom Spinnrade bis zur Spinnfabrik, von der Drehbank bis zum Walzwerke, vom Schiebkarren bis zum Eisenbahnzuge, alles ist weg!

Dieselbe Bedeutung hat das Rad in der Wissenschaft. Die Drehapparate, als das einfachste Mittel, rasche Bewegungen ohne bedeutende Ortsveränderung zu erzielen, spielen in allen Zweigen der Physik eine Rolle. Sie kennen **Wheatstones** rotierenden Spiegel, **Fizeaus** gezahmtes Rad, **Plateaus** durchlöcherde rotierende Scheiben u. s. w. — Allen diesen Apparaten liegt dasselbe Prinzip zu Grunde. Sie unterscheiden sich von einander nicht mehr, als sich das Taschenmesser vom Messer des Anatomen, vom Messer des Winzers seinem Zwecke nach unterscheiden muſs. Fast dasselbe lieſse sich über die Schraube sagen.

Es wird Ihnen wohl schon klar geworden sein, daſs neue Gedanken nicht plötzlich entstehen. Die Gedanken bedürfen ihrer Zeit, zu keimen und zu wachsen, sich zu entwickeln wie jedes Naturwesen, denn der Mensch mit seinem Denken ist eben auch ein Stück Natur.

Langsam, allmählich und mühsam bildet sich ein Gedanke in den andern um, wie es wahrscheinlich ist, daſs eine Tierart allmählich in neue Arten übergeht. Viele Ideen erscheinen gleichzeitig. Sie kämpfen den Kampf ums Dasein nicht anders wie der Ichthyosaurus, der Brahmane und das Pferd.

Wenige bleiben übrig, um sich rasch über alle Gebiete des Wissens auszubreiten, um sich abermals zu entwickeln, zu teilen und den Kampf von neuem zu beginnen. Wie manche längst überwundene, einer vergangenen Zeit angehörige Tierart noch fortlebt in abgelegenen Gegenden, wo sie von ihren Feinden nicht aufgestöbert werden konnte, so finden wir auch längst überwundene Ideen noch fortlebend in manchen Köpfen. Wer sich genau beobachtet,

muſs gestehen, daſs sich die Gedanken so hartnäckig um
ihr Dasein wehren wie die Tiere. Wer möchte leugnen,
daſs manche überwundene Anschauungsweise noch lange
in abseitigen Winkeln des Gehirnes fortspukt, die sich in
die klaren Gedankenreihen nicht mehr hinauswagt? Welcher Forscher weiſs nicht, daſs er bei Umwandlung
seiner Ideen den härtesten Kampf mit sich selbst zu bestehen hat?

Ähnliche Erscheinungen begegnen dem Naturforscher
auf allen Wegen, in den unbedeutendsten Dingen. Was
so ein rechter Naturforscher ist, der forscht überall, auch
auf der Promenade, auch auf der Ringstraſse. Wenn er
nun nicht zu gelehrt ist, so bemerkt er, daſs gewisse Dinge,
wie etwa die Damenhüte, der Veränderung unterliegen.
Ich habe über diesen Gegenstand keine besonderen Forschungen angestellt, aber eines ist mir erinnerlich, daſs
eine Form allmählich in die andere übergegangen. Man
trug Hüte mit weit vorstehendem Rand. Tief darin, kaum
mit einem Fernrohr erreichbar, lag das Antlitz der Schönen
verborgen. Der Rand wurde immer kürzer, das Hütchen
schrumpfte zur Ironie eines Hutes zusammen. Nun fängt
oben ein mächtiges Dach an hervorzuwachsen und die
Götter wissen, wie groſs es noch werden soll. Es ist
nicht anders bei den Damenhüten wie bei den Schmetterlingen, deren Formmannigfaltigkeit oft nur darauf beruht,
daſs ein kleiner Auswuchs am Flügel bei einer verwandten
Art sich zu einem mächtigen Lappen entwickelt. Auch
die Natur hat ihre Moden, sie währen aber Jahrtausende.
Ich könnte dies noch an manchem Beispiel, etwa an der

Entstehung des Fracks, erläutern, wenn ich nicht fürchten müßte, daß meine Causerie zu ungemütlich wird.

Wir haben nun ein Stückchen Geschichte der Wissenschaft durchwandert! Was haben wir gelernt? Eine kleine, ich möchte sagen, unbedeutende Aufgabe, die Messung der Lichtgeschwindigkeit — und mehr als zwei Jahrhunderte haben an der Lösung derselben gearbeitet! — Drei der bedeutendsten Naturforscher, Galilei ein Italiener, Römer ein Däne und Fizeau, ein Franzose, haben redlich die Mühe geteilt. Und so geht es bei unzähligen andern Fragen. Wenn wir so die vielen Gedankenblüten betrachten, die alle welkend fallen müssen, bevor eine reift, dann lernen wir's erst recht verstehen, das ernste, aber wenig tröstliche Wort:

Viele sind berufen aber wenige sind auserwählt.
So spricht jedes Blatt der Geschichte! Aber ist die Geschichte auch gerecht? Sind wirklich nur jene auserwählt, welche sie nennt? Haben die umsonst gelebt und gekämpft, die keinen Preis errungen?

Fast möcht' ich das bezweifeln. Jeder wird es bezweifeln, welcher die Gedankenqual der schlaflosen Nächte kennt, die, oft lange ohne Erfolg, endlich doch zum Ziele führt. Kein Gedanke wurde da umsonst gedacht, jeder, auch der unbedeutendste, der falsche sogar, der scheinbar unfruchtbarste diente dazu, den folgenden fruchtbaren vorzubereiten. Wie im Denken des Einzelnen nichts umsonst, so auch in jenem der Menschheit!

Galilei wollte die Lichtgeschwindigkeit messen. Er

mufste die Augen schliefsen, ohne dafs es ihm gelungen war. Aber er hat wenigstens die Laterne gefunden, mit der es sein Nachfolger vermochte. Und so darf ich denn behaupten, dafs wir alle, sofern wir nur wollen, an der künftigen Kultur arbeiten. Wenn wir nur alle das Rechte anstreben, alle sind wir dann berufen und alle sind wir auserwählt!

VI.

Wozu hat der Mensch zwei Augen?*)

Wozu hat der Mensch zwei Augen?

Damit die schöne Symmetrie des Gesichtes nicht gestört werde, könnte vielleicht der Künstler antworten. Damit das zweite Auge einen Ersatz biete, wenn das erste verloren geht, sagt der vorsichtige Ökonom. Damit wir mit zwei Augen weinen können über die Sünden der Welt, meint der Frömmler. Das klingt eigentümlich. Sollten Sie aber mit dieser Frage gar an einen modernen Naturforscher geraten, so können Sie von Glück sagen, wenn Sie mit dem bloſsen Schreck davon kommen. Entschuldigen Sie, mein Fräulein! spricht der mit strenger Miene, der Mensch hat seine Augen zu gar nichts; die Natur ist keine Person und daher auch nicht so ordinär, irgend welche Zwecke zu verfolgen. Das ist noch nichts! Ich kannte einen Professor, der hielt seinen Schülern vor Entsetzen das Maul zu, wenn sie eine so unwissenschaftliche Frage stellen wollten.

*) Vortrag gehalten zu Graz i. J. 1866.

Fragen Sie nun noch einen Toleranten, fragen Sie mich. Ich weifs eigentlich nicht genau, wozu der Mensch zwei Augen hat, ich glaube aber zum Teil auch dazu, dafs ich Sie heute hier versammelt sehen, und mit Ihnen über dieses hübsche Thema sprechen kann.

Sie lächeln schon wieder ungläubig. Nun es ist dies schon eine jener Fragen, die hundert Weise zusammen nicht vollkommen zu beantworten vermögen. In der That, Sie haben bisher nur 5 Weise gehört und wollen gewifs von den übrigen 95 verschont bleiben. Dem ersten werden Sie einwenden, dafs wir als Kyklopen einherschreitend uns ebenso hübsch ausnehmen würden; dem zweiten, dafs wir nach seinem Prinzip noch besser 4 oder 8 Augen hätten und in dieser Hinsicht entschieden gegen die Spinnen zurückstehen; dem dritten, dafs Sie nicht Lust haben zu weinen; dem vierten, dafs das blofse Verbieten der Frage Ihre Neugier mehr reizt als befriedigt, und um mich abzuthun, sagen Sie, mein Vergnügen sei nicht so hoch anzuschlagen, um das Doppelauge bei allen Menschen seit dem Sündenfalle zu rechtfertigen. Weil Sie aber auch mit meiner kurzen und einleuchtenden Antwort nicht zufrieden sind, haben Sie sich die Folgen selbst zuzuschreiben. Sie müssen nun eine längere und gründlichere hören, so gut ich sie eben geben kann.

Da nun aber die naturwissenschaftliche Kirche einmal die Frage nach dem Wozu verbietet, so wollen wir, um ganz orthodox zu sein, so fragen: Der Mensch hat einmal zwei Augen; was kann er mit zwei Augen mehr sehen als mit einem?

Erlauben Sie, daſs ich Sie ein wenig spazieren führe! Wir befinden uns in einem Walde. Was ist es wohl, was den wirklichen Wald so vorteilhaft von einem noch so trefflich gemalten Walde unterscheidet, was ihn so viel reizender erscheinen läſst? Ist es die Lebendigkeit der Farben, die Licht- und Schattenverteilung? Ich glaube nicht. Es scheint mir im Gegenteil, als ob darin die Malerei sehr viel zu leisten vermöchte.

Die geschickte Hand des Malers kann uns mit einigen Pinselstrichen sehr plastische Gestalten vortäuschen. Noch mehr erreicht man mit Hilfe anderer Mittel. Photographieen nach Reliefs sind so plastisch, daſs man meint, die Erhöhungen und Vertiefungen greifen zu können. Eins vermag der Maler nie mit der Lebendigkeit zu geben wie die Natur, — den Unterschied von nah und fern. Im wirklichen Walde sehen Sie deutlich, daſs Sie einige Baumstämme greifen können, daſs andere unerreichbar weit sind.

Das Bild des Malers ist starr. Das Bild des wirklichen Waldes ändert sich, wenn Sie die geringste Bewegung ausführen. Jetzt verbirgt sich ein Zweig hinter dem andern. Jetzt tritt ein Baumstamm hervor, der durch den andern verdeckt war.

Betrachten wir diesen Umstand etwas genauer. Wir bleiben zur Bequemlichkeit der Damen auf der Straſse *I, II*. Rechts und links ist der Wald. Wenn wir bei *I* stehen, sehen wir etwa 3 Bäume (1, 2, 3) in einer Richtung, sodaſs der fernere immer durch den nähern gedeckt wird. So wie wir fortschreiten, ändert sich dies. Wir müssen von *II* aus nach dem fernsten Baume

3 nicht soweit umblicken als nach dem nähern 2, und nach diesem wieder weniger als nach 1. Es scheinen also beim Fortschreiten die nähern Gegenstände gegen die fernern zurückzubleiben, und zwar desto mehr, je näher sie sind. Sehr ferne Gegenstände, gegen welche man beim Fortgehen lange in fast derselben Richtung hinsehen muſs, werden mitzugehen scheinen.

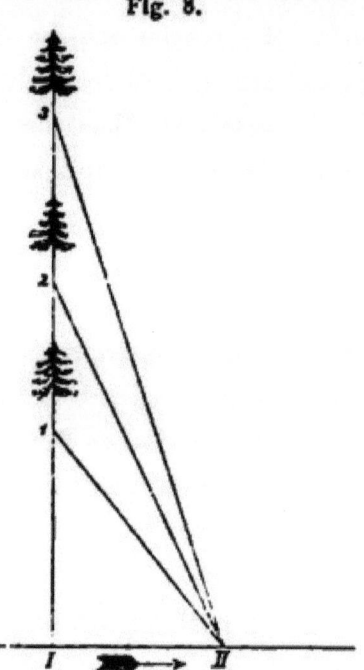

Fig. 8.

Wenn wir nun irgendwo hinter einem Hügel zwei Baumwipfel hervorragen sehen, über deren Entfernung von uns wir im Unklaren sind, so können wir sehr leicht darüber entscheiden. Wir gehen nur einige Schritte, etwa nach rechts, und welcher Wipfel nun mehr nach links zurückweicht, der ist der nähere. Ja, der Geometer könnte sogar aus der Gröſse des Zurückweichens die Entfernung bestimmen, ohne jemals zu den Bäumen hinzugelangen. Nichts anderes als die wissenschaftliche Ausbildung unserer Bemerkung ist es, welche das Messen der Entfernungen der Gestirne ermöglicht.

Also aus der Veränderung des Anblickes

beim Fortschreiten kann man die Entfernung der Gegenstände im Gesichtsfeld bemessen.

Streng genommen haben wir aber das Fortschreiten gar nicht nötig. Denn jeder Beobachter besteht eigentlich aus zwei Beobachtern. Der Mensch hat zwei Augen. Das rechte ist dem linken um einen kleinen Schritt nach rechts voraus. Beide Augen werden also verschiedene Bilder desselben Waldes erhalten. Das rechte Auge wird die nähern Bäume nach links verschoben sehen, und zwar desto mehr, je näher sie sind. Diese Verschiedenheit genügt, um die Entfernungen zu beurteilen.

In der That können Sie sich von folgenden Thatsachen leicht überzeugen:

1. Sie haben mit einem Auge (wenn Sie das andere schliefsen) ein sehr unsicheres Urteil über die Entfernung. Es gelingt Ihnen z. B. schwer, einen Stab durch einen vorgehaltenen Ring zu stecken, meist fahren Sie neben vorbei.

2. Sie sehen mit dem rechten Auge denselben Gegenstand anders als mit dem linken.

Stellen Sie einen Lampenschirm gerade vor sich auf den Tisch, mit der breitern Seite nach unten, und betrachten Sie ihn von oben. Sie sehen mit dem rechten Auge das Bild 2, mit dem linken das Bild 1. — Stellen Sie hingegen den Schirm mit der weitern Öffnung nach oben, so erhält das rechte Auge das Bild 4, das linke das Bild 3. Schon Euklides führt solche Bemerkungen an.

3. Endlich wissen Sie, dafs mit beiden Augen die Entfernung leicht zu erkennen ist. Dies Erkennen mufs also

wohl aus der Zusammenwirkung der beiden Augen hervorgehen. In dem obigen Beispiele erscheinen uns die Öff-

Fig. 9.

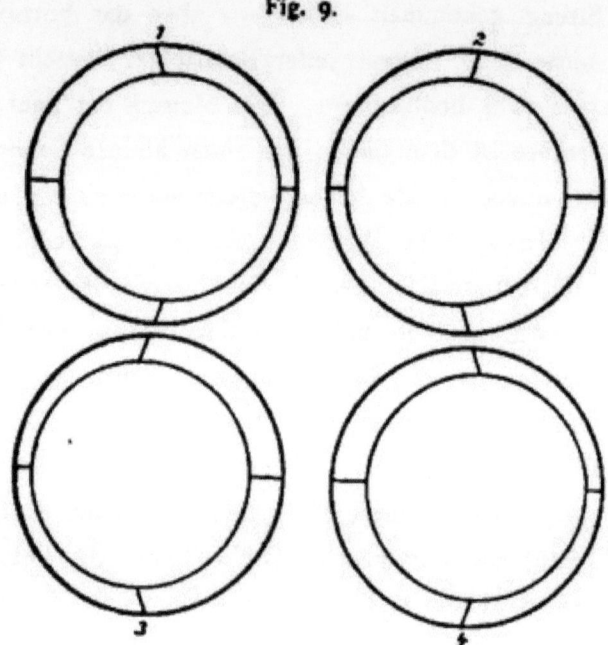

nungen in den Bildern beider Augen gegen einander verschoben, und diese Verschiebung genügt, um die eine Öffnung für näher zu halten als die andere.

Ich zweifle nicht daran, meine Damen, daſs Sie schon sehr viele und feine Complimente über Ihre Augen gehört haben, aber das hat Ihnen gewiſs noch niemand gesagt, — ich weiſs auch nicht, ob es Ihnen schmeicheln wird — Sie haben in Ihren Augen, einerlei ob schwarz oder blau — kleine Geometer!

Sie wissen nichts davon? Ja, ich weiſs eigentlich auch nichts. Aber es kann doch nicht gut anders sein. Sie verstehen doch nicht viel von Geometrie? Ja, das geben Sie

6*

zu. Und mit Hilfe Ihrer beiden Augen messen Sie die Entfernungen? Das ist doch eine geometrische Aufgabe. Und die Auflösung dieser Aufgabe kennen Sie doch, denn Sie schätzen ja die Entfernungen. Wenn aber Sie die Aufgabe nicht lösen, so müssen das die kleinen Geometer in Ihren Augen heimlich thun, und Ihnen die Auflösung zuflüstern. Ich zweifle also nicht, dafs es sehr flinke Kerlchen sind!

Was mich dabei wundert, bleibt nur, dafs Sie von den Geometern nichts wissen. Vielleicht wissen aber auch die von Ihnen nichts. Vielleicht sind es so recht pünktliche Beamte, die sich um nichts kümmern als um ihr Bureau. Dann könnten wir aber die Herren ein wenig aufs Eis führen.

Bieten wir dem rechten Auge ein Bild, welches ganz so aussieht wie der Lampenschirm für das rechte Auge, und dem linken Auge ein Bild, welches aussieht wie der Lampenschirm für das linke Auge, so meinen wir in der That, den Lampenschirm körperlich vor uns zu sehen.

Sie kennen den Versuch! Wer Übung im Schielen hat, kann ihn gleich an der Figur anstellen, mit dem rechten Auge das rechte Bild, mit dem linken das linke Bild betrachten. In dieser Weise wurde das Experiment zuerst von Elliot ausgeführt. Eine Vervollkommnung desselben ist das von Wheatstone angegebene und von Brewster zu einem so populären und nützlichen Apparat umgestaltete Stereoskop.

Man kann sich durch das Stereoskop mit Hilfe der

Photographie, indem man zwei Bilder desselben Gegenstandes von zwei verschiedenen Punkten (den beiden Augen entsprechend) aufnimmt, eine sehr klare räumliche Anschauung ferner Gegenden oder Gebäude verschaffen.

Das Stereoskop bietet aber noch mehr. Es kann Dinge zur Anschauung bringen, die man mit gleicher Klarheit an wirklichen Gegenständen nie sieht. Sie wissen, dafs, wenn Sie beim Photographen nicht die gehörige Ruhe beobachten, Ihr Bildnis gleich einer indischen Gottheit mit mehreren Köpfen oder Armen ausgestattet erscheint, welche an jenen Stellen, wo sie sich überdecken, zuweilen beide mit gleicher Deutlichkeit erscheinen, so dafs man das eine Bild durch das andere hindurch sieht. Wenn eine Person noch vor der Beendigung der Aufnahme sich rasch entfernt, so erscheinen sofort auch die Gegenstände hinter derselben auf dem Bilde; die Person wird durchsichtig. Hierauf beruhen die photographischen Geistererscheinungen.

Man kann nun von dieser Bemerkung sehr nützliche Anwendungen machen. Wenn man eine Maschine z. B. stereoskopisch photographiert und während der Operation einen Teil nach dem andern entfernt (wobei natürlich die Aufnahme Unterbrechungen erleiden mufs), so erhält man eine körperliche Durchsicht, in welcher auch das Ineinandergreifen sonst verdeckter Teile deutlich zur Anschauung kommt.

Sie sehen, die Photographie macht riesige Fortschritte, und es ist grofse Gefahr, dafs demnächst ein tückischer Photograph seine arglose Kundschaft in der Durchsicht mit allem was das Herz birgt, und mit den geheimsten

Gedanken aufnimmt. Welche Ruhe im Staate! Welch' reiche Ausbeute für die löbl. Polizei!

Durch die vereinigte Wirkung beider Augen gelangen wir also zur Kenntnis der Entfernungen und demnach auch der Körperformen. Erlauben Sie, dafs ich noch andere hierher gehörige Erfahrungen bespreche, welche uns zum Verständnis gewisser Erscheinungen der Kulturgeschichte verhelfen werden.

Sie haben schon oft gehört und selbst bemerkt, dafs fernere Gegenstände perspektivisch verkleinert erscheinen. In der That überzeugen Sie sich leicht, dafs Sie das Bild eines wenige Schritte entfernten Menschen mit dem in geringer Entfernung vor dem Auge gehaltenen Finger verdecken können. Dennoch merken Sie gewöhnlich nichts von dieser Verkleinerung. Sie glauben im Gegenteil den Menschen am Ende des Saales ebenso grofs zu sehen wie in Ihrer unmittelbaren Nähe. Denn das Auge erkennt die Entfernung und schätzt dementsprechend fernere Gegenstände gröfser. Das Auge weifs sozusagen um die perspektivische Verkleinerung und läfst sich durch dieselbe nicht irre führen, auch wenn sein Besitzer nichts von derselben weifs. Wer versucht hat, nach der Natur zu zeichnen, hat die Schwierigkeit empfunden, welche diese übergrofse Fertigkeit des Auges der perspektivischen Auffassung entgegensetzt. Erst wenn die Beurteilung der Entfernung unsicher wird, wenn sie zu grofs wird und das Mafs abhanden kommt, oder wenn sie sich zu schnell ändert, tritt die Perspektive deutlich hervor.

Wenn Sie auf einem rasch dahin brausenden Eisenbahnzuge plötzlich Aussicht gewinnen, so sehen Sie wohl mitunter die Menschen auf einem Hügel als kleine zierliche Püppchen, weil Ihnen das Maſs für die Entfernung fehlt. Die Steine am Eingang des Tunnels werden deutlich gröſser beim Einfahren, sie schrumpfen sichtlich zusammen beim Ausfahren.

Beide Augen wirken gewöhnlich zusammen. Da nun gewisse Ansichten sich sehr häufig wiederholen und immer zu ganz ähnlichen Entfernungsschätzungen führen, so müssen sich die Augen in der Auslegung eine besondere Fertigkeit erwerben. Diese Fertigkeit wird wohl zuletzt so groſs, daſs auch schon ein Auge allein sich in der Auslegung versucht.

Erlauben Sie mir, dies durch ein Beispiel zu erläutern. Was kann Ihnen geläufiger sein als die Fernsicht in eine Gasse? Wer hätte nicht schon erwartungsvoll mit beiden Augen in eine Gasse gesehen und die Tiefe derselben ermessen? Sie kommen nun in die Kunstausstellung und finden ein Bild, die Fernsicht in eine Gasse darstellend; der Künstler hat kein Lineal gespart, um die Perspektive richtig zu machen. Der Geometer in Ihrem linken Auge der denkt: Ach, den Fall hab' ich ja schon hundertmal gerechnet, den weiſs ich ja auswendig. Das ist eine Fernsicht in eine Gasse — spricht er — da, wo die Häuser niedriger werden, ist das fernere Ende. Der Geometer im rechten Auge ist auch zu bequem, um seinen vielleicht mürrischen Kollegen zu fragen, und sagt dasselbe. Doch sofort er-

---

*) Diese Fertigkeit ist durch die individuelle Erfahrung allein nicht erklärbar. Vgl. „Analyse d. Empfindungen." S. 92.

wacht wieder das Pflichtgefühl der pünktlichen Beamten, sie rechnen wirklich und finden, daſs alle Punkte des Bildes gleich weit, d. h. auf einem Blatt sind.

Was glauben Sie jetzt, die erste oder die zweite Aussage? Glauben Sie die erste, so sehen Sie deutlich eine Fernsicht, glauben Sie die zweite, so sehen Sie nichts als eine mit verzerrten Bildern bemalte Tafel.

Es scheint Ihnen Spaſs, ein Bild zu betrachten und seine Perspektive zu verstehen. Und doch sind Jahrtausende vergangen, bevor die Menschheit diesen Spaſs erlernt hat, und die meisten von Ihnen haben ihn erst durch die Erziehung erlernt.

Ich weiſs mich sehr wohl zu erinnern, daſs mir in einem Alter von etwa drei Jahren alle perspektivischen Zeichnungen als Zerrbilder der Gegenstände erschienen. Ich konnte nicht begreifen, warum der Maler den Tisch an der einen Seite so breit, an der andern so schmal dargestellt hat. Der wirkliche Tisch erschien mir ja am ferneren Ende ebenso breit als am nähern, weil mein Auge ohne mein Zuthun rechnete. Daſs aber das Bild des Tisches auf der Fläche nicht als bemalte Fläche zu sehen sei, sondern nur einen Tisch bedeute und ebenso in die Tiefe ausgelegt werden müsse, war ein Spaſs, den ich nicht verstand. Ich tröste mich darüber, denn ganze Völker haben ihn auch nicht verstanden.

Es gibt naive Naturen, welche den Scheinmord auf der Bühne für einen wirklichen Mord, die Scheinhandlung für eine wirkliche Handlung halten, und welche den im Schauspiele Bedrängten entrüstet zu Hilfe eilen wollen.

Andere können wieder nicht vergessen, daſs die Kulissen nur gemalte Bäume sind, daſs Richard III. bloſs der Schauspieler M. ist, den sie schon öfter in Gesellschaft gesehen. Beide Fehler sind gleich groſs.

Um ein Drama und ein Bild richtig zu betrachten, muſs man wissen, daſs beide Schein sind und etwas Wirkliches bedeuten. Es gehört dazu ein gewisses Übergewicht des geistigen inneren Lebens über das Sinnenleben, wobei das erstere durch den unmittelbaren Eindruck nicht mehr umgebracht wird. Es gehört dazu eine gewisse Freiheit, sich seinen Standpunkt selbst zu bestimmen, ein gewisser Humor, möchte ich sagen, der dem Kinde und jugendlichen Völkern entschieden fehlt.

Betrachten wir einige historische Thatsachen. Ich will nicht so gründlich sein, bei der Steinzeit zu beginnen, obgleich wir auch aus dieser Zeit Zeichnungen besitzen, die in der Perspektive sehr originell sind.

Wir betreten vielmehr die Grabhallen und Tempelruinen des alten Ägypten, die mit ihren zahllosen Reliefs und mit ihrer Farbenpracht den Jahrtausenden getrotzt haben. Ein reiches, buntes Leben geht uns hier auf. Wir finden die Ägypter in allen Verhältnissen des Lebens dargestellt. Was uns an diesen Bildern sofort auffällt, ist die Feinheit der technischen Ausführung. Die Konturen sind äuſserst zart und scharf. Dagegen finden sich nur wenige grelle Farben ohne Mischung und Übergang. Der Schatten fehlt vollständig. Die Flächen sind gleichmäſsig angestrichen.

Schreckenerregend für das moderne Auge ist die Perspektive. Alle Figuren sind gleich groſs, mit Ausnahme des Königs, der unverhältnismäfsig vergröfsert dargestellt wurde. Nahes und Fernes erscheint gleich grofs. Eine perspektivische Verkürzung tritt nie ein. Ein Teich mit Wasservögeln wird in der Vertikalebene so dargestellt, als ob seine Wasserfläche wirklich vertikal wäre.

Die menschlichen Figuren sind so abgebildet, wie man sie nie sieht, die Beine von der Seite, das Gesicht im Profil. Die Brust liegt immer der ganzen Breite nach in der Zeichnungsebene. Der Kopf des Rindes erscheint im Profil, während die Hörner doch wieder in der Zeichnungsebene liegen. Das Prinzip, welches die Ägypter befolgten, liefse sich vielleicht am besten aussprechen, wenn man sagte, die Figuren sind in die Zeichnungsebene geprefst wie die Pflanzen in einem Herbarium.

Die Sache erklärt sich einfach. Wenn die Ägypter gewohnt waren, mit beiden Augen unbefangen die Dinge zu betrachten, so konnte ihnen die Auslegung eines perspektivischen Bildes in den Raum nicht geläufig sein. Sie sahen alle Arme, Beine an den wirklichen Menschen in der natürlichen Länge. Die in die Ebene geprefsten Figuren waren natürlich den Originalen in ihren Augen ähnlicher als perspektivische.

Man begreift dies noch besser, wenn man bedenkt, dafs die Malerei aus dem Relief sich entwickelt hat. Die kleineren Unähnlichkeiten zwischen den geprefsten Figuren und den Originalen mufsten nach und nach allerdings zur perspektivischen Zeichnung hindrängen. Physiologisch ist die ägyptische Malerei ebenso berechtigt, als die Zeichnungen unserer Kinder es sind.

Einen kleinen Fortschritt gegen Ägypten bietet schon Assyrien. Die Reliefs, welche aus den Trümmerhügeln von Nimrod bei Mossul gewonnen wurden, sind im ganzen den ägyptischen ähnlich. Sie sind uns vorzugsweise durch den verdienstvollen Layard bekannt geworden.

In eine neue Phase tritt die Malerei bei den Chinesen. Dieselben haben ein entschiedenes Gefühl für Perspektive und für richtige Schattierung, ohne jedoch hierin sehr konsequent zu sein. Sie haben auch hier, wie es scheint, den Anfang gemacht, ohne weit zu kommen. Dem entspricht ihre Sprache, welche, wie jene der Kinder, sich noch nicht bis zur Grammatik entwickelt hat, oder welche vielmehr, nach moderner Auffassung, noch nicht bis zur Grammatik verfallen ist. Dem entspricht ihre Musik, die sich mit einer fünftönigen Leiter begnügt.

Die Wandgemälde zu Herculanum und Pompeji zeichnen sich nächst der Anmut der Zeichnung durch ein ausgesprochenes Gefühl für Perspektive und richtige Beleuchtung aus, doch sind sie durchaus nicht ängstlich in der Konstruktion. Auch hier finden wir Verkürzungen noch vermieden, und die Glieder werden dafür mitunter in eine unnatürliche Stellung gebracht, in welcher sie in ihrer ganzen Länge erscheinen. Häufiger zeigen sich Verkürzungen an bekleideten als an unbekleideten Figuren.

Das Verständnis dieser Erscheinungen ist mir zuerst an einigen einfachen Experimenten aufgegangen, welche lehren, wie verschieden man denselben Gegenstand je nach der willkürlichen Auffassung sehen kann, wenn man einige Herrschaft über seine Sinne gewonnen hat.

Fig. 10

Betrachten Sie die nebenstehende Zeichnung. Dieselbe kann ein geknicktes Blatt Papier vorstellen, welches Ihnen die hohle oder die erhabene Seite zukehrt. Sie können in dem einen und in dem andern Sinne die Zeichnung auffassen, und sie wird Ihnen in beiden Fällen verschieden erscheinen.

Wenn Sie nun wirklich ein geknicktes Papier vor sich auf den Tisch stellen, mit der scharfen Kante Ihnen zugewandt, so können Sie bei der Betrachtung mit einem Auge das Blatt abwechselnd erhaben sehen, wie es wirklich ist, oder hohl. Dabei tritt nun eine merkwürdige Erscheinung auf. Wenn Sie das Blatt richtig sehen, hat weder die Beleuchtung noch die Form etwas Auffallendes. So wie es umgebrochen erscheint, sehen Sie es perspektivisch verzerrt, das Licht und der Schatten erscheint viel heller, beziehungsweise dunkler, wie dick mit grellen Farben aufgetragen. Licht und Schatten sind nun unmotiviert, sie passen nicht mehr zur Körperform und werden viel auffallender.

Im gewöhnlichen Leben verwenden wir die Perspektive und Beleuchtung der gesehenen Gegenstände, um ihre Form und Lage zu erkennen. Wir bemerken dementsprechend die Lichter, Schatten und Verzerrungen nicht. Sie treten erst mit Macht ins Bewußtsein, wenn wir eine andere als die gewöhnliche räumliche Auslegung anwenden. Wenn man das ebene Bild einer Camera obscura betrachtet, erstaunt man über die Fülle des Lichtes und die Tiefe der Schatten, die man beide an den wirklichen Gegenständen kaum bemerkt.

In meiner frühesten Jugend erschienen mir alle Schatten und Lichter auf Bildern als unmotivierte Flecke. Als ich in früher Jugend zu zeichnen begann, hielt ich das Schattieren für eine bloße Manier. Ich porträtierte einmal den Herrn Pfarrer, einen Freund des Hauses, und schraffierte nicht aus Bedürfnis, sondern weil ich es an andern Bildern so gesehen hatte, die Hälfte seines Gesichts ganz schwarz. Darob hatte ich eine harte Kritik von meiner Mutter zu bestehen, und mein tief verletzter Künstlerstolz ist wohl der Grund, daß mir diese Thatsachen so im Gedächtnis geblieben sind.

Sie sehen also, nicht bloß im Leben des Einzelnen auch im Leben der Menschheit, in der Kulturgeschichte, erklärt sich manches aus der einfachen Thatsache, daß der Mensch zwei Augen hat.

Verändern Sie das Auge des Menschen, und Sie verändern seine Weltanschauung. Nachdem wir unsere nähern Verwandten, die Ägypter, Chinesen und Pfahlbauer besucht, sollen auch unsere fernen Verwandten, die Affen und andere Tiere nicht leer ausgehen. Wie ganz anders muß die Natur den Tieren erscheinen, welche mit wesentlich andern Augen versehen sind als der Mensch, etwa den Insekten. Aber dies zur Anschauung zu bringen, darauf muß die Wissenschaft vorläufig verzichten, da wir die Wirkungsweise dieser Organe noch zu wenig kennen. Uns ist es schon ein Rätsel, wie den Menschen verwandteren Tieren die Natur entgegentritt, etwa den Vögeln, welche fast kein Ding mit beiden Augen zugleich sehen, die im Gegenteil, weil die Augen zu beiden Seiten des Kopfes stehen, für jedes ein besonderes Gesichtsfeld haben.*)

Die Menschenseele ist eingesperrt in ihr Haus, in den Kopf; sie betrachtet sich die Natur durch ihre beiden Fenster, durch die Augen. Sie möchte nun gerne auch wissen, wie sich die Natur durch andere Fenster ansieht. Das scheint unerreichbar. Aber die Liebe zur Natur ist erfinderisch. Auch darin ist schon manches gelungen. Wenn ich einen Winkelspiegel vor mich hinstelle, welcher aus zwei wenig gegen einander geneigten ebenen Spiegeln besteht, so sehe ich mein Gesicht zweimal. Im rechten Spiegel habe ich eine Ansicht von der rechten, im linken Spiegel eine Ansicht von der linken Seite. So sehe ich auch das Gesicht einer vor mir stehenden Person mit dem rechten Auge mehr von rechts, mit dem linken mehr von links. Um aber von einem Gesicht **so sehr verschiedene Ansichten** zu erhalten wie in dem Winkelspiegel, müfsten meine beiden Augen viel, viel weiter von einander entfernt sein, als sie es wirklich sind.**) Wenn ich nun mit dem rechten Auge auf das Bild im rechten Spiegel, mit dem linken auf das Bild im linken Spiegel schiele, so verhalte ich mich wie ein Riese mit

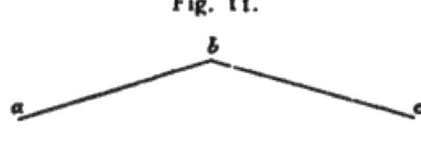

Fig. 11.

---
*) Joh. Müller, vergleichende Physiologie des Gesichtssinnes. Leipzig 1826.
**) Es wird hiebei angenommen, dafs der Spiegel mir die hohle Seite zukehrt.

ungeheurem Kopf und weit abstehenden Augen. Dementsprechend ist der Eindruck, den mir mein Gesicht macht. Ich sehe es dann einfach und körperlich. Bei längerer Betrachtung wächst von Sekunde zu Sekunde das Relief, die Augenbrauen treten weit vor die Augen, die Nase scheint zu Schuhlänge anzuwachsen, der Schnurrbart tritt springbrunnartig aus der Lippe hervor, die Zähne erscheinen unerreichbar weit hinter den Lippen. Das Schrecklichste bei der Erscheinung ist die Nase. Ich gedenke auf diesen einfachen Apparat ein Privilegium zu nehmen und ihn der spanischen Regierung zur Verwendung in ihren Bureaux zu empfehlen.

Interessant in dieser Richtung ist das von Helmholtz angegebene Telestereoskop. Man betrachtet eine Gegend, indem man mit dem rechten Auge durch den Spiegel *a* in den Spiegel *A* und mit dem linken durch *b* in den Spiegel *B* sieht. Die Spiegel *A* und *B* stehen weit von einander ab. Man sieht wieder wie mit den weit abstehenden Augen eines Riesen. Alles erscheint verkleinert und genähert. Die fernen Berge sehen aus wie mit Moos bewachsene Steine, die zu Ihren Füſsen liegen. Dazwischen finden Sie das verkleinerte Modell einer Stadt, ein wahres Liliput. Sie möchten fast über den zarten Wald und die Stadt mit der Hand hinstreichen, wenn Sie nicht fürchten würden, daſs Sie sich an den einen nadelscharfen Turmspitzen stechen, oder daſs die-

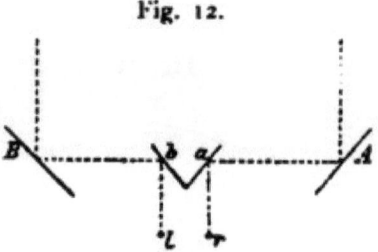

Fig. 12.

selben knisternd abbrechen. Liliput ist keine Fabel, man braucht nur Swifts Augen zu sehen, d. i. das Telestereoskop.

Denken Sie sich den umgekehrten Fall! Wir wären so klein, daſs wir in einem Walde von Moos spazieren gehen könnten und unsere Augen wären entsprechend nahe aneinander. Die Moose würden uns baumartig erscheinen. Darauf kröche ungeheures, unförmliches, nie gesehenes Getier herum. Die Äste der Eiche aber, an deren Fuſs der Mooswald liegt, den wir durchwandeln, erscheinen uns als unbewegliche, dunkle, verzweigte Wolken hoch an den Himmel gemalt, sowie etwa die Saturnusbewohner ihren Ring sehen mögen. An den Stämmen des Mooswaldes finden wir mächtige durchsichtige, glänzende Kugeln von einigen Fuſs im Durchmesser, die eigentümlich langsam im Winde wogen. Wir nähern uns neugierig und finden, daſs diese Kugeln, in denen sich lustig einige Tiere herumtummeln, daſs die flüssig, daſs die Wasser sind. Noch eine unvorsichtige Berührung und — o weh! — schon zieht eine unsichtbare Gewalt meinen Arm mächtig in's Innere der Kugel und hält mich unerbittlich fest! — Da hat einmal der Tautropfen mittelst Kapillarität ein Menschlein aufgesogen, aus Rache dafür, daſs der Mensch so viele Tropfen zum Frühstück aufsaugt. Du hättest auch wissen sollen, du kleines Naturforscherlein, daſs bei der lumpig kleinen Masse, die du heute hast, mit der Kapillarität nicht zu spaſsen ist.

Der Schreck bei der Sache bringt mich zur Besinnung. Ich merke, daſs ich zu idyllisch geworden bin. Sie müssen mir verzeihen! Ein Stück Rasen, Moos- oder Erikawald mit seiner kleinen Bevölkerung hat für mich ungleich mehr Interesse als manches Stück Litteratur mit seiner Vergötterung des Menschlichen. Hätte ich das Talent, Novellen zu schreiben, darin würde sicher nicht Hans und nicht Grethe vorkommen. Auch an den Nil und in die Pharaonenzeit des alten Ägypten würde ich mein Paar nicht versetzen, obwohl schon eher als in die Gegenwart. Denn ich muſs aufrichtig gestehen, ich hasse den historischen Schund, so interressant er als bloſse Erscheinung ist, weil man ihn nicht bloſs betrachten kann, weil man ihn auch fühlen muſs, weil er uns meist mit höhnender Arroganz, meist unüberwunden entgegentritt.

Der Held meiner Novelle müſste ein Maikäfer sein, der sich im fünften Lebensjahre mit den neugewachsenen Flügeln zum ersten Male frei in die Lüfte schwingt. Es könnte in der That nicht schaden, wenn der Mensch seiner angeborenen und anerzogenen Beschränktheit dadurch zu Leibe ginge, daſs er sich mit der Weltanschauung verwandter Wesen vertraut zu machen suchte. Er müſste dabei noch entschieden mehr gewinnen als der Kleinstädter, der, zum Weltumsegler geworden, die Anschauungen fremder Völker kennen gelernt hat.

Ich habe Sie nun auf mancherlei Wegen und Stegen so recht über Stock und Stein geführt, um Ihnen zu zeigen, wohin man überall durch konsequente Verfolgung einer einzigen naturwissenschaftlichen Thatsache gelangen kann. Die genauere Betrachtung der beiden Augen des Menschen hat uns nicht nur in das Kindesalter der Menschheit, sie hat uns auch über den Menschen hinausgeleitet.

Es ist Ihnen gewifs schon oft aufgefallen, dafs man die Wissenschaften in zwei Klassen teilt, dafs man die sogenannten humanistischen, zur sogenannten „höhern Bildung" gehörigen den Naturwissenschaften schroff gegenüberstellt.

Ich mufs gestehen, ich glaube nicht an dieses Zweierlei der Wissenschaft. Ich glaube, dafs diese Ansicht einer gereiftern Zeit ebenso naiv erscheinen wird wie uns die Perspektivlosigkeit der ägyptischen Malerei. Sollte man wirklich aus einigen alten Töpfen und Pergamenten, die doch nur ein winziges Stückchen Natur sind, allein die „höhere Bildung" schöpfen, aus ihnen allein mehr lernen können als aus der ganzen übrigen Natur? Ich glaube, dafs beide Wissenschaften nur Stücke derselben Wissenschaft sind, die an verschiedenen Enden begonnen haben. Wenn auch beide Enden noch als Motecchi und Capuletti sich geberden, wenn sogar deren Diener aufeinander loshauen, so glaube ich, sie thun nur so spröde. Hier ist doch ein Romeo und dort eine Julie, welche hoffentlich mit minder tragischem Ausgang die beiden Häuser vereinigen werden.

Die Philologie hat mit der unbedingten Verehrung und Vergötterung der Griechen begonnen. Schon zieht sie andere Sprachen, andere Völker und deren Geschichte in den Bereich ihrer Untersuchungen; schon schliefst sie, wenn auch noch vorsichtig, durch Vermittelung der vergleichenden Sprachforschung Freundschaft mit der Physiologie.

Die Naturwissenschaft hat in der Hexenküche begonnen. Schon erstreckt sie sich über die organische und unorganische Welt, schon ragt sie mit der Physiologie der Sprachlaute, mit der Theorie der Sinne, wenn auch noch etwas naseweis, in das Gebiet der Geistigen hinein.

Kurz gesagt, wir lernen manches in uns nur verstehen durch den Blick nach aufsen, und umgekehrt. Jedes Objekt gehört beiden Wissenschaften an. Sie, meine Damen, sind gewifs sehr interessante und schwierige Probleme für den Psychologen. Sie sind aber auch recht hübsche Naturerscheinungen. Kirche und Staat sind Objekte des Historikers, nicht minder aber Naturerscheinungen, und zwar zum Teil recht sonderbare.

Wenn schon die historischen Wissenschaften den Blick erweitern, indem sie uns die Anschauungen verschiedener Völker vorführen, so thun dies in gewissem Sinne noch mehr die Naturwissenschaften. Indem sie den Menschen in dem All geradezu verschwinden lassen, geradezu vernichten, zwingen sie ihn, seinen unbefangenen Standpunkt ausser sich zu nehmen, mit anderem als kleinbürgerlich menschlichem Mafse zu messen.

Wenn Sie mich aber jetzt fragen würden: Wozu hat der Mensch zwei Augen? so müfste ich antworten:

Damit er sich die Natur recht genau ansehe, damit er begreifen lerne, dafs er selbst mit seinen richtigen und unrichtigen Ansichten, mit seiner haute politique blofs ein vergängliches Stück Naturerscheinung, dafs er, mit Mephisto zu sprechen, ein Teil des Teils sei, und dafs es gänzlich unbegründet,

> Wenn sich der Mensch, die kleine Narrenwelt,
> Gewöhnlich für ein Ganzes hält.

VII.
Die Symmetrie.*)

Ein alter Philosoph meinte, die Leute, welche über die Natur des Mondes sich den Kopf zerbrächen, kämen ihm vor, wie Menschen, welche die Verfassung und Einrichtung einer fernen Stadt besprächen, von der sie doch kaum mehr als den blofsen Namen gehört haben. Der wahre Philosoph, sagt er, müsse seinen Blick nach Innen wenden, sich und seine Begriffe von Moral studieren, daraus würde er wirklichen Nutzen ziehen. Dieses alte Rezept glücklich zu werden, liefse sich in die deutsche Philistersprache etwa so übersetzen: Bleibe im Lande und nähre dich redlich.

Wenn nun dieser Philosoph aufstehen und wieder unter uns wandeln könnte, so würde er sich wundern, wie ganz anders die Dinge heute liegen.

Die Bewegungen des Mondes und anderer Weltkörper sind genau bekannt. Die Kenntnis der Bewegungen unsereres eigenen Körpers ist lange noch nicht so vollendet.

*) Vortrag gehalten im deutschen Casino zu Prag im Winter 1871.

Die Gebirge und Gegenden des Mondes sind in genauen Karten verzeichnet. Eben fangen die Physiologen erst an, in den Gegenden unseres Hirns sich zurecht zu finden. Die chemische Beschaffenheit vieler Fixsterne ist bereits untersucht. Die chemischen Vorgänge des Tierkörpers sind viel complicirtere und schwierigere Fragen. Die mécanique celeste ist da. Eine mécanique sociale oder eine mécanique morale von gleicher Zuverlässigkeit bleibt noch zu schreiben.

In der That unser Philosoph würde eingestehen, dafs wir Menschen Fortschritte gemacht haben. Allein wir haben sein Rezept nicht befolgt. Der Patient ist gesund geworden, er hat aber ungefähr das Gegenteil von dem gethan, was der Herr Doktor verordnet hat.

Die Menschen sind nun von der ihnen entschieden widerratenen Reise in den Weltraum etwas klüger zurückgekehrt. Nachdem sie die einfachen grofsen Verhältnisse dort draufsen im Reich kennen gelernt, fangen sie an ihr kleines verzwacktes Ich mit kritischem Auge zu mustern. Es klingt absurd, ist aber wahr, nachdem wir über den Mond spekuliert, können wir an die Psychologie gehen. Wir mufsten einfache und klare Ideen gewinnen, um uns in dem Komplizierten zurecht zu finden, und diese hat uns hauptsächlich die Astronomie verschafft.

Eine Schilderung der gewaltigen wissenschaftlichen Bewegung, welche von der Naturwissenschaft ausgehend sich in das Gebiet der Psychologie erstreckt, hier zu versuchen, wäre Vermessenheit. Ich will es nur wagen, Ihnen an einigen der einfachsten Beispiele zu zeigen, wie man, von den Erfahrungen der physischen Welt ausgehend, in das Gebiet der Psychologie und zwar zuerst in das nächstliegende der Sinneswahrnehmung eindringen kann. Auch soll meine Ausführung keineswegs einen Mafsstab für den Stand derartiger wissenschaftlicher Fragen abgeben.

Es ist eine bekannte Sache, dafs manche Gegenstände uns gefällig erscheinen, andere nicht. Im allgemeinen gibt ein Produzieren nach einer bestimmten, consequent festgehaltenen Regel etwas leidlich Hübsches. Wir sehen deshalb die Natur selbst, welche immer nach festen Regeln handelt, eine Menge solcher gefälliger Dinge hervorbringen. Täglich fallen dem Physiker in seinem Laboratorium die schönsten Schwingungsfiguren, Klangfiguren, Polarisationserscheinungen und Beugungsgestalten auf.

Eine Regel setzt immer eine Wiederholung voraus. Es spielt also die Wiederholung wohl eine Rolle im Angenehmen. Hiemit ist freilich das Wesen des Angenehmen nicht erschöpft. Die Wiederholung eines physikalischen Vorganges kann auch nur dann zur Quelle des Angenehmen werden, wenn sie mit einer Wiederholung der Empfindung verbunden ist.

Ein Beispiel dafür, dafs Wiederholung der Empfindung angenehm sein kann, bietet das Schreibheft jedes Schuljungen, welches eine Fundgrube für dergleichen Dinge ist, und in der That nur eines Abbé Domenech bedarf, um berühmt zu werden. Irgend eine noch so abgeschmackte

Gestalt einige Mal wiederholt, und in eine Reihe gestellt, gibt immer ein leidliches Ornament.

Fig. 6.

Die angenehme Wirkung der Symmetrie beruht nun ebenfalls auf der Wiederholung der Empfindungen. Geben wir uns einen Augenblick diesem Gedanken hin, ohne zu glauben, daſs wir damit das Wesen des Angenehmen oder gar des Schönen vollständig durchschauen.

Verschaffen wir uns zunächst eine deutlichere Vorstellung von der Symmetrie. Hierzu ziehe ich aber ein lebendiges Bild einer Definition vor. Sie wissen, daſs das Spiegelbild eines Gegenstandes eine groſse Ähnlichkeit mit dem Gegenstande selbst hat. Alle Gröſsenverhältnisse und Formen sind dieselben. Doch besteht zwischen dem Gegenstande und seinem Spiegelbild auch ein gewisser Unterschied.

Bringen Sie Ihre rechte Hand vor den Spiegel, so erblicken Sie in demselben eine linke Hand. Ihr rechter Handschuh ergänzt sich vor dem Spiegel zu einem Paare, denn Sie könnten nimmermehr das Spiegelbild zur Bekleidung der rechten, sondern nur der linken Hand benützen, wenn es Ihnen leibhaft vorgelegt würde. Ebenso gibt Ihr rechtes Ohr als Spiegelbild ein linkes, und sehr leicht gelangen Sie zu der Einsicht, daſs überhaupt die linke Körperhälfte als Spiegelbild der rechten gelten könnte.

So wie nun an die Stelle eines fehlenden rechten Ohres niemals ein linkes gesetzt werden könnte, man müſste denn, das Ohrläppchen nach oben oder die Öffnung der Ohrmuschel nach hinten gekehrt, das Ohr ansetzen; so kann auch trotz aller Formengleichheit das Spiegelbild eines Gegenstandes nicht den Gegenstand vertreten.*)

Diese Verschiedenheit von Gegenstand und Spiegelbild hat einen einfachen Grund. Das Bild erscheint so weit hinter dem Spiegel, als der Gegenstand sich vor dem Spiegel befindet. Die Teile des Gegenstandes, welche gegen den Spiegel hin rücken, werden also auch im Bilde näher an die Spiegelebene heranrücken. Dadurch wird aber die Folge, die Ordnung der Teile im Spiegelbilde umgekehrt, wie man am besten an dem Bilde eines Uhrzifferblattes oder einer Schrift sieht.

Man kann nun leicht bemerken, daſs, wenn man einen Punkt des Gegenstandes mit dem Spiegelbild desselben Punktes verbindet, diese Verbindungslinie senkrecht zum Spiegel ausfällt und durch denselben halbiert wird. Dies gilt für alle entsprechenden Punkte von Gegenstand und Spiegelbild.

Wenn man nun einen Gegenstand durch eine Ebene so in zwei Hälften zerlegen kann, daſs jede Hälfte das Spiegelbild der andern in der spiegelnden Teilungsebene

---

*) Kant hat zu einem andern Zwecke (Prolegomena zu jeder künftigen Metaphysik) auf diesen Fall hingewiesen.

sein könnte, so nennt man diesen Gegenstand symmetrisch und die erwähnte Teilungsebene die Symmetrieebene.

Ist die Symmetrieebene vertikal, so kann man sagen, der Körper sei von vertikaler Symmetrie. Ein Beispiel dafür ist ein gotischer Dom.

Ist die Symmetrieebene horizontal, so wollen wir den betreffenden Gegenstand horizontal symmetrisch nennen. Eine Landschaft an einem See nebst ihrem Spiegelbilde in dem See ist ein System von horizontaler Symmetrie.

Hier zeigt sich nun sofort ein bemerkenswerter Unterschied. Die vertikale Symmetrie eines gotischen Domes fällt uns sofort auf, während man am Rhein auf und ab reisen kann, ohne die Symmetrie zwischen Bild und Gegenstand recht gewahr zu werden. Die Vertikalsymmetrie ist gefällig, während die Horizontalsymmetrie gleichgiltig ist, und nur von dem erfahrenen Auge bemerkt wird.

Woher kommt dieser Unterschied? Ich sage daher, daſs die Vertikalsymmetrie eine Wiederholung derselben Empfindung bedingt, die Horizontalsymmetrie nicht. Daſs dem so sei, will ich sofort nachweisen.

Betrachten wir folgende Buchstaben:

d   b
q   p

Es ist eine Müttern und Lehrern bekannte Thatsache, daſs Kinder bei ihren ersten Schreib- und Leseversuchen d und b, ebenso q und p fort und fort verwechseln, nie hingegen d und q oder b und p. Nun sind d und b eben so wie q und p die beiden Hälften einer vertikal symmetrischen, hingegen d und q, so wie b und p die beiden Hälften einer horizontal symmetrischen Figur. Zwischen den ersteren tritt Verwechslung ein, was nur zwischen solchen Dingen möglich ist, welche gleiche oder ähnliche Empfindungen erregen.

Man findet häufig Figuren zur Garten- oder Salonverzierung, zwei Blumenträgerinnen, von welchen die eine in der rechten, die andere in der linken Hand den Blumenkorb trägt. Wenn man nun nicht sehr aufmerksam ist, verwechselt man diese Figuren fortwährend mit einander.

Während man die Umkehrung von rechts nach links meist gar nicht merkt, verhält sich das Auge nicht so gleichgiltig gegen eine Umkehrung von oben nach unten. Ein von oben nach unten umgekehrtes menschliches Gesicht ist kaum als solches wiederzuerkennen und hat etwas durchaus Fremdes. Dies liegt nicht nur in der Ungewohntheit des Anblickes, denn es ist ebenso schwer, eine umgekehrte Arabeske, bei welcher die Gewohnheit gar nichts zu sagen hat, wiederzuerkennen. Hierauf beruhen die bekannten Scherze, welche man sich mit den Porträts unbeliebter Persönlichkeiten erlaubt, die man so zeichnet, dafs bei aufrechter Stellung dieses Blattes sich ein getreues Conterfei, bei Umkehrung desselben aber irgend ein populäres Tier präsentiert.

Es ist also Thatsache, die beiden Hälften einer vertikal symmetrischen Figur werden sehr leicht mit einander verwechselt und bedingen also wahrscheinlich sehr ähnliche Empfindungen. Es handelt sich also darum, anzugeben, warum die beiden Hälften einer vertikal symmetrischen Figur gleiche oder ähnliche Empfindungen hervorbringen. Die Antwort darauf ist die: Weil unser Sehapparat, bestehend aus zwei Augen, selbst vertikal symmetrisch ist.

So ähnlich ein Auge auch äußerlich dem andern ist, so sind sie doch nicht gleich. Das rechte Auge des Menschen kann die Stelle des linken nicht vertreten, so wenig wie wir unsere beiden Ohren oder Hände vertauschen können. Man kann künstlich die Rolle der beiden Augen vertauschen und befindet sich dann sofort in einer neuen ganz ungewohnten Welt. Alles Erhabene erscheint uns dann hohl und alles Hohle erhaben, das Fernere näher, das Nähere ferner u. s. w.

Das linke Auge ist das Spiegelbild des rechten, und namentlich ist die lichtempfindende Netzhaut des linken Auges in allen ihren Einrichtungen ein Spiegelbild der rechten Netzhaut.

Die Linse des Auges entwirft wie eine laterna magica ein Bild der Gegenstände auf der Netzhaut. Und Sie können sich nun die lichtempfindende Netzhaut mit ihren unzähligen Nerven wie eine Hand mit unzähligen Figuren denken, bestimmt, das Lichtbild zu tasten. Die Nervenenden sind nun wie die Finger verschieden. Die beiden Netzhäute verhalten sich wie eine rechte und linke tastende Hand.

Denken Sie sich etwa die rechte Hälfte eines T hier: Γ. Statt der beiden Netzhäute, auf welche beide dieses Bild fällt, denken Sie sich meine beiden ausgestreckten tastenden Hände. Das Γ, mit der rechten Hand angefaßt, gibt nun eine andere Empfindung, als mit der linken Hand gefaſst, denn es kommt auch auf die tastenden Stellen an. Kehren wir nun dieses Zeichen von rechts nach links um (⊐), so gibt es nun dieselbe Empfindung in der linken Hand, die es früher in der rechten gab. Es wiederholt sich die Empfindung.

Nehmen wir ein ganzes T, so löst die rechte Hälfte in der rechten Hand dieselbe Empfindung aus, welche die linke Hälfte in der linken Hand auslöst.

Die symmetrische Figur gibt dieselbe Empfindung zweimal.

Stürze ich das T so: ⊢ oder kehre ich das halbe T nun etwa so: L, so kann ich, so lange ich die Lage meiner Hände nicht wesentlich verändere, diese Betrachtung nicht mehr anwenden.

Die Netzhäute sind in der That ganz wie meine beiden Hände. Auch sie haben eine Art Daumen, wenn gleich zu Tausenden und Zeigefinger, wenn gleich wieder zu Tausenden, sagen wir etwa die Daumen nach der Nasen-, die übrigen Finger nach der Aufsenseite zu.

Ich hoffe Ihnen hiermit vollständig klar gemacht zu haben, wie die gefällige Wirkung der Symmetrie auf Wiederholung der Empfindung beruht, und wie ferner diese Wirkung bei symmetrischen Gestalten auch nur da eintritt, wo es eine Wiederholung der Empfindung gibt. Die angenehme Wirkung regelmäfsiger Gestalten, der Vorzug, welcher den geraden Linien, namentlich den vertikalen und horizontalen vor beliebigen anderen eingeräumt wird, beruht auf einem ähnlichen Grunde. Die gerade Linie kann in horizontaler und in vertikaler Lage auf beiden

Netzhäuten dasselbe Bild entwerfen, welches zudem auf einander symmetrisch entsprechende Stellen fällt. Hierauf beruht, wie es scheint, der psychologische Vorzug der Geraden vor der Krummen und nicht etwa auf der Eigenschaft, die Kürzeste zwischen zwei Punkten zu sein. Die Gerade wird, um es kurz zu sagen, als symmetrisch zu sich selbst empfunden, so wie die Ebene. Das Krumme empfinden wir als Abweichung vom Geraden, als Abweichung von der Symmetrie.*) Wenn nun auch von Geburt Einäugige ein gewisses Gefühl für Symmetrie haben, so ist dies allerdings ein Rätsel. Freilich kann das optische Symmetriegefühl, wenn auch zunächst durch die Augen erworben, nicht auf diese beschränkt bleiben. Es muſs sich wohl auch noch in anderen Teilen des Organismus durch mehrtausendjährige Übung des Menschengeschlechtes festsetzen und kann dann nicht mit dem Verlust des einen Auges sofort wieder verschwinden.

Alles das gründet sich aber doch im ganzen, wie es scheint, auf die eigentümliche Struktur unserer Augen. Man sieht leicht ein, daſs unsere Vorstellungen von schön und unschön sofort eine Veränderung erfahren müſsten, wenn unsere Augen anders würden. Ist die ganze Betrachtung richtig, so wird man notwendig an dem sogenannten ewig Schönen etwas irre. Es ist dann kaum zu

---

*) Der Umstand, daſs man den ersten und zweiten Differentialquotienten einer Kurve unmittelbar sieht, die höheren aber nicht, erklärt sich einfach. Der erste giebt die Lage der Tangente, die Abweichung der Geraden von der Symmetrielage, der zweite die Abweichung der Kurve von der Geraden. — Es ist vielleicht nicht unnütz, hier zu bemerken, daſs die gewöhnliche Prüfung des Lineals und ebener Platten (durch umgekehrtes Anlegen) in der That die Abweichung von der Symmetrie zu sich selbst ermittelt.

glauben, daſs die Kultur, welche dem Menschenleib ihren unverkennbaren Stempel aufprägt, nicht auch die Vorstellungen vom Schönen ändern sollte. Muſste doch ehedem alles musikalisch Schöne sich in dem engen Rahmen einer fünftönigen Leiter entwickeln.

Die Erscheinung, daſs Wiederholung der Empfindungen angenehm wirkt, beschränkt sich nicht auf das Sichtbare. Der Musiker und Physiker wissen heute beide, daſs die harmonische oder melodische Hinzufügung eines Klanges zu einem andern dann angenehm berührt, wenn der neu hinzugefügte Klang einen Teil der Empfindung wiedergibt, welche der frühere erregt. Wenn ich zum Grundtone die Oktave hinzufüge, so höre ich in der Oktave einen Teil dessen, was im Grundtone zu hören ist. Dies hier genauer auszuführen, ist jedoch nicht mein Zweck. Wir wollen uns vielmehr für heute die Frage vorlegen, ob etwas Ähnliches wie die Symmetrie der Gestalten nicht auch im Reiche der Töne vorkommt.

Betrachten Sie ein Klavier im Spiegel.

Sie werden leicht bemerken, daſs Sie ein solches Klavier in Wirklichkeit noch nicht gesehen haben, denn es hat seine hohen Töne links, seine tiefen rechts. Ein solches Klavier wird nicht gebaut.

Wenn Sie nun an ein solches Spiegelklavier hintreten und in ihrer gewöhnlichen Weise spielen wollten, so würde offenbar jeder Tonschritt, den Sie nach oben auszuführen meinen, ein ebenso groſser Tonschritt nach unten sein. Der Effekt wäre nicht wenig überraschend.

Für den geübten Musiker, welcher gewöhnt ist, beim

Anschlag bestimmter Tasten auch bestimmte Töne zu vernehmen, ist es schon ein sehr frappantes Schaupiel, dem Spieler im Spiegel zuzusehen und zu beobachten, wie er gerade immer das Gegenteil von dem thut, was man hört.

Noch merkwürdiger aber wäre der Effect, wenn Sie versuchen würden, auf dem Spiegelklavier eine Harmonie anzuschlagen. Für die Melodie ist es nicht einerlei, ob ich einen Tonschritt hinauf oder den gleichen hinab ausdurchführe. Für die Harmonie kann ein so grofser Unterschied durch die Umkehrung nicht entstehen. Ich behalte immer die gleiche Konsonanz, ob ich zu einem Grundton eine Ober- oder Unterterz hinzufüge. Nur die Ordnung der Intervalle einer Harmonie wird umgekehrt.

In der That, wenn wir auf dem Spiegelklavier einen Gang in Dur ausführen, vernehmen wir einen Klang in Moll und umgekehrt.

Es handelt sich nun darum, die besprochenen Experimente auszuführen. Statt nun auf dem Klavier im Spiegel zu spielen, was unmöglich ist, oder statt uns ein solches Klavier bauen zu lassen, was ziemlich kostspielig wäre, können wir unsere Versuche einfacher auf folgende Art anstellen:

1. Wir spielen auf unserem gewöhnlichen Klavier, sehen in den Spiegel und spielen auf demselben Klavier nochmals, was wir in dem Spiegel gesehen haben. Dadurch verwandeln wir alle Tonschritte nach oben in gleich grofse Tonschritte nach unten. Wir spielen einen Satz und dann den in Bezug auf die Tastatur symmetrischen Satz.

2. Wir legen unter das Notenblatt einen Spiegel, in

welchem sich die Noten wie in einer Wasserfläche abbilden, und spielen aus dem Spiegel. Dadurch werden ebenfalls alle Schritte nach oben in gleich grofse Schritte nach unten umgekehrt.

3. Wir kehren das Notenblatt um und lesen von rechts nach links und von unten nach oben. Hierbei haben wir alle Kreuze als b und alle b als ♯ anzusehen, weil sie halben Linien und Zwischenräumen entsprechen. Ausserdem kann man bei Verwendung des Notenblattes nur den Bafsschlüssel gebrauchen, weil in diesem allein die Tonschritte bei der symmetrischen Umkehrung nicht verändert werden.

Aus den in der Notenbeilage S. 113 folgenden Beispielen können Sie den Effekt dieser Experimente entnehmen. Die obere Zeile enthält den einen, die untere Zeile den symmetrisch umgekehrten Satz.

Die Wirkung unseres Verfahrens läfst sich kurz bezeichnen. Die Melodie wird unkenntlich, die Harmonie erfährt eine Transposition aus Dur in Moll oder umgekehrt. Das Studium dieser interessanten Thatsache, welche den Physikern und Musikern bekannt ist, wurde in neuester Zeit wieder durch v. Öttingen angeregt.*)

Obgleich ich nun in allen obigen Beispielen die Schritte nach oben in gleich grofse nach unten verkehrt, also wie man mit Recht sagen kann, zu jedem Satz den symmetrischen ausgeführt habe, so merkt das Ohr doch wenig oder nichts von Symmetrie. Die Umkehrung aus Dur in Moll ist die einzige Andeutung der Symmetrie,

---

*) A. v. Oettingen, Harmoniesystem in dualer Entwickelung. Dorpat 1866.

DIE SYMMETRIE.

(Siehe S. 112 und 114.)

welche übrig bleibt. Die Symmetrie ist da für den Verstand, sie fehlt für die Empfindung. Für das Ohr giebt es keine Symmetrie, weil eine Umkehrung der Tonschritte keine Wiederholung der Empfindung bedingt. Hätten wir ein Ohr für die Höhe und eines für die Tiefe, wie wir ein Auge für rechts und eines für links haben, so würden sich auch symmetrische Tongebilde hiezu finden. Der Gegensatz von Dur und Moll beim Ohr entspricht einer Umkehrung von oben nach unten beim Auge, welche auch nur für den Verstand Symmetrie ist, aber nicht als solche empfunden wird.

Zur Vervollständigung des Ganzen will ich für den mathematisch unterrichteten Teil meiner verehrten Zuhörer noch eine kurze Bemerkung hinzufügen.

Unsere Notenschrift ist im Wesentlichen eine graphische Darstellung des Musikstückes in Form von Kurven, wobei die Zeit als Abscisse, der Logarithmus der Schwingungszahl als Ordinate aufgetragen wird. Die Abweichungen der Notenschrift von diesem Prinzipe sind nur solche, welche entweder die Übersicht erleichtern, oder einen historischen Grund haben.

Wenn man nun noch bemerkt, dafs auch die Empfindung der Tonhöhe proportional geht dem Logarithmus der Schwingungszahl, sowie dafs die Tastenabstände den Differenzen der Logarithmen der Schwingungszahlen entsprechen: so liegt darin die Berechtigung, die im Spiegel gelesenen Harmonien und Melodien in gewissem Sinne symmetrisch zu den Originalen zu nennen.

Ich wollte Ihnen durch diese höchst fragmentarische Auseinandersetzung nur zu Gemüte führen, dafs die Fortschritte der Naturwissenschaften für jene Teile der Psychologie, die es nicht verschmäht haben, sich mit denselben in Beziehung zu setzen, nicht ohne Nutzen geblieben sind. Dafür fängt aber auch die Psychologie an, die mächtigen Anregungen, welche sie von der Naturwissenschaft erhalten hat, gleichsam wie zum Danke zurückzugeben.

Jene Theorien der Physik, welche alle Erscheinungen auf Bewegung und Gleichgewicht kleinster Teile zurückführen, die sogenannten Moleculartheorien, sind durch die Fortschritte der Theorie der Sinne und des Raumes bereits etwas ins Schwanken geraten, und man kann sagen, dafs ihre Tage gezählt seien.

Ich habe anderwärts zu zeigen versucht, dafs die Tonreihe nichts weiter sei, als eine Art Raum, jedoch von einer einzigen (und zwar einseitigen) Dimension. Wenn nun Jemand, der blofs hören würde, versuchen wollte, sich eine Weltanschauung in seinem linearem Raume zu entwickeln, so würde er damit beträchtlich zu kurz kommen, indem sein Raum nicht im Stande wäre, die Vielseitigkeit der wirklichen Beziehungen zu fassen. Es ist aber nicht mehr berechtigt, wenn wir meinen, die gesammte Welt, auch so weit sie nicht gesehen werden kann, in den Raum unseres Auges pressen zu können. In diesem Falle befinden sich aber sämtliche Moleculartheorien. Wir besitzen einen Sinn, welcher in Bezug auf die Vielseitigkeit der Beziehungen, welche er fassen kann, reicher ist, als jeder andere. Es ist unser Verstand. Dieser steht über den Sinnen. Er allein ist im Stande, eine dauerhafte und ausreichende Weltanschauung zu begründen. Die mechanische Weltanschauung hat seit Galilei Gewaltiges geleistet. Doch wird sie jetzt einem freieren Blicke Platz machen müssen. Das hier weiter auszuführen, kann nicht meine Absicht sein. *)

Ich wollte Ihnen nur einen andern Punkt klar machen. Jene Weisung unseres zitirten Philosophen, sich auf das Nächstliegende und Nützliche beim Forschen zu beschränken, welche in dem heutigen Ruf der Forscher nach Selbstbeschränkung und Teilung der Arbeit einigermafsen einen Wiederklang findet — es ist nicht immer an der Zeit, sie zu befolgen. Wir quälen uns in unserer Stube vergebens ab, ein Werk zu Stande zu bringen, und die Mittel, es zu vollenden, liegen vielleicht vor der Thüre.

Mufs der Forscher schon ein Schuster sein, der nur an seinem Leisten klopft, so darf er doch vielleicht ein Schuster sein wie Hans Sachs, der es nicht verschmäht, nach des Nachbars Werk zu sehen, und drüber seine Glossen macht. Dies zu meiner Entschuldigung, wenn ich mir für heute erlaubt, über meinen Leisten hinweg zu sehen. **)

*) Vgl. Artikel 11.
**) Weitere Ausführungen der hier besprochenen Probleme finden sich in meiner Schrift: „Beiträge zur Analyse der Empfindungen." Jena 1886. Auch J. P. Soret, „Sur la perception du beau," (Geneve 1892) betrachtet die Wiederholung als ein Prinzip der Ästhetik. Sorets Ausführungen über Ästhetik sind weitläufiger als die meinigen. In Bezug auf die psychologische und physiologische Begründung des Prinzipes glaube ich jedoch tiefer gegangen zu sein. — Zum erstenmal wurden die hier dargelegten Gedanken ausgesprochen in dem folgenden Artikel.

VIII.
Bemerkungen zur Lehre vom räumlichen Sehen.*)

Nach Herbart beruht das räumliche Sehen auf Reproduktionsreihen. Natürlich sind hiebei, wenn dies richtig ist, die Größen der Reste, mit welchen die Vorstellungen verschmolzen sind (die Verschmelzungshülfen) von wesentlichem Einfluſs. Da ferner die Verschmelzungen erst zu Stande kommen müssen, bevor sie da sind, und da bei ihrem Entstehen die Hemmungsverhältnisse ins Spiel kommen, so hängt schließlich, die zufällige Zeitfolge, in welcher die Vorstellungen gegeben werden, abgerechnet, bei der räumlichen Wahrnehmung Alles von den Gegensätzen und Verwandtschaften, kurz von den Qualitäten der Vorstellungen ab, welche in Reihen eingehen.

Sehen wir zu, wie sich diese Theorie den speziellen Thatsachen gegenüber verhält.

1. Wenn nur sich durchkreuzende Reihen, vor- und rückwärts durchlaufend, zum Entstehen der räumlichen

---

*) Dieser Artikel, welcher zur historischen Erläuterung des vorigen dient, erschien in Fichtes „Zeitschrift für Philosophie" i. J. 1865.

Wahrnehmung nötig sind, warum finden sich nicht Analoge derselben bei allen Sinnen?

2. Warum messen wir Verschiedenfarbiges, Buntes, mit **Einem** Raummaaſse? Wie erkennen wir Verschiedenfarbiges als gleich groſs? Woher nehmen wir überhaupt das Raummaaſs und was ist dieses?

3. Woher kommt es, daſs gleiche verschiedenfarbige Gestalten sich gegenseitig reproduzieren und als gleich erkannt werden?

An diesen Schwierigkeiten sei es genug! **Herbart** vermag sie nach seiner Theorie nicht zu lösen. Der Unbefangene wird sofort einsehen, daſs dessen „Hemmung wegen der Gestalt" und „Begünstigung wegen der Gestalt" einfach unmöglich ist. Man überlege das **Herbart**sche Beispiel von den roten und schwarzen Buchstaben.

Die Verschmelzungshülfe ist sozusagen ein Paſs, der auf den Namen und die Person der Vorstellung lautet. Eine Vorstellung, welche mit einer andern verschmolzen ist, kann nicht alle andern qualitativ verschiedenen reproduzieren, bloſs weil diese untereinander in **gleicher Weise** verschmolzen sind. Zwei qualitativ verschiedene Reihen reproduzieren sich gewiſs nicht deshalb, weil sie dieselbe Folge der Verschmelzungsgrade darbieten.

Wenn es feststeht, daſs nur Gleichzeitiges und Gleiches sich reproduziert, ein Prinzip der **Herbart**schen Psychologie, welches selbst der genaueste Empirist nicht bezweifeln wird, so bleibt nichts übrig, als die Theorie der räumlichen Wahrnehmung zu modifizieren, oder für sie ein neues Prinzip in der eben angedeuteten Weise zu erfinden, wozu sich schwerlich jemand entschließen wird. Das neue Prinzip würde nämlich nebenbei die ganze Psychologie in die gräulichste Verwirrung stürzen.

Was nun die Modifikation betrifft, so kann man darüber nicht leicht in Zweifel sein, wie dieselbe in Anbetracht der Thatsachen nach Herbarts eigenen Prinzipien durchzuführen sei. Wenn zwei verschiedenfarbige gleiche Gestalten sich reproduzieren und als gleich erkannt werden, so ist dies nur durch in beiden Vorstellungsreihen enthaltene qualitativ gleiche Vorstellung möglich. Die Farben sind verschieden. Es müssen also an die Farben von diesen unabhängige gleiche Vorstellungen geknüpft sein. Wir brauchen nicht lange nach ihnen zu suchen, es sind die gleichen Folgen von Muskelgefühlen des Auges bei beiden Gestalten. Man könnte sagen, wir gelangen zum räumlichen Sehen, indem sich die Lichtempfindungen in ein Register von abgestuften Muskelempfindungen einordnen.*)

Nur einige Betrachtungen, welche die Rolle der Muskelempfindungen wahrscheinlich machen. Der Muskelapparat eines Auges ist unsymmetrisch. Beide Augen zusammen bilden ein System von vertikaler Symmetrie. Hieraus erklärt sich schon Manches.

1. Die Lage einer Gestalt hat Einfluß auf ihre Betrachtung. Es kommen je nach der Lage bei der Betrachtung verschiedene Muskelempfindungen ins Spiel, der

---

*) Vgl. Cornelius, über das Sehen — Wundt Theorie der Sinneswahrnehmung.

Eindruck wird ein anderer. Um verkehrte Buchstaben als solche zu erkennen, dazu gehört lange Erfahrung. Der beste Beweis hiefür sind die Buchstaben d, b, p, q, welche durch dieselbe Figur in verschiedenen Lagen dargestellt und dennoch als verschieden festgehalten werden.*)

2. Dem aufmerksamen Beobachter entgeht es nicht, daſs aus denselben Gründen, sogar bei derselben Figur und Lage noch der Fixationspunkt von Einfluſs ist. Die Figur scheint sich während der Betrachtung zu ändern. Ein achteckiger Stern z. B., den man konstruiert, indem man konsequent in einem regulären Achteck die 1. Ecke mit der 4., die 4. mit der 7. u. s. f., immer zwei Ecken übergehend verbindet, hat, je nachdem man ihn fixiert, abwechselnd bald einen mehr architektonischen, bald einen freieren Charakter. Vertikale und horizontale Linien werden stets anders aufgefaſst als schiefe.

3. Daſs wir die vertikale Symmetrie als etwas Besonderes bevorzugen, während wir die horizontale Symmetrie unmittelbar gar nicht erkennen, hat in der vertikalen Symmetrie des Augenmuskelapparates seinen Grund. Die linke Hälfte *a* einer vertikal symmetrischen Figur löst in dem linken Auge dieselben Muskelgefühle aus, wie die rechte Hälfte *b* in dem rechten. Das Angenehme der Symmetrie hat zunächst in der Wiederholung der Muskelgefühle seinen Grund.

*) Vgl. Mach, uber das Sehen von Lagen und Winkeln. Sitzungsb. der Wiener Akademie 1861.

Dafs hier eine Wiederholung stattfindet, welche sogar zur Verwechslung führen kann, beweist nächst der Theorie die Thatsache, welche jedem, quem dii oderunt, bekannt ist, dafs Kinder häufig Figuren von rechts nach links (nie von oben nach unten) verkehren, z. B. ε statt 3 schreiben, bis sie endlich den geringen Unterschied doch merken. Dafs aber die Wiederholung von Muskelgefühlen angenehm sein kann, lehrt die Figur c. Wie man sich leicht klar machen kann, bieten vertikale und horizontale Gerade den symmetrischen Figuren ähnliche Verhältnisse, die sofort gestört werden, wenn man die Lage der Linie schief wählt. Man vergleiche, was Helmholtz über die Wiederholung und das Zusammenfallen der Partialtöne sagt.

Es sei erlaubt, hier eine allgemeinere Bemerkung anzuknüpfen. Es ist eine ganz allgemeine Erscheinung in der Psychologie, dafs gewisse qualitativ ganz verschiedene Reihen von Vorstellungen sich gegenseitig wach rufen, gegenseitig reproduzieren, in gewisser Beziehung doch als gleich oder ähnlich erscheinen. Wir sagen von solchen Reihen, sie seien von gleicher oder ähnlicher Form, indem wir die abstrahierte Gleichheit Form nennen.

1. Von räumlichen Gestalten haben wir bereits gesprochen.
2. Wir nennen 2 Melodieen gleich, wenn sie dieselbe Folge von Tonhöhenverhältnissen darbieten, die absolute Tonhöhe (die Tonart) mag noch so verschieden

sein. Wir können die Melodieen so wählen, daſs nicht einmal zwei Partialtöne von Klängen in beiden gemeinschaftlich sind. Doch erkennen wir die Melodieen als gleich. Ja wir merken uns die Melodieform sogar leichter und erkennen sie leichter wieder, als die Tonart (die absolute Tonhöhe), in der sie gespielt wurde.

3. Wir erkennen an zwei Melodieen den gleichen Rhythmus, die Melodieen mögen sonst noch so verschieden sein. Wir merken und erkennen den Rhythmus sogar leichter als die absolute Zeitdauer (das Tempo).

Diese Beispiele mögen genügen. In allen diesen und allen ähnlichen Fällen kann das Wiedererkennen und die Gleichheit nicht auf den Qualitäten der Vorstellungen beruhen, denn diese sind verschieden. Anderseits ist das Wiedererkennen, den Prinzipien der Psychologie zufolge, doch nur nach Vorstellungen gleicher Qualität möglich. Also giebt es keinen andern Ausweg, als wir denken uns die qualitativ ungleichen Vorstellungen zweier Reihen notwendig mit irgend welchen qualitativ gleichen verbunden.

Wie in gleichen verschiedenfarbigen Gestalten g l e i c h e Muskelgefühle auftreten müssen, damit die Gestalten als gleich erkannt werden, so müssen auch allen Formen überhaupt, man könnte auch sagen, allen Abstraktionen, Vorstellungen von eigentümlicher Qualität zu Grunde liegen. Dies gilt für den Raum und die Gestalt so gut wie für die Zeit, den Rhythmus, die Tonhöhe, die Melodieform, die Intensität u. s. w. Aber woher soll die Psychologie alle diese Qualitäten nehmen? Keine Sorge darum! Sie werden sich alle so gut finden wie die Muskelempfindungen für die Raumtheorie. Der Organismus ist vorläufig noch reich genug, um nach dieser Richtung die Auslagen der Psychologie zu decken, und es wäre Zeit, mit der „körperlichen Resonnanz", welche die Psychologie so gern im Munde führt, einmal Ernst zu machen..

Verschiedene psychische Qualitäten scheinen untereinander in einem sehr engen Zusammenhange zu stehen. Spezielle Untersuchungen hierüber, sowie der Nachweis, daſs diese Bemerkung sich für die Physik verwerten läſst, sollen später folgen.*)

---

*) Vgl. Mach, zur Theorie des Gehörorgans. Sitzungsber. der Wiener Akad. 1863. — Über einige Erscheinungen der physiolog. Akustik. Ebendaselbst 1864.

IX.

Über die Grundbegriffe der Elektrostatik (Menge, Potential, Capazität u. s. w.)[*]

Es wurde mir die Aufgabe zu teil, vor Ihnen die quantitativen Grundbegriffe der Elektrostatik: „Elektrizitätsmenge", „Potential", „Capazität" in allgemein verständlicher Weise zu entwickeln. Es wäre nicht schwierig, selbst in dem Rahmen einer Stunde, die Augen durch zahlreiche schöne Experimente zu beschäftigen, und die Phantasie mit mannigfaltigen Vorstellungen zu erfüllen. Allein von einer klaren und mühelosen Übersicht der Thatsachen wären wir dann noch weit entfernt. Noch würde uns das Mittel fehlen, die Thatsachen in Gedanken genau nachzubilden, was für den Theoretiker und Praktiker von gleicher Wichtigkeit ist. Dieses Mittel sind eben die Maſsbegriffe der Elekrizitätslehre.

So lange nur wenige vereinzelte Forscher sich mit einem Gebiete beschäftigen, so lange jeder Versuch noch

---

[*] Vortrag, gehalten auf der internationalen Elektrizitäts-Ausstellung zu Wien am 4. September 1883.

leicht wiederholt werden kann, genügt wohl eine Fixierung der gesammelten Erfahrungen durch eine oberflächliche Beschreibung. Anders verhält es sich, wenn jeder die Erfahrungen Vieler verwerten mufs, wie dies der Fall ist, sobald die Wissenschaft eine breite Basis gewonnen hat, und noch mehr, sobald sie anfängt, einem wichtigen Zweige der Technik Nahrung zu geben, und umgekehrt aus dem praktischen Leben wieder in grofsartiger Weise Erfahrungen zu schöpfen. Dann müssen die Thatsachen so beschrieben werden, dafs jeder und allerorten dieselben aus wenigen leicht zu beschaffenden Elementen in Gedanken genau zusammensetzen, und nach dieser Beschreibung reproduzieren kann, dies geschieht mit Hilfe der Mafsbegriffe und der internationalen Mafse.

Die in dieser Richtung in der Periode der rein wissenschaftlichen Entwicklung namentlich durch Coulomb (1784), Gauss (1833) und Weber begonnene Arbeit wurde mächtig gefördert durch die Bedürfnisse der grofsen technischen Unternehmungen, die sich besonders seit der Legung des ersten transatlantischen Kabels fühlbar machten, und wurde glanzvoll der Vollendung entgegengeführt durch die Arbeiten der British Association (1861) und des Pariser Kongresses (1881), namentlich durch die Bemühungen von Sir William Thomson.

Es versteht sich, dafs ich Sie in der mir zugemessenen Zeit nicht alle die langen und gewundenen Pfade führen kann, welche die Wissenschaft wirklich eingeschlagen hat, dafs es nicht möglich ist, bei jedem Schritt an alle die kleinen Vorsichten zur Vermeidung von Fehltritten zu erinnern, welche die früheren Schritte uns gelehrt haben. Ich muſs mich vielmehr mit den einfachsten und rohesten Mitteln behelfen. Die kürzesten Wege von den Thatsachen zu den Begriffen will ich Sie führen, wobei es mir allerdings nicht möglich sein wird, allen den Kreuz- und Quergedanken, die sich beim Anblick der Seitenwege einstellen können, ja einstellen müssen, zuvorzukommen.

Wir betrachten zwei kleine, gleiche, leichte, frei aufgehängte Körperchen, (Fig. 1), die wir entweder durch Reibung mit einem dritten Körper oder durch Berührung mit einem schon elektrischen Körper „elektrisiren". Sofort zeigt sich eine abstoſsende Kraft, welche die beiden Körperchen von einander (der Wirkung der Schwere entgegen) entfernt. Diese Kraft vermöchte dieselbe mechanische Arbeit wieder zu leisten, durch deren Aufwendung sie entstanden ist*).

Coulomb hat sich nun durch sehr umständliche Versuche mit Hilfe der Drehwage überzeugt, daſs, wenn jene Körperchen bei einem Abstande von 2 Cm. z. B. sich etwa mit derselben Kraft abstoſsen, mit welcher ein Milligrammgewicht zur Erde zu fallen strebt, daſs sie dann bei der Hälfte der Entfernung, bei 1 Cm., mit 4 Milligramm, und bei verdoppeltem Abstande, bei 4 Cm., mit nur $1/4$ Milligramm sich abstoſsen. Er fand, daſs die elektrische Kraft verkehrt proportional dem Quadrat der Entfernung wirkt.

*) Würden die beiden Körper ungleichnamig elektrisiert werden, so würden sie anziehend aufeinander wirken.

Stellen wir uns nun vor, wir hätten ein Mittel, die elektrische Abstofsung durch Gewichte zu messen, welches einfache Mittel z. B. die elektrischen Pendel selbst sind, so können wir folgende Beobachtung machen.

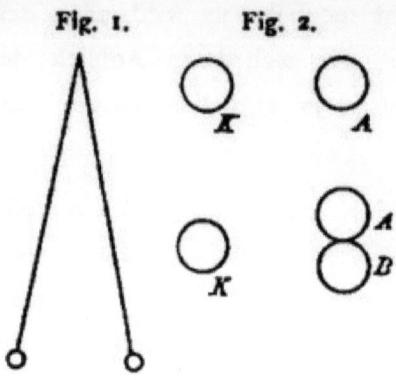

Fig. 1.   Fig. 2.

Der Körper A, (Fig. 2), wird von dem Körper K bei 2 Cm. Entfernung etwa mit 1 Milligramm Druck abgestofsen. Berühren wir nun A mit einem gleichen Körper B, so geht die Hälfte dieser Abstofsungskraft an denselben über. Sowohl A als B werden nun bei 2 Cm. Entfernung von K nur mit je $1/2$ Milligramm, beide zusammen aber wieder mit 1 Milligramm abgestofsen. Die Teilung der elektrischen Kraft unter die sich berührenden Körper ist eine Thatsache. Eine keineswegs notwendige aber nützliche Zuthat ist es, wenn wir uns vorstellen, in dem Körper A sei eine elektrische Flüssigkeit vorhanden, an deren Menge die elektrische Kraft gebunden ist, welche zur Hälfte nach B überfliefst. Denn an die Stelle der neuen physikalischen Vorstellung tritt hiemit eine uns längst geläufige, welche wie von selbst in den gewohnten Bahnen abläuft.

Entsprechend dieser Vorstellung bezeichnen wir als die Elektrizitätsmenge Eins nach dem sehr allgemein angenommenen Centimeter-Gramme-Sekundensystem (C.-G.-S.) diejenige, welche auf eine gleiche Menge in der Entfernung von 1 Cm., mit der Krafteinheit, d. h. mit einer Kraft abstofsend wirkt, welche der Masse von 1 Gr. in der Sekunde einen Geschwindigkeitszuwachs von 1 Cm. erteilt. Da eine Grammmasse durch die Erdschwere einen Geschwindigkeitszuwachs von etwa 981 Cm. in der Sekunde erhält, so wird sie hiernach mit 981 (oder rund 1000) Krafteinheiten des Centimeter-Gramme-Sekundensystem angezogen und ein Milligrammgewicht strebt ungefähr mit einer Krafteinheit dieses Systems zur Erde zu fallen.

Hiernach kann man sich leicht eine anschauliche Vorstellung von der Einheit der Elektrizitätsmenge verschaffen. Zwei je ein Gramm schwere, kleine Körperchen K sollen an 5 M. langen, fast gewichtslosen vertikalen Fäden so aufgehängt sein, dafs sie sich berühren. Werden beide gleich stark elektrisch, und entfernen sie sich hiebei um 1 Cm. von einander, so entspricht die Ladung eines jeden der elektrostatischen Einheit der Elektrizitätsmenge, denn die Abstofsung hält dann der Schwerkraft-Komponente von rund 1 Milligramm das Gleichgewicht, welche die Körperchen einander zu nähern strebt.

Vertikal unter einem an einer Wage äquilibrierten, sehr kleinen Kügelchen befindet sich ein zweites in 1 Cm. Entfernung. Werden beide gleich elektrisiert, so wird das Kügelchen an der Wage durch die Abstofsung scheinbar leichter. Stellt ein Zuleggewicht von 1 Milligramm das

Gleichgewicht her, so enthält jedes Kügelchen rund die elektrostatische Einheit der Elektrizitätsmenge.

Mit Rücksicht darauf, daß dieselben elektrischen Körper in verschiedener Entfernung verschiedene Kräfte aufeinander ausüben, könnte man an dem dargelegten Maß der Menge Anstoß nehmen. Was ist das für eine Menge, die bald mehr, bald weniger wiegt, wenn man so sagen darf? Allein diese scheinbare Abweichung von der gewöhnlichen Mengenbestimmung im bürgerlichen Leben durch das Gewicht ist vielmehr, genau betrachtet, eine Übereinstimmung. Auch eine schwere Masse wird auf einem hohen Berg schwächer zur Erde gezogen als im Meeresniveau, und wir können von einer Bestimmung des Niveaus nur deshalb Umgang nehmen, weil wir den Körper mit dem Gewichtssatz ohnehin immer nur in demselben Niveau vergleichen.

Würden wir aber von den beiden gleichen Gewichten, welche sich an einer Wage das Gleichgewicht halten, das eine dem Erdmittelpunkte merklich nähern, indem wir dasselbe an einem sehr langen Faden aufhängen, wie dies Prof. v. Jolly in München ausgedacht hat, so würden wir diesem letzteren ein entsprechendes Übergewicht verschaffen.

Denken wir uns zwei verschiedene elektrische Flüssigkeiten, die positive und die negative, von derartiger Beschaffenheit, daß die Teile dieser beiden Flüssigkeiten sich gegenseitig verkehrt quadratisch anziehen, jene derselben Flüssigkeit aber nach demselben Gesetz gegenseitig abstoßen, denken wir uns in unelektrischen Körpern beide Flüssigkeiten in gleichen Mengen gleichmäßig verteilt, dagegen in elektrischen Körpern die eine der beiden im Überschufs, denken wir uns ferner in Leitern die Flüssigkeiten frei beweglich, in Nichtleitern unbeweglich, so haben wir die von Coulomb zu mathematischer Schärfe entwickelte Vorstellung. Wir brauchen uns nur dieser Vorstellung hinzugeben, so sehen wir im Geiste die Flüssigkeitsteilchen eines etwa positiv geladenen Leiters, sich möglichst von einander entfernend, alle nach der Oberfläche des Leiters wandern, dort die vorspringenden Teile und Spitzen aufsuchen, bis hiebei die gröfstmögliche Arbeit geleistet ist. Bei Vergröfserung der Oberfläche sehen wir eine Zerstreuung, bei Verkleinerung derselben eine Verdichtung der Teilchen. In einem zweiten dem ersteren angenäherten unelektrischen Leiter, sehen wir sofort die beiden Flüssigkeiten sich trennen, die positive auf der abgekehrten, die negative auf der zugekehrten Seite der Oberfläche sich sammeln. Darin, dafs diese Vorstellung alle nach und nach durch mühsame Beobachtung gefundenen Thatsachen anschaulich und wie von selbst reproduziert, liegt ihr Vorteil und ihr wissenschaftlicher Wert. Allerdings ist hiermit auch ihr Wert erschöpft, und wir dürften nicht etwa nach den beiden hypothetischen Flüssigkeiten, die wir ja nur hinzugedacht haben, in der Natur suchen, ohne auf Abwege zu geraten. Die Coulombsche Vorstellung kann durch eine gänzlich andere, wie z. B. die Faradaysche, ersetzt werden. Und das Richtigste bleibt es immer, nachdem die Übersicht gewonnen ist, auf das Thatsächliche, auf die elektrischen Kräfte zurückzugehen.

Wir wollen uns nun zunächst mit der Vorstellung der Elektrizitätsmenge und der Art, dieselbe bequem zu messen oder zu schätzen, vertraut machen.

Wir denken uns eine gewöhnliche Leydener-Flasche, Fig. 3, deren innere und äußere Belegung mit leitenden, etwa 1 Cm. von einander abstehenden Funkenkugeln verbunden ist. Ladet man die innere Belegung mit der Elektrizitätsmenge $+q$, so tritt auf der äußeren Belegung durch das Glas hindurch eine Verteilung ein. Eine der Menge $+q$ fast gleiche*) positive Menge fließt in die Erde ab, während die entsprechende $-q$ auf der äußeren Belegung bleibt. Die Funkenkugeln enthalten von diesen Mengen ihren Anteil, und wenn die Menge q eben groß genug ist, tritt eine Durchbrechung der isolierenden Luft zwischen den Kugeln und eine Selbstentladung der Flasche ein. Zur Selbstentladung der Flasche bei bestimmter Distanz und Größe der Funkenkugeln gehört jedesmal die Ladung durch die bestimmte Elektrizitäts-Menge q.

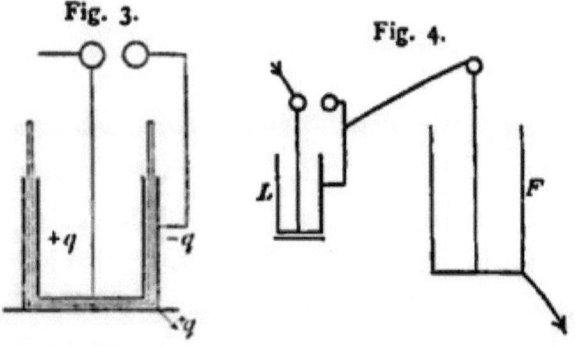

Fig. 3. Fig. 4.

*) Die abfließende Menge ist thatsächlich etwas kleiner als q. Sie wäre der Menge q nur dann gleich, wenn die innere Belegung der Flasche von der äußern ganz eingeschlossen wäre.

Isolieren wir nun die äufsere Belegung der eben beschriebenen Laneschen Mafsflasche L, und setzen dieselbe mit der inneren Belegung einer aufsen abgeleiteten Flasche F in Verbindung (Fig 4). Jedesmal wenn L mit $+q$ geladen wird, tritt auch $+q$ auf die innere Belegung von F, und eine Selbstentladung der Flasche L, die nun wieder leer ist, findet statt. Die Zahl der Entladungen der Flasche L giebt also ein Mafs der Menge, welche in die Flasche F geladen wurde, und wenn man nach 1, 2, 3 ... Selbstentladungen von L die Flasche F entladet, kann man sich von der entsprechenden succesiven Vermehrung ihrer Ladung überzeugen.

Versehen wir die Flasche F mit gleich grofsen und

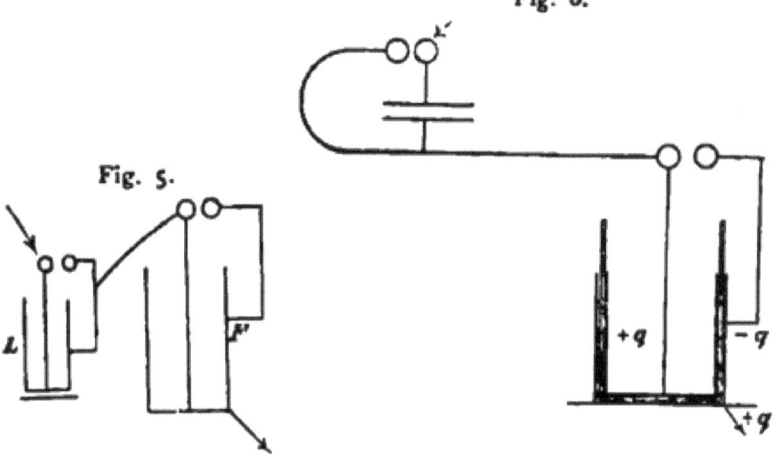

Fig. 6.

Fig. 5.

gleich weitabstehenden Funkenkugeln zur Selbstentladung wie die Flasche L. (Fig. 5.) Finden wir dann z. B., dafs fünf Entladungen der Mafsflasche stattfinden, bevor eine Selbstentladung der Flasche F eintritt, so sagt dies, dafs die Flasche F bei gleichem Abstand der Funkenkugeln, bei gleicher Schlagweite, die fünffache Elektrizitätsmenge zu fassen vermag wie L, dafs sie die fünffache Kapazität hat.*)

Wir wollen nun die Mafsflasche L, mit welcher wir sozusagen in die Flasche F einmessen, durch eine Franklinsche Tafel aus zwei parallelen ebenen Metallplatten ersetzen (Fig. 6), welche nur durch Luft getrennt sind. Genügen nun beispielsweise 30 Selbstentladungen der Tafel, um die Flasche zu füllen, so sind hiezu etwa 10 Entladungen hinreichend, wenn man den Luftraum zwischen den beiden Platten durch einen eingeschobenen Schwefelkuchen ausfüllt. Die Kapazität der Franklinschen Tafel aus Schwefel ist also etwa dreimal gröfser, als jene eines gleich geformten und gleich grofsen Luftkondensators oder, wie man sich auszudrücken pflegt, das spezifische Induktionsvermögen des Schwefels (jenes der Luft als Einheit genommen) ist etwa 3.**) Wir sind hier auf eine sehr einfache Thatsache gestofsen, welche uns die Be-

*) Genau ist dies allerdings nicht richtig. Zunächst ist zu bemerken, dafs sich die Flasche L zugleich mit der Maschinenelektrode entladen mufs. Die Flasche F hingegen wird immer zugleich mit der äufseren Belegung der Flasche L entladen. Nennt man also die Kapazität der Maschinenelektrode E die der Mafsflasche L, die Kapazität der äufseren Belegung von L aber A, und jene der Hauptflasche F, so würde dem Beispiel im Text die Gleichung entsprechen:
$$\frac{F+A}{L+E} = 3.$$
Eine weitere Störung der Genauigkeit bringen die Entladungsrückstände mit sich.

**) Mit Rücksicht auf die in Anmerkung *) angedeuteten Korrektionen erhielt ich für die Dielektrizitäts-Konstante des Schwefels die Zahl 3·2, welche mit den durch feinere Methoden gewonnenen Zahlen genügend übereinstimmt. Genau genommen müfste man eigentlich die beiden Kondensatorplatten einmal ganz in Luft, das anderemal ganz in Schwefel versenken, wenn das Kapazitäts-Verhältnis der Dielektrizitäts-Konstante entsprechen sollte. In Wirklichkeit ist aber der Fehler, der dadurch entsteht, dafs man nur eine Schwefelplatte einschiebt, welche den Raum zwischen den beiden Platten genau ausfüllt, nicht von Belang.

deutung der Zahl, die man Dielektrizitäts-Konstante
oder spezifisches Induktionsvermögen nennt, und deren

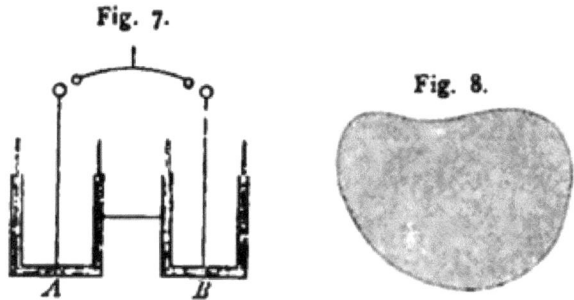

Fig. 7.

Fig. 8.

Kenntnis für die Theorie unserseeischer Kabel so wichtig
ist, nahe legt.

Wir betrachten eine Flasche A, welche mit einer gewissen Elektrizitätsmenge geladen ist. Wir können die Flasche direkt entladen. Wir können aber auch die Flasche A (Fig. 7) teilweise in eine Flasche B entladen, indem wir die gleichnamigen Belegungen mit einander verbinden. Ein Teil der Elektrizitätsmenge geht hiebei unter Funkenbildung in die Flasche B über und wir finden nun beide Flaschen geladen.

Dafs die Vorstellung einer unveränderlichen Elektrizitätsmenge als Ausdruck einer reinen Thatsache betrachtet werden kann, sehen wir auf folgende Art. Wir denken uns einen beliebigen elektrischen Leiter, Fig. 8, der isoliert ist, zerschneiden ihn in eine grofse Anzahl kleiner Stückchen und bringen dieselben mit einer isolierten Zange auf 1 Cm. Entfernung von einem elektrischen Körper, der auf einen gleichen gleich beschaffenen in derselben Distanz die Krafteinheit ausübt. Die Kräfte, welche der letztere

Körper auf die einzelnen Leiterstücke ausübt, zählen wir zusammen. Diese Kraftsumme ist nichts anderes als die Elektrizitätsmenge des ganzen Leiters. Sie bleibt immer dieselbe, ob wir die Form und Gröfse des Leiters ändern, ob wir ihn einem andern elektrischen Leiter nähern oder entfernen, so lange wir nur den Leiter isoliert lassen, d. h. nicht entladen.

Auch von einer anderen Seite her scheint sich für die Vorstellung der Elektrizitätsmenge eine reelle Basis zu ergeben. Wenn durch eine Säule von angesäuertem Wasser ein Strom, also nach unserer Vorstellung eine bestimmte Elektrizitätsmenge per Sekunde hindurchgeht, so wird mit dem positiven Strom Wasserstoff, gegen den Strom Sauerstoff an den Enden der Säule ausgeschieden. Für eine bestimmte Elektrizitätsmenge erscheint eine bestimmte Sauerstoffmenge. Man kann sich die Wassersäule als eine Wasserstoffsäule und eine Sauerstoffsäule denken, die sich durch einander hindurch schieben, und kann sagen, der elektrische Strom ist ein chemischer Strom und umgekehrt. Wenngleich diese Vorstellung im Gebiete der statischen Elektrizität und bei nicht zersetzbaren Leitern schwerer festzuhalten ist, so ist ihre weitere Entwicklung doch keineswegs aussichtslos.

Die Vorstellung der Elektrizitätsmenge ist also keineswegs eine so luftige, wie es scheinen könnte, sondern dieselbe vermag uns mit Sicherheit durch die Mannigfaltigkeit der Erscheinungen zu leiten, und wird uns durch die Thatsachen in beinahe greifbarer Weise nahegelegt. Wir können die elektrische Kraft in einem Körper aufsammeln, mit einem Körper dem anderen zumessen, aus einem Körper in den anderen überführen, sowie wir Flüssigkeit in einem Gefäſs aufsammeln, mit einem Gefäſs in ein anderes einmessen, aus einem in das andere übergieſsen können.

Zur Beurteilung mechanischer Vorgänge hat sich an der Hand der Erfahrung ein Maſsbegriff als vorteilhaft erwiesen, der mit dem Namen Arbeit bezeichnet ist. Eine Maschine gerät nur dann in Bewegung, wenn die an derselben wirksamen Kräfte Arbeit leisten können.

Betrachten wir z. B. ein Wellrad (Fig. 9) mit den Halbmessern 1 und 2 M., an welchen beziehungsweise die Gewichte 2 und 1 Kilo angebracht sind. Drehen wir das Wellrad, so sehen wir etwa das Kilogewicht um 2 M.

Fig. 9.

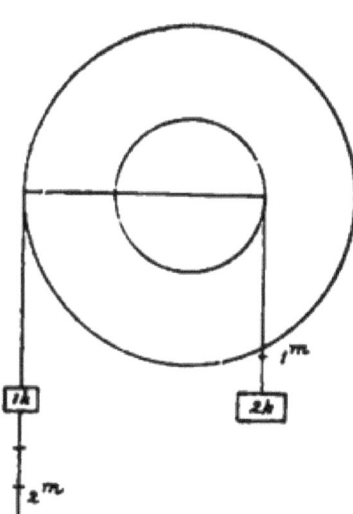

sinken, während das Zweikilogewicht um 1 M. steigt. Es ist auf beiden Seiten das Produkt

$$\text{Kgr.} \quad \text{M.} \quad \text{Kgr.} \quad \text{M.}$$
$$1 \times 2 = 2 \times 1$$

gleich. So lange dieses Produkt beiderseits gleich ist, bewegt sich das Wellrad nicht von selbst. Wählen wir aber die Belastungen oder die Halbmesser so, dafs das Produkt Kilo × Meter bei einer Verschiebung auf der einen Seite einen Überschufs erhält, so wird diese Seite sinken. Das Produkt ist also charakteristisch für den mechanischen Vorgang, und ist eben deshalb mit einem besonderen Namen belegt, Arbeit genannt worden.

Bei allen mechanischen Vorgängen, und da alle physikalischen Vorgänge eine mechanische Seite darbieten, bei allen physikalischen Prozessen, spielt die Arbeit eine mafsgebende Rolle. Auch die elektrischen Kräfte bringen nur solche Veränderungen hervor, bei welchen Arbeit geleistet wird. Insofern bei den elektrischen Erscheinungen Kräfte ins Spiel kommen, reichen sie ja, mögen sie sonst was immer sein, ins Gebiet der Mechanik hinein und haben sich den in diesem Gebiete geltenden Gesetzen zu fügen. Als Mafs der Arbeit betrachtet man also das Produkt aus der Kraft in den Wirkungsweg derselben, und in dem G.-C.-S.-System gilt als Arbeitseinheit die Wirkung einer Kraft, welche einer Grammmasse in der Sekunde einen Geschwindigkeitszuwachs von 1 Cm. erteilt auf 1 Cm. Wegstrecke, also rund etwa die Wirkung eines Milligramm-Gewichtsdruckes auf 1 Cm. Wegstrecke.

Von einem positiv geladenen Körper wird Elektrizität,

den Abstoſsungskräften folgend und Arbeit leistend, wenn eine leitende Verbindung besteht, zur Erde abfliefsen. An einen negativ geladenen Körper gibt umgekehrt unter denselben Umständen die Erde positive Elektrizität ab. Die elektrische Arbeit, welche bei der Wechselwirkung eines Körpers mit der Erde möglich ist, charakterisiert den elektrischen Zustand des ersteren. Wir wollen die Arbeit, welche wir auf die Einheit der positiven Elektrizitätsmenge aufwenden, wenn wir dieselbe von der Erde zu dem Körper K hinaufschaffen, das Potential des Körpers K nennen.*)

Wir schreiben dem Köper K im C.-G.S.-System das Potential $+1$ zu, wenn wir die Arbeitseinheit aufwenden müssen, um die positive elektrostatische Einheit der Elektrizitätsmenge von der Erde zu ihm hinaufzuschaffen, das Potential -1, wenn wir bei derselben Prozedur die Arbeitseinheit gewinnen, das Potential 0, wenn hiebei keine Arbeit geleistet wird.

Den verschiedenen Teilen desselben im elektrischen Gleichgewicht befindlichen Leiters entspricht dasselbe Potential, denn andernfalls würde die Elektrizität, Arbeit leistend

---

*) Da diese Definition in ihrer einfachen Form zu Mifsverständnissen Anlafs geben kann, werden derselben gewöhnlich noch Erläuterungen hinzugefügt. Es ist nämlich klar, dafs man keine Elektrizitätsmenge auf K hinaufschaffen kann, ohne die Verteilung auf K und das Potential auf K zu ändern. Man hat sich demnach die Ladungen an K festgehalten zu denken und eine so kleine Menge hinaufzuführen, dafs durch dieselbe keine merkliche Änderung entsteht. Nimmt man die aufgewendete Arbeit so vielmal als jene kleine Menge in der Einheit aufgeht, so erhält man das Potential. — Kurz und scharf läfst sich das Potential eines Körpers K in folgender Weise definieren. Wendet man das Arbeitselement dW auf, um das Element dQ der positiven Menge von der Erde auf den Leiter zu fördern, so ist das Potential des Leiters K gegeben durch $V = \dfrac{dW}{dQ}$.

in diesem Leiter sich bewegen und es bestünde noch kein Geichgewicht. Verschiedene Leiter von gleichem Potential, in leitende Verbindung gebracht, bieten keinen Austausch von Elektrizität dar, eben so wenig als bei sich berührenden Körpern von gleicher Temperatur ein Wärmeaustausch oder bei verbundenen Gefäfsen von gleichem Flüssigkeitsdruck ein Flüssigkeitsaustausch stattfindet.

Nur zwischen Leitern verschiedenen Potentials findet ein Austausch der Elektrizität statt, und bei Leitern von gegebener Form und Lage ist eine bestimmte Potentialdifferenz notwendig, damit zwischen denselben ein die isolierende Luft durchbrechender Funke überspringt.

Je zwei verbundene Leiter nehmen sofort dasselbe Potential an, und hiemit ist das Mittel gegeben, das Potential eines Leiters mit Hilfe eines anderen hiezu geeigneten, eines sogenannten Elektrometers ebenso zu bestimmen, wie man die Temperatur eines Körpers mit dem Thermometer bestimmt. Die auf diese Weise gewonnenen Potentialwerte der Körper erleichtern, wie dies nach dem Besprochenen einleuchtet, ungemein das Urteil über deren elektrisches Verhalten.

Denken wir uns einen positiv geladenen Leiter. Verdoppeln wir alle elektrischen Kräfte, welche derselbe auf einen mit der Einheit geladenen Punkt ausübt, d. h. verdoppeln wir an jeder Stelle die Menge, verdoppeln wir also auch die Gesamtladung, so besteht ersichtlich das Gleichgewicht fort. Führen wir aber nun die positive elektrostatische Einheit dem Leiter zu, so haben wir überall die doppelten Abstofsungskräfte zu überwinden wie zuvor, wir haben die doppelte Arbeit aufzuwenden, das Potential hat sich nicht der Ladung des Leiters verdoppelt, Ladung und Potential sind einander proportional. Wir können also die gesamte Menge der Elektrizität eines Leiters mit Q, das Potential desselben mit V bezeichnend, schreiben: $Q = CV$, wobei also C eine Konstante bedeutet, deren Bedeutung sich ergibt, wenn wir bedenken, dafs $C = \dfrac{Q}{V}$ ist. Dividieren wir aber die Anzahl der Mengeneinheiten eines Leiters durch die Anzahl seiner Potentialeinheiten, so erfahren wir, welche Menge auf die Einheit des Potentials entfällt. Wir nennen nun die betreffende Zahl C die Kapazität des Leiters, und haben somit an Stelle der relativen eine absolute Bestimmung der Kapazität gesetzt.[*]

In einfachen Fällen läfst sich nun der Zusammenhang zwischen Ladung, Potential und Kapazität ohne Schwierigkeit ermitteln. Der Leiter sei z. B. eine Kugel vom Radius r frei in einem grofsen Luftraum. Dann verteilt sich die Ladung q, da keine anderen Leiter in der Nähe sind, gleichmäfsig auf ihrer Oberfläche, und einfache geometrische Betrachtungen ergeben für das Potential den Aus-

---

[*] Zwischen den Begriffen „Wärmekapazität" und „elektrische Kapazität" besteht eine gewisse Übereinstimmung, doch darf auch der Unterschied beider Begriffe nicht aufser Acht gelassen werden. Die Wärmekapazität eines Körpers hängt nur von ihm selbst ab. Die elektrische Kapazität eines Körpers A wird aber durch alle Nachbarkörper beeinflufst, indem auch die Ladung dieser Körper das Potential von A ändern kann. Um demnach dem Begriff Kapazität (C) des Körpers A einen unzweideutigen Sinn zu geben, versteht man unter C das Verhaltnis $\dfrac{Q}{V}$ für den Körper A bei einer gegebenen Lage aller Nachbarkorper und Ableitung aller benachbarten Leiter zur Erde. In den für die Praxis wichtigen Fällen gestaltet sich die Sache viel einfacher. Die Kapazität einer Flasche z. B., deren innere Belegung durch die äufsere abgeleitete fast umschlossen ist, wird durch geladene oder ungeladene Nebenleiter nicht merklich beeinflufst.

druck $V = \frac{q}{r}$. Hiernach ist also $\frac{q}{V} = r$, die h. die Kapazität wird durch den Radius, und zwar im C.-G.-S.-System in Centimetern gemessen.*) Es ist auch klar, da ein Potential eine Menge durch eine Länge dividiert ist, so muſs eine Menge, durch ein Potential dividiert, eine Länge sein.

Denken wir uns (Fig. 10) eine Flasche aus zwei konzentrischen leitenden Kugelflächen von den Radien r und r_1 gebildet, welche nur Luft zwischen sich enthalten. Leitet man die äuſsere Kugel zur Erde ab, und ladet die innere durch einen dünnen durch die erstere isoliert hindurchgeführten Draht mit der Menge Q, so ist $V = \frac{r_1 - r}{r_1 r} Q$, und die Kapazität in diesem Falle $\frac{r_1 r}{r_1 - r}$, also wenn z. B. $r = 16$ $r_1 = 19$, nahe $= 100$ Cm.

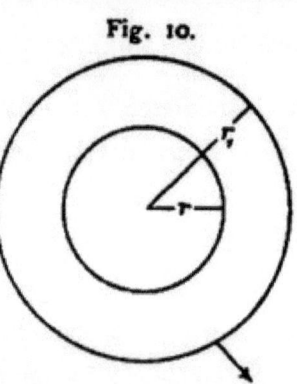

Fig. 10.

Diese einfachen Fälle wollen wir nun benützen, um das Prinzip der Kapazitätsbestimmung und der Potentialbestimmung zu erläutern. Zunächst ist klar, daſs wir die Flasche aus konzentrischen Kugeln von bekannter Kapazität als Maſsflasche benutzen, und mit Hilfe derselben in der bereits dargelegten Weise die Kapazität einer vor-

---

*) Diese Formeln ergeben sich sehr leicht aus dem Newtonschen Satze, daſs eine homogene Kugelschicht, deren Elemente verkehrt quadratisch wirken, auf einen inneren Punkt gar keine Kraft ausübt, auf einen äuſseren aber wie die im Kugelmittelpunkt vereinigte Masse wirkt. Aus demselben Satz flieſsen auch noch die zunächst folgenden Formeln. Eine elementare Ableitung findet sich bei Mach, Leitfaden der Physik. Prag 1891. S. 198.

gelegten Flasche F ermitteln können. Wir finden z. B., dafs 37 Entladungen dieser Mafsflasche von der Kapazität 100 die vorliegende Flasche zu gleicher Schlagweite, das

Fig. 11.

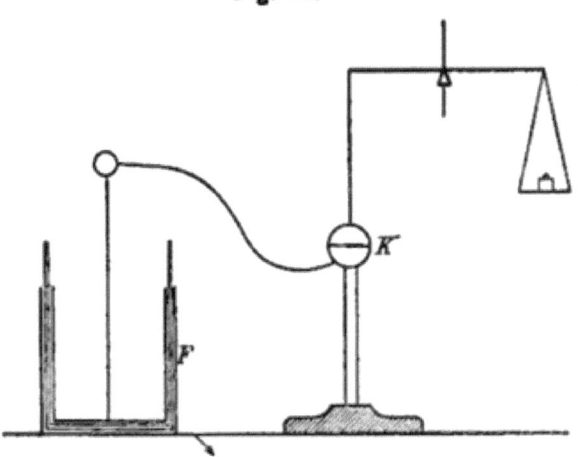

ist zu gleichem Potential laden. Demnach ist die Kapazität der vorliegenden Flasche 3700 Cm. Die grofse Batterie des Prager physikalischen Institutes, welche aus 16 solchen nahe gleichen Flaschen besteht, hat demnach eine Kapazität von etwas mehr als 50000 Cm., also dieselbe Kapazität wie eine frei im Luftraum schwebende Kugel von mehr als 1 Km. Durchmesser. Diese Bemerkung kann uns den grofsen Vorteil nahe legen, welchen Leydener-Flaschen bei Aufspeicherung von Elektrizität gewöhnlichen Konduktoren gegenüber gewähren. In der That unterscheiden sich Flaschen von einfachen Konduktoren, wie schon Faraday wufste, wesentlich nur durch die grofse Kapazität.

Zum Zwecke der Potentialbestimmung denken wir uns die innere Belegung einer Flasche F, deren äufsere Belegung abgeleitet ist, durch einen dünnen langen Draht mit einer leitenden Kugel K verbunden, welche in einem Lufttraume frei aufgestellt ist, gegen dessen Dimensionen der Kugelradius verschwindet. (Fig. 11). Die Flasche und die Kugel nehmen sofort gleiches Potential an. Auf der Kugeloberfläche aber befindet sich, wenn dieselbe von allen anderen Leitern weit genug entfernt ist, eine gleichmäfsige Schicht von Elektrizität. Enthält die Kugel vom Radius r die Ladung q, so ist $V = \frac{q}{r}$ ihr Potential. Ist nun die obere Kugelhälfte abgeschnitten und an einer Wage, an deren Balken sie mit Seidenfäden befestigt ist, äquilibriert, so wird die obere Hälfte von der unteren mit der Kraft $P = \frac{q^2}{8\,r^2} = \frac{1}{8} V^2$ abgestofsen. Diese Abstofsung P kann durch ein Zuleggewicht ausgeglichen und folglich bestimmt werden. Das Potential ist dann $V = \sqrt{8\,P}$.[*]

Dafs das Potential der Wurzel aus der Kraft proportional geht, ist leicht einzusehen. Bei doppeltem oder dreifachem Potential ist die Ladung aller Teile verdoppelt oder verdreifacht, demnach ihre gegenseitige Abstofsungswirkung schon vervierfacht, verneunfacht.

[*] Die Energie einer mit der Menge q geladenen Kugel vom Halbmesser r ist $\frac{1}{2}\frac{q^2}{r}$. Dehnt sich der Radius um dr, so findet hiebei ein Energieverlust statt, und die geleistete Arbeit ist $\frac{1}{2}\frac{q^2}{r^2}dr$. Nennt man p den gleichmäfsigen elektrischen Druck auf die Oberflächeneinheit der Kugel, so ist die betreffende Arbeit auch $4r^2\pi\,p\,dr$, demnach $p = \frac{1}{8\pi}\frac{q^2}{r^4}$. Die Halbkugel, von allen Seiten demselben Oberflächendruck etwa in einer Flüssigkeit ausgesetzt, wäre im Gleichgewicht. Demnach haben wir den Druck p auf die Fläche des gröfsten Kreises wirken zu lassen, um die Wirkung auf die Wage zu erhalten, welche ist $r^2\pi\,p = \frac{1}{8}\frac{q^2}{r^2} = \frac{1}{8}V^2$.

Betrachten wir ein besonderes Beispiel. Ich will auf der Kugel das Potential 40 herstellen. Welches Übergewicht muſs ich der Kugelhälfte in Grammen geben, damit der Abstoſsungskraft eben das Gleichgewicht gehalten wird? Da ein Grammgewicht etwa 1000 Krafteinheiten entspricht, so haben wir folgende einfache Rechnung $40 \times 40 = 8 \times 1000 \cdot x$, wobei x die Anzahl der Gramme bedeutet. Es ist rund $x = 0{\cdot}2$ Gramme. Ich lade die Flasche. Es erfolgt der Ausschlag, ich habe das Potential 40 erreicht oder eigentlich überschritten und Sie sehen, wenn ich die Flasche entlade, den zugehörigen Funken.*)

Die Schlagweite zwischen den Funkenkugeln einer Maschine wächst mit der Potentialdifferenz, wenn auch nicht proportional derselben. Die Schlagweite wächst rascher als die Potentialdifferenz. Bei einem Abstand der Funkenkugeln von 1 Cm. an dieser Maschine ist die Potentialdifferenz 110. Man kann sie leicht auf das Zehnfache bringen. Und welche bedeutende Potentialdifferenzen in der Natur vorkommen, sieht man daraus, daſs die Schlagweite der Blitze bei Gewittern nach Kilometern zählt. Die Potentialdifferenzen bei galvanischen Batterien sind bedeutend kleiner, als jene an unserer Maschine, denn

---

*) Die eben angegebene Disposition ist aus mehreren Gründen zur wirklichen Messung des Potentials nicht geeignet. Das Thomson sche absolute Elektrometer beruht auf einer sinnreichen Modifikation der elektrischen Wage von Harris und Volta. Von zwei groſsen planparallelen Platten ist die eine zur Erde abgeleitet, die andere auf das zu messende Potential gebracht. Ein kleines bewegliches Flächenstück f der letzteren hängt an der Wage zur Bestimmung der Attraktion P. Bei dem Plattenabstand D ergibt sich

$$V = D \sqrt{\frac{8\pi P}{f}}.$$

erst einige hundert Elemente geben einen Funken von mikroskopischer Schlagweite.

Wir wollen nun die gewonnenen Begriffe benützen, um eine andere wichtige Beziehung der elektrischen und mechanischen Vorgänge zu beleuchten. Wir wollen untersuchen, welche potentielle Energie oder welcher Arbeitsvorrat in einem geladenen Leiter, z. B. in einer Flasche, enthalten ist.

Schafft man eine Elektrizitätsmenge auf einen Leiter, oder ohne Bild gesprochen, erzeugt man durch Arbeit elektrische Kraft an einem Leiter, so vermag diese Kraft die Arbeit wiederzugeben, durch welche sie entstanden ist. Wie groß ist nun die Energie oder Arbeitsfähigkeit eines Leiters von bekannter Ladung Q und bekanntem Potential V?

Wir denken uns die genannte Ladung Q in sehr kleine Teile $q, q_1, q_2 \ldots$ geteilt, und dieselben nach einander auf den Leiter geschafft. Die erste sehr kleine Menge q gelangt ohne merkliche Arbeit hinauf, erzeugt aber ein kleines Potential V_1. Zur Förderung der zweiten Menge brauchen wir dann schon die Arbeit $q_1 V_1$ und analog für die folgenden Mengen die Arbeiten $q_2 V_2$, $q_3 V_3$ u. s. f. Da nun das Potential den zugeführten Mengen selbst proportional bis V ansteigt, so ergibt sich entsprechend unserer graphischen Darstellung, (Fig. 12), die Gesamtarbeit

$$W = \frac{1}{2} QV$$

welche der gesamten Energie des geladenen Leiters entspricht. Mit Rücksicht auf die Gleichung $Q = CV$, worin C die Kapazität bedeutet, können wir auch sagen

$$W = \frac{1}{2} CV^2 \quad \text{oder} \quad W = \frac{Q^2}{2C}.$$

Es wird vielleicht nützlich sein, den ausgeführten Gedanken noch durch eine Analogie aus dem Gebiete der Mechanik zu erläutern. Wenn wir eine Flüssigkeitsmenge Q

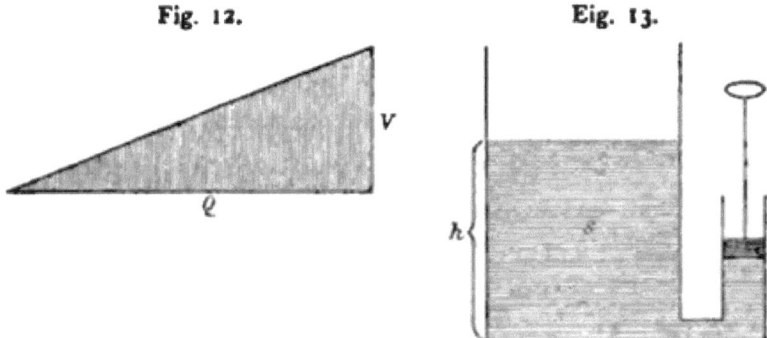

Fig. 12.   Eig. 13.

allmählich in ein zylindrisches Gefäfs pumpen, (Fig. 13), so steigt in diesem das Niveau ebenso allmählich. Je mehr wir schon eingepumpt haben, mit desto gröfserem Druck müssen wir weiter pumpen, oder auf ein desto höheres Niveau müssen wir die Flüssigkeit heben. Die aufgespeicherte Arbeit wird wieder verwendbar, wenn das Flüssigkeitsgewicht Q, welches bis zum Niveau h reicht, wieder ausfliefst. Diese Arbeit W entspricht dem Fall des ganzen Flüssigkeitsgewichts Q um die mittlere Höhe $\frac{h}{2}$ oder um die Schwerpunktshöhe. Es ist

$$W = \frac{1}{2} Qh.$$

Und weil $Q = Kh$, d. h. weil das Flüssigkeitsgewicht und die Höhe h proportional sind, ist auch

$$W = \frac{1}{2} Kh^2 \text{ und } W = \frac{Q^2}{2K}$$

Betrachten wir als spezielles Beispiel unsere Flasche. Die Kapazität ist $C = 3700$,
das Potential $V = 110$, demnach
die Menge $Q = CV = 407.000$ elektrostatische Einheiten,
und die Energie $W = \frac{1}{2} QV = 22{,}385.000$ C.-G.-S.-Arbeitseinheiten.

Diese Arbeitseinheit des C.-G.-S.-System liegt unserm Gefühl fern, und ist für uns wenig anschaulich, da wir gewohnt sind mit Gewichten zu operieren. Nehmen wir demnach als Arbeitseinheit ein Grammcentimeter, welche dem Druck eines Grammgewichtes auf die Wegstrecke von 1 cm entspricht, und welche rund 1000 mal größer ist als die vorher zu Grunde gelegte Einheit, so wird unsere Zahl rund 1000 mal kleiner. Und übergehen wir zu dem praktisch so geläufigen Kilogrammmeter als Arbeitseinheit, so ist dies wegen der 100 mal größeren Wegstrecke und dem 1000 mal größeren Gewicht, das wir nun zu Grunde legen, 100.000 mal größer. Die Zahl für die Arbeit fällt also 100.000 mal kleiner aus und wird rund 0.22 Kilogrammmeter. Wir können uns von dieser Arbeit sofort eine anschauliche Vorstellung verschaffen, wenn wir ein Kilogrammgewicht 22 cm tief fallen lassen.

Diese Arbeit wird also bei Ladung der Flasche geleistet, und kommt bei Entladung derselben nach Umständen teils als Schall, teils als mechanische Durchbrechung von Isolatoren, teils als Licht und Wärme u. s. w. zum Vorschein.

Die erwähnte grofse Batterie des physikalischen Institutes aus 16 Flaschen zu gleichem Potential geladen, liefert, obgleich der Entladungseffekt imposant ist, doch nur eine Gesamtarbeit von etwa 3 Kilogrammmeter.

Bei Entwicklung der eben dargelegten Gedanken sind wir durchaus nicht auf den von uns eingeschlagenen Weg beschränkt, welcher nur als ein zur Orientierung vorzugsweise geeigneter gewählt wurde. Der Zusammenhang unter den physikalischen Erscheinungen ist vielmehr ein so mannigfacher, dafs man derselben Sache auf sehr verschiedene Weise beikommen kann. Namentlich hängen die elektrischen Erscheinungen mit allen übrigen so innig zusammen, dafs man die Elektricitätslehre billig die Lehre vom Zusammenhang der physikalischen Erscheinungen nennen könnte, was Ihnen die folgenden Vorträge ohne Zweifel recht nahe legen werden.

Was insbesondere das Prinzip der Erhaltung der Energie betrifft, welches die elektrischen mit den mechanischen Erscheinungen verknüpft, so möchte ich noch kurz auf zwei Wege aufmerksam machen, diesen Zusammenhang zu verfolgen.

Professor Rosetti hat vor einigen Jahren an einer durch Gewicht betriebenen Influenzmaschine, die er abwechselnd in elektrischem und unelektrischem Zustande mit gleicher Geschwindigkeit in Gang setzte, in beiden

Fällen die aufgewendete mechanische Arbeit bestimmt, und war dadurch in den Stand gesetzt, die nach Abzug der Reibungsarbeit rein auf Elektrizitätsentwicklung entfallende mechanische Arbeit zu ermitteln.

Ich selbst habe den Versuch in modifizierter, und wie ich glaube, in vorteilhafter Form angestellt. Anstatt nämlich die Reibungsarbeit besonders zu bestimmen, habe ich den Apparat so eingerichtet, dafs sie bei der Messung von selbst ausfällt, und gar nicht beachtet zu werden braucht. Die sogenannte fixe Scheibe der Maschine, deren Rotationsaxe vertikal steht, ist ähnlich wie ein Kronleuchter an drei gleich langen vertikalen Fäden von der Länge l und dem Axenabstand r aufgehängt. Nur wenn die Maschine erregt ist, erhält diese Scheibe, welche einen Prony'schen Zaum vorstellt, durch die Wechselwirkung mit der rotierenden Scheibe eine Ablenkung α und ein Drehungsmoment, welches durch $D = \dfrac{P r^2}{l} \alpha$ ausgedrückt ist, wenn P das Scheibengewicht ist.*) Der Winkel α wird durch einen auf die Scheibe gesetzten Spiegel bestimmt. Die bei n Umdrehungen aufgewendete Arbeit ist durch $2 n \pi D$ gegeben.

Schliefst man die Maschine in sich, wie es Rosetti gethan hat, so erhält man einen kontinuierlichen Strom, der alle Eigenschaften eines sehr schwachen galvanischen Stromes hat, z. B. an einem eingeschalteten Multiplikator einen Ausschlag erzeugt u. s. w. Man kann nun direkt

---

*) Dieses Drehungsmoment mufs noch wegen der elektrischen Attraktion der erregten Scheiben korrigiert werden. Dies erreicht man, indem man das Scheibengewicht durch Zuleggewichte ändert, und noch eine Winkelablesung macht.

die zur Instandhaltung dieses Stromes aufgewendete mechanische Arbeit ermitteln.

Ladet man mit Hilfe der Maschine eine Flasche, so entspricht die Energie derselben, welche zur Funkenbildung, zur Durchbrechung von Isolatoren u. s. w. verwendet werden kann, nur einem Teil der aufgewendeten mechanischen Arbeit, indem ein anderer Teil im Schliefsungsbogen verbraucht wird. Es ist ein Bild der Kraft- oder richtiger der Arbeitsübertragung, welches diese Maschine mit eingeschalteter Flasche im kleinen darbietet. Und in der That gelten hier ähnliche Gesetze für den ökonomischen Koëfficienten, wie sie für die grofsen Dynamomaschinen platzgreifen.*)

Ein anderes Mittel zur Untersuchung der elektrischen

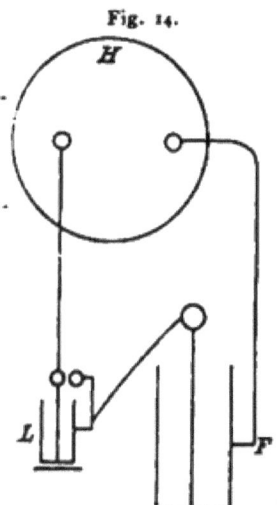

Fig. 14.

*) In unserm Experiment verhält sich die Flasche wie ein Akkumulator, der durch eine Dynamomaschine geladen wird. Welches Verhältnis zwischen der aufgewendeten und nutzbaren Arbeit besteht, wird durch folgende einfache Darstellung ersichtlich. Die Holtzsche Maschine H, Fig. 14, lade eine Mafsflasche L, welche nach n Entladungen mit der Menge q und dem Potential v, die Flasche F mit der Menge Q zum Potential V geladen hat. Die Energie der Mafsflaschen-Entladungen ist verloren, und jene der Flasche F allein übrig. Demnach ist das Verhältnis der nutzbaren zur überhaupt aufgewendeten Arbeit

$$\frac{\frac{1}{2}QV}{\frac{1}{2}QV+\frac{n}{2}qv}$$ und weil $Q = nq$ auch $\frac{V}{V+v}$

Schaltet man nun auch keine Mafsflasche ein, so sind doch die Maschinenteile und Zuleitungsdrähte selbst solche Mafsflaschen und es besteht die Formel fort $\frac{V}{V+\Sigma v}$, in welcher Σv die Summe aller hintereinander geschalteten Potentialdifferenzen im Schliefsungskreise bedeutet.

Energie ist die Umwandlung derselben in Wärme. Riess hat derartige Versuche mit Hilfe seines elektrischen Luft-Thermometers ausgeführt, und zwar vor langer Zeit schon (1838), als die mechanische Wärmetheorie noch nicht so populär war wie heute.

Wird die Entladung durch einen durch die Kugel des Luft-Thermometers gezogenen feinen Draht geleitet, so läfst sich eine Wärmeentwicklung nachweisen, welche dem schon erwähnten Ausdruck $W = \frac{1}{2} QV$ proportional geht. Wenn es nun auch noch nicht gelungen ist, die gesammte Energie auf diese Weise in mefsbare Wärme umzuwandeln, weil ein Teil in dem Funken in der Luft aufserhalb des Thermometers verbleibt, so spricht doch alles dafür, dafs die gesammte in allen Leiterteilen und Entladungswegen schliefslich entwickelte Wärme das Aquivalent der Arbeit $\frac{1}{2} QV$ sei.

Es kommt hiebei auch gar nicht darauf an, ob die elektrische Energie auf einmal oder teilweise, nach und nach umgewandelt wird. Wenn z. B. von zwei gleichen Flaschen die eine mit der Menge Q zum Potential V geladen ist, so ist die vorhandene Energie $\frac{1}{2} QV$. Entladet man die Flasche in die andere, so sinkt wegen der doppelten Kapazität V auf $\frac{V}{2}$. Es verbleibt also die Energie $\frac{1}{4} QV$, während $\frac{1}{4} QV$ im Entladungsfunken in Wärme umgewandelt wurde. Der Rest ist aber in beiden

Flaschen gleich verteilt, so dass jede bei ihrer Entladung noch $\frac{1}{8} QV$ in Wärme umzusetzen vermag.

Wir haben die Elektrizität in der beschränkten Erscheinungsform besprochen, welche den Forschern vor Volta allein bekannt war, und die man, vielleicht nicht ganz glücklich, statische Elektrizität oder Spannungselektrizität genannt hat. Es versteht sich aber, dafs die Natur der Elektrizität überall eine und dieselbe ist, dafs ein wesentlicher Unterschied zwischen statischer und galvanischer Elektrizität nicht besteht. Nur die quantitativen Umstände sind in beiden Gebieten so sehr verschieden, dafs in dem zweiten ganz neue Seiten der Erscheinung, wie z. B. die magnetischen Wirkungen deutlich hervortreten können, welche in dem ersten unbemerkt blieben, während umgekehrt wieder die statischen Anziehungen und Abstofsungen in dem zweiten Gebiete fast verschwinden. In der That kann man die mangnetische Wirkung des Entladungsstromes einer Influenzmaschine leicht am Multiplikator nachweisen, doch hätte man schwerlich an diesem Strome die magnetische Wirkung entdecken können. Die statischen Fernwirkungen der Poldrähte eines galvanischen Elementes wären ebenfalls kaum zu beobachten, wenn die Erscheinung nicht schon von anderer Seite her in auffallender Form bekannt wäre.

Wollte man die beiden Gebiete in den Hauptzügen charakterisieren, so würde man sagen, dafs in dem ersteren hohe Potentiale und kleine Mengen, in dem letzteren kleine

Potentiale und grofse Mengen ins Spiel kommen. Eine sich entladende Flasche und ein galvanisches Element verhalten sich etwa wie eine Windbüchse und ein Orgelblasebalg. Erstere gibt plötzlich unter sehr hohem Druck eine kleine Luftquantität, letzterer allmählich unter sehr geringem Druck eine grofse Luftquantität frei.

Es würde zwar prinzipiell nichts im Wege stehen, auch im Gebiet der galvanischen Elektrizität die elektrostatischen Mafse festzuhalten, und z. B. die Stromstärke zu messen durch die Zahl der elektrostatischen Einheiten, welche in der Sekunde den Querschnitt passiren, allein dies wäre in doppelter Hinsicht unpraktisch. Erstens würde man die magnetischen Anhaltspunkte der Messung, welche der Strom bequem darbietet, unbeachtet lassen, und dafür eine Messung setzen, die sich an den Strom nur schwer und mit geringer Genauigkeit ausführen läfst. Zweitens würde man eine viel zu kleine Einheit anwenden und dadurch in dieselbe Verlegenheit kommen, wie ein Astronom, der die Himmelsräume in Metern, statt in Erdradien und Erdbahnhalbmessern ausmessen wollte, denn der Strom, welcher nach magnetischem Mafse (in C.-G.-S.) die Einheit darstellt, fördert etwa 30.000,000.000 (30 Tausend Millionen) elektrostatischer Einheit in der Sekunde durch den Querschnitt. Deshalb müssen hier andere Mafse zu Grunde gelegt werden. Dies auseinanderzusetzen gehört aber nicht mehr zu meiner Aufgabe.

X.

Über das Prinzip der Erhaltung der Energie.*)

In einem durch seine liebenswürdige Einfachheit und Klarheit ausgezeichneten populären Vortrag, den Joule im Jahre 1847 gehalten hat,**) setzt dieser berühmte Physiker auseinander, daſs die lebendige Kraft, die ein schwerer Körper im Fall durch eine gewisse Höhe erlangt hat, welche derselbe in Form der beibehaltenen Geschwindigkeit mit sich führt, das Äquivalent der Attraktion durch den Fallraum ist, und daſs es »absurd« wäre anzunehmen, jene lebendige Kraft könnte zerstört werden, ohne dieses Äquivalent wieder zu erstatten. Er fügt dann hinzu: »You will therefore be surprised to hear that until very recently the universal opinion has been that living force could be absolutely and irrevocably destroyed at any one's option.« Nehmen wir hinzu, daſs heute, nach 47 Jahren, das Gesetz der Erhaltung der Energie,

---

*) Dieser Artikel erschien zuerst englisch in »the Monist.« Vol. V. p. 22.
**) On Matter, Living Force, and Heat. Joule, Scientific Papers. London 1884. I. p. 265.

so weit die Kultur reicht, als eine vollkommen ausgemachte Wahrheit gilt, und auf allen Gebieten der Naturwissenschaft die reichsten Anwendungen erfährt.

Das Schicksal aller bedeutenden Aufklärungen ist ein sehr ähnliches. Beim ersten Auftreten werden dieselben von der Mehrzahl der Menschen für Irrtümer gehalten. So wurde J. R. Mayers Arbeit über das Energieprinzip (1842) von dem ersten physikalischen Journal Deutschlands zurückgewiesen, Helmholtz's Abhandlung erging es (1847) nicht besser, und auch Joule scheint nach einer Andeutung von Playfair mit seiner ersten Publikation (1843) auf Schwierigkeiten gestofsen zu sein. Allmählich aber erkennt man, dafs die neue Ansicht längst wohl vorbereitet und spruchreif war, nur dafs wenige bevorzugte Geister das weit früher wahrgenommen hatten, als die andern, wodurch sich eben die Opposition der Majorität ergab. Mit dem Nachweis der Fruchtbarkeit der neuen Ansicht, mit ihrem Erfolg, wächst das Vertrauen zu derselben. Die Majorität der Menschen, welche die Ansicht verwendet, kann auf das gründliche Studium derselben nicht eingehen; sie nimmt den Erfolg für die Begründung. So kann es geschehen, dafs eine Ansicht, welche die bedeutendsten Entdeckungen herbeigeführt hat, wie die Black'sche Wärmestofftheorie, zu einer spätern Zeit auf einem Gebiet, wo sie nicht zutrifft, ein Hemmnis des Fortschrittes wird, indem dieselbe die Menschen geradezu blind macht gegen Thatsachen, welche der beliebten Theorie nicht entsprechen. Soll eine Theorie vor dieser zweifelhaften Rolle bewahrt werden, so müssen von Zeit zu Zeit die Gründe und Motive ihrer

Entwicklung und ihres Bestehens auf das Genaueste untersucht werden.

Durch mechanische Arbeit können die verschiedensten physikalischen (thermischen, elektrischen, chemischen u. s. w.) Veränderungen eingeleitet werden. Werden dieselben rückgängig, so erstatten sie die mechanische Arbeit wieder, genau in dem Betrage, welcher zur Erzeugung des rückgängig gewordenen Teiles nötig war. Darin besteht der Satz der Erhaltung der Energie. Für das unzerstörbare Etwas, als dessen Maſs die mechanische Arbeit gilt, ist allmählich der Name Energie in Gebrauch gekommen. Wie sind wir zu dieser Einsicht gelangt? Aus welchen Quellen haben wir dieselbe geschöpft? Diese Frage ist nicht nur an sich von dem höchsten Interesse, sondern auch aus dem oben berührten Grunde.

Die Meinungen über die Grundlagen des Energiegesetzes gehen heute noch sehr weit auseinander. Manche führen den Energiesatz auf die Unmöglichkeit eines perpetuum mobile zurück, welche sie entweder als durch die Erfahrung hinlänglich erwiesen oder gar als selbstverständlich betrachten. Im Gebiete der bloſsen Mechanik ist die Unmöglichkeit des perpetuum mobile d. h. der fortwährenden Produktion von Arbeit ohne bleibende Veränderung leicht darzuthun. Geht man also von der Ansicht aus, daſs alle physikalischen Vorgänge lediglich mechanische Vorgänge, Bewegungen der Moleküle und Atome sind, so begreift man, auf Grund dieser mechanischen Auffassung der Physik, auch die Unmöglichkeit des perpetuum mobile in dem ganzen physikalischen Gebiet.

Diese Auffassung zählt gegenwärtig wohl die meisten Anhänger. Andere Forscher lassen wieder nur eine durchaus **experimentelle** Begründung des Energiegesetzes gelten.

Es wird sich in dem Folgenden zeigen, das **alle** berührten Momente bei Entwicklung der fraglichen Ansicht thatsächlich mitgewirkt haben, dafs aber dabei aufserdem ein bisher wenig beachtetes **logisches** und ein rein **formales** Bedürfnis eine ganz wesentliche Rolle gespielt hat.

1. Der Satz vom ausgeschlossenen perpetuum mobile.

Das Energiegesetz in seiner modernen Form ist zwar mit dem Satze vom ausgeschlossenen perpetuum mobile nicht indentisch, doch steht es zu demselben in naher Beziehung. Letzterer Satz aber ist keineswegs neu, denn er hat auf mechanischem Gebiet schon vor Jahrhunderten die bedeutendsten Denker bei ihren Forschungen geleitet. Es sei gestattet dies durch einige historische Beispiele zu begründen:

S. Stevinus, hypomnemata mathematica Tom. IV de statica. Leyden 1605 p. 34 beschäftigt sich mit dem Gleichgewicht auf der schiefen Ebene.

An einem dreiseitigen Prisma *ABC* (Fig. 1 im Durchschnitte dargestellt), dessen eine Seite AB horizontal ist, hängt eine geschlossene Schnur, an welcher sich 14 gleich schwere Kugeln gleichförmig verteilt befinden. Da man sich den untern symmetrischen Teil der Schnur

ADC wegdenken kann, so schliefst Stevin, dafs die vier Kugeln auf *AB* den zwei Kugeln auf *AC* das

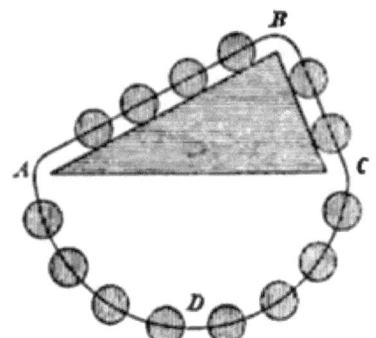

Gleichgewicht halten. Denn wäre das Gleichgewicht in einem Momente gestört, so könnte es nie bestehen, die Schnur müfste immer in demselben Sinne kreisen, wir hätten ein perpetuum mobile.

»Und gesetzt es sei dies, so würde die Reihe der Kugeln oder der Kranz (die Kette) dieselbe Lage haben wie zuvor, und aus demselben Grunde würden die acht Kugeln links gewichtiger sein als jene sechs rechts; deshalb würden wieder jene acht sinken, jene sechs steigen, und diese Kugeln würden von selbst eine ewige Bewegung bewirken, was falsch ist.« *)

Hieraus leitet nun Stevin leicht die Gleichgewichtsgesetze für die schiefe Ebene und sehr viele andere fruchtbare Folgerungen ab.

In dem Abschnitt Hydrostatik desselben Werkes p. 114 stellt Stevin den Satz auf:

»Eine gegebene Wassermasse behält ihren gegebenen Ort innerhalb des Wassers.« **)

Dieser Satz wird an Fig. 2 so bewiesen:

---

*) „Atqui hoc si sit, globorum series sive corona eundem situm cum priore habebit, eademque de causa octo globi sinistri ponderosiores erunt sex dextris, ideoque rursus octo illi descendent, sex illi ascendent, istique globi ex sese continuum et aeternum motum efficient, quod est falsum."

**) „Aquam datam, datum sibi intra aquam locum servare."

»A also, (wenn dies auf irgend eine natürliche Weise geschehen könnte) behalte den eingeräumten Ort nicht, sondern falle nach *D*; dies angenommen sinkt das *A* nachfolgende Wasser vermöge derselben Ursache nach *D*, und dasselbe wird wieder von anderem vertrieben, und so wird dieses Wasser (da dieselbe Ursache fortbesteht) eine beständige Bewegung eingehn, was absurd wäre.« *)

Hieraus werden nun sämmtliche Sätze der Hydrostatik abgeleitet. Bei dieser Gelegenheit entwickelt Stevin auch zuerst den für die moderne analytische Mechanik so fruchtbaren Gedanken, dafs das Gleichgewicht eines Systems durch Hinzufügung fester Verbindungen nicht gestört werde. Bekanntlich leitet man heute z. B. den Satz der Erhaltung des Schwerpunktes aus dem D'Alembertschen Prinzipe mit Hilfe jener Bemerkung her.

Wenn wir gegenwärtig die Stevinschen Demonstrationen reproduzieren würden, so müfsten wir sie freilich etwas verändern. Uns macht es keine Schwierigkeit bei hinweggedachten Widerständen die Kette auf seinem Prisma in endloser gleichförmiger Bewegung vorzustellen. Dagegen würden wir gegen die Annahme einer beschleunigten Bewegung oder auch gegen die einer gleichförmigen bei nicht beseitigten Widerständen protestieren. Auch liefse sich zur gröfseren Schärfe des Beweises die Kugelkette

---

*) „A igitur, (si ullo modo per naturam fieri possit) locum sibi tributum non servato, ac delabatur in D; quibus positis aqua quae ipsi A succedit eandem ob causam deffluet in D, eademque ab alia instine expelletur, atque adeo aqua haec (cum ubique eadem ratio sit) motum instituet perpetuum, quod absurdum fuerit."

durch eine schwere gleichförmige vollkommen biegsame Schnur ersetzen.

Dies ändert nichts an dem historischen Wert der Stevinschen Betrachtungen. Es ist Thatsache, Stevin leitet anscheinend viel einfachere Wahrheiten aus dem Prinzip des unmöglichen perpetuum mobile ab.

In dem Gedankengang, welcher Galilei zu seinen Entdeckungen führt, spielt der Satz eine beudeutende Rolle, dafs ein Körper durch die im Falle erlangte Geschwindigkeit gerade so hoch steigen könne, als er herabgefallen ist. Dieser Satz, der bei Galilei oft und mit grofser Klarheit auftritt, ist doch nur eine andere Form des Prinzips vom ausgeschossenen perpetuum mobile, wie wir dies bei Huyghens sehen werden.

Galilei hat bekanntlich das Gesetz der gleichförmig beschleunigten Fallbewegung durch Spekulation als das „einfachste und natürlichste" gefunden, nachdem er zuvor ein anderes angenommen und wieder fallen gelassen. Um aber sein Fallgesetz zu prüfen, stellte er Versuche über den Fall auf der schiefen Ebene an, wobei er die Fallzeiten durch die Gewichte des aus einem Gefässe in feinem Strahle ausfliefsenden Wassers bestimmte. Hierbei nimmt er nun als Grundsatz an, dafs die auf der schiefen Ebene erlangte Geschwindigkeit immer der vertikalen Fallhöhe entspricht, was für ihn daraus hervorgeht, dafs der auf einer schiefen Ebene gefallene Körper auf einer andern beliebig geneigten mit seiner Geschwindigkeit immer nur zur gleichen Vertikalhöhe aufsteigen kann. Der Satz über die Steighöhe hat ihn, wie es scheint, auch auf das

Trägheitsgesetz geführt. Hören wir seine eigene geistvolle Auseinandersetzung im dialogo terzo. Opere. Padova 1744 Tom. III.

S. 96 heifst es:

»Ich nehme an, die Geschwindigkeiten, welche dasselbe Bewegliche im Fall auf schiefen Ebenen verschiedener Neigung erreicht, seien gleich, wenn die vertikalen Fallhöhen gleich sind.«*)

Hierzu läfst er Salviati im Dialog bemerken:

»Ihr sprecht sehr überzeugend, aber über die Wahrscheinlichkeit hinaus will ich durch ein Experiment die Überzeugung so steigern, dafs wenig zu einem strengen Beweis fehlen soll. Denkt Euch dieses Blatt sei eine vertikale Wand, und an einem daselbst befestigten Nagel hänge an einem vertikalen Faden AB von 2 oder 3 Ellen eine Bleikugel von 1 oder 2 Unzen, und an der Wand zeichnet eine zu dem von der Wand ungefähr 2 Zoll entfernten AB senkrechte (horizontale) Gerade, führt Ihr dann den Faden AB mit der Kugel nach AC, und lafst die Kugel frei, so seht Ihr dieselbe zunächst fallen, den Bogen CBD beschreibend, und so viel die Grenze B überschreiten, dafs

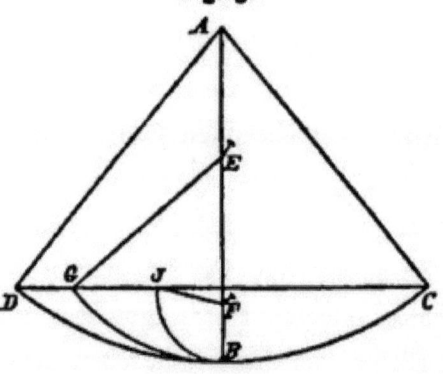

Fig. 3.

*) Accipio, gradus velocitatis ejusdem mobilis super diversas planorum inclinationes acquisitos tunc esse aequales, cum eorundem planorum elevationes aequales sint."

durch den Bogen *BD* laufend dieselbe fast zur Geraden *CD* aufsteigt, indem ein kleiner Zwischenraum übrig bleibt, so viel als vom Widerstand der Luft und des Fadens herrührt. Hieraus können wir schliefsen, dafs der durch den Fall im Punkte *B* erlangte Schwung genügend sei, um durch einen gleichen Bogen zur selben Höhe aufzusteigen; nach wiederholter Ausführung des Versuches wollen wir in der Wand bei *E* einen Nagel einschlagen, oder bei *F*, 5 oder 6 Finger breit nach vorn, damit der Faden *AC*, wenn er mit der Kugel wieder nach *CB* kommt und *B* erreicht, beim Nagel *E* festgehalten, und die Kugel genötigt werde, den Bogen *BC* um *E* zu beschreiben, wobei wir sehen werden, was dieselbe Geschwindigkeit leistet, die vorher denselben Körper durch den Bogen *BD* zur Horizontalen *CD* beförderte. Nun, meine Herren, werdet Ihr mit Vergnügen bemerken, dafs die Kugel im Punkte *G* den Horizont erreicht, und dasselbe geschieht, wenn das Hindernis sich tiefer befindet, wie bei *F*, wobei die Kugel den Bogen *BJ* beschreibt, den Aufstieg stets im Horizont *CD* beendend, und wenn der hemmende Nagel so tief läge, dafs der Rest des Fadens nicht mehr den Horizont *CD* erreichen kann (was eintritt, wenn er näher an *B* als am Durchschnitt von *AB* mit *CD* liegt), so überhüpft der Faden den Nagel und wickelt sich herum. Dieser Versuch läfst keinen Zweifel über die Wahrheit des aufgestellten Satzes. Denn, da die Bögen *CB*, *DB* einander gleich sind und symmetrisch liegen, so wird das beim Fall durch den Bogen *CB* erlangte Moment ebenso grofs sein, wie die Wirkung durch den Bogen *DB*; aber das in B erlangte, durch CB hindurch erzeugte Moment vermag denselben Körper durch den Bogen BD zu heben; folglich wird auch das beim Sinken durch DB erzeugte Moment gleich sein demjenigen, welches denselben Körper vorher von B bis D führen konnte, so daſs allgemein jedes beim Sinken erzeugte Moment gleich demjenigen ist, welches den Körper durch denselben Bogen zu erheben im stande ist: aber alle Momente, die den Körper durch die Bögen BD, BG, BJ heben konnten, sind einander gleich, da sie stets im Fall durch CB entstanden waren, wie der Versuch lehrt: folglich sind auch alle Momente, welche im Fall durch die Bögen DB, GB, JB entstehen, einander gleich.« *)

Die über das Pendel gemachte Bemerkung überträgt

*) Voi molto probabilmente discorrete, ma oltre al veri simile voglio con una esperienza crescer tanto la probabilità, che poco gli manchi all'agguagliarsi ad una ben necessaria dimostrazione. Figuratevi questo foglio essere una parete eretta al orizzonte, e da un chiodo fitto in essa pendere una palla di piombo d'un'oncia, o due, sospesa dal sottil filo AB lungo due, o tre braccia perpendicolare all' orizzonte, e nella parete segnate una linea orizzontale DC segante a squadra il perpendicolo AB, il quale sia lontano dalla parete due dita in circa, trasferendo poi il filo AB colla palla in AC, lasciata essa palla in libertà, la quale primieramente vedrete scendere descrivendo l'arco CBD, e di tanto trapassare il termine B, che scorrendo per l'arco BD, sormonterà fino quasi alla segnata parallela CD, restando di per venirvi per piccolissimo intervallo toltogli il precisamente arrivarvi dall' impedimento dell'aria, e del filo. Dal che possiamo veracemente concludere, che l'impeto acquistato nel punto B dalla palla nello scendere per l'arco CB, fu tanto, che bastò a risospingersi per un simile arco BD alla medesima altezza; fatta, e più volte reiterata cotale esperienza, voglio, che ficchiamo nella parete rasente al perpendicolo AB un chiodo come in E, ovvero in F, che sporga in fuori cinque, o sei dita, e questo acciocché il filo AC tornando come prima a riportar la palla C per l'arco CD, giunta che ella sia in B, intoppando il filo nel chiodo E, sia costretta a camminare per la circonferenza BG descritta intorno al centro E, dal che vedremo quello, che potrà far quel medesimo impeto, che dianzi concepito nel medesimo termine B, sospinse l'istesso mobile per l'arco ED all'altezza dell'orizzontale CD. Ora, Signori, voi vedrete con gusto condursi la palla all'orizzontale nel punto G, e l'istesso accadere, l'intoppo si mettesse più basso, come in F, dove la palla descriverebbe l'arco BJ, terminando sempre la sua salita precisamente nella linea CD, e quando l'intoppo del chiodo fusse tanto basso, che l'avanzo del filo sotto di lui non arivasse all' altezza di CD (il che accaderebbe, quando fusse

sich sofort auf die schiefe Ebene und führt zum Trägheitsgesetz. Es heißt S. 124:

»Es steht bereits fest, daß ein Bewegliches aus der Ruhe in A durch AB herabsteigend dem Zeitzuwachs ent-

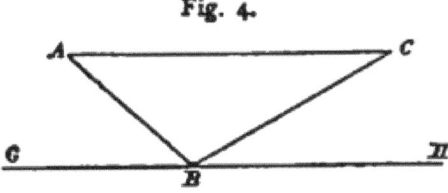

Fig. 4.

sprechende Geschwindigkeiten erlangt: daß aber der Geschwindigkeitsgrad in B der größte und unveränderlich eingepflanzt sei, wenn nämlich die Ursache einer neuen Beschleunigung oder Verzögerung beseitigt ist: einer Beschleunigung, sage ich, wenn dasselbe weiter auf der ausgedehnten Ebene fortschreitet; einer Verzögerung aber, wenn es auf die ansteigende Ebene BC abgeleitet wird: auf der Horizontalen GH aber wird die gleichförmige Bewegung je nach der von A nach B erlangten Geschwindigkeit ins Unendliche fortbestehen.« *)

più vicino al punto B, che al segamento dell' AB coll' orizzontale CD), allora il filo cavalcherebbe il chiodo, e segli avolgerebbe intorno. Questa esperienza non lascia luogo di dubitare della verità del supposto: imperocchè essendo li due archi CB, DB equali e similmente posti, l'acquisto di momento fatto per la scesa nell'arco CB è il medesimo, che il fatto per la scesa dell'arco DB; ma il momento acquistato in B per l'arco CB è potente a risospingere in su il medesimo mobile per l'arco BD; adunque anco il momento acquistato nella scesa DB è eguale a quello, che sospigne l'istesso mobile pel medesimo arco da B in D, sicche universalmente ogni momento acquistato per la scesa d'un arco è eguale a quello, che può far risalire l'istesso mobile pel medesimo arco: ma i momenti tutti che fanno risalire per tutti gli archi BD, BG, BJ sono eguali, poichè son fatti dal istesso medesimo momento acquistato per la scesa CB, come mostra l'esperienza: adunque tutti i momenti, che si acquistano per le scese negli archi DB, CB, JB sono eguali.

*) Constat jam, quod mobile ex quiete in A descendens per AB, gradus acquirit velocitatis juxta temporis ipsius incrementum: gradum vero in B esse maximum acquisitorum, et suapte natura imutabiliter immpressum, sublatis scilicet causis accelerationis novae, aut retardationis, accelerationis inquam, si adhuc super extenso plano ulterius progrederetur; retardationis vero, dum super planum acclive BC fit reflexio: in horizontali autem GH aequabilis motus juxta gradum velocitatis ex A in B acquisitae in infinitum extenderetur.

Huygens, in allen Stücken ein Nachfolger **Galileis**, fafst das Trägheitsgesetz schärfer und verallgemeinert den für **Galilei** so fruchtbar gewordenen Satz über die Steighöhe. Letzteren verwendet er zur Lösung des Problems vom Schwingungsmittelpunkt und spricht sich darüber vollkommen klar aus, dafs der Satz über die Steighöhe identisch sei mit dem Satze vom ausgeschlossenen perpetuum mobile.

Es folgen die wichtigen Stellen: Huygens, Horologium, zweiter Teil. Hypothesen:

»Wenn die Schwere nicht wäre, und wenn die Luft die Bewegung der Körper nicht hindern würde, würde jeder derselben die einmal angenommene Bewegung mit gleichbleibender Geschwindigkeit längs einer geraden Linie fortsetzen.« *)

Horologium. Vierter Teil. Über den Schwingungsmittelpunkt:

»Wenn beliebige schwere Körper durch ihr Gewicht in Bewegung geraten; kann der gemeinsame Schwerpunkt derselben nicht höher steigen, als er zu Anfang sich befand.«

»Wir werden zeigen, dafs diese Voraussetzung, obgleich sie bedenklich scheinen könnte, nichts anderes besagt als das, was nie jemand bezweifelt hat, dafs die schweren Körper sich nicht (von selbst) aufwärts bewegen. — Und wenn dies die Erfinder neuer Konstruktionen zu benützen verständen, welche irrtümlicherweise ein perpetuum mobile herzustellen suchen, würden sie leicht ihre Fehler

---

*) Si gravitas non esset, neque aër motui corporum officeret, unumquodque eorum, acceptum semel motum continuaturum velocitate aequabili, secundum lineam rectam.

erkennen, und einsehen, daß diese Sache auf mechanischem Wege nicht möglich sei.«*)

Eine jesuitische reservatio mentalis ist vielleicht in den Worten „mechanica ratione" angedeutet. Man könnte hiernach glauben, daß **Huygens** ein nichtmechanisches perpetuum mobile für möglich hält.

Klarer wird die Verallgemeinerung des **Galilei**schen Satzes noch in Propos. IV desselben Abschnittes ausgesprochen:

»Wenn ein beliebiges aus mehreren schweren Körpern bestehendes Pendel aus der Ruhe freigelassen einen beliebigen Teil einer Schwingung ausgeführt hat, und man denkt sich nachher bei aufgelösten Verbindungen die Geschwindigkeiten aufwärts gekehrt, und die Körper so hoch als möglich aufgestiegen; so wird sicher der gemeinsame Schwerpunkt so hoch gestiegen sein, als derselbe sich zu Anfang der Bewegung befand«.**)

Auf letzteren Satz nun, welcher eine Verallgemeinerung des von **Galilei** für **eine** Masse aufgestellten für ein **System von Massen** ist, und dem man nach der **Huygens**-

---

*) Horologii pars quarta. De centro oscillationis:
Si pondera quotlibet, vi gravitatis suae, moveri incipiant; non posse centrum gravitatis ex ipsis compositae altius, quam ubi incipiente motu reperiebatur, ascendere. —

Ipsa vero hypothesis nostra quominus scrupulum moveat, nihil aliud sibi velle ostendemus, quam quod nemo unquam negavit, gravia nempe sursum non ferri. — Et sane, si hac eadem uti scirent novorum operum machinatores, qui motum perpetuum irrito conatu moliuntur, facile suos ipsi errores deprehenderent, intelligerentque rem eam mechanica ratione haud quaquam possibilem esse.

**) Si pendulum e pluribus ponderibus compositum, atque e quiete dimissum, partem quamcunque oscillationis integrae confecerit, atque inde porro intelligantur pondera ejus singula, relicto communi vinculo, celeritates acquisitas sursum convertere, ac quousque possunt ascendere; hoc facto centrum gravitatis ex omnibus compositae, ad eandem altitudinem reversum erit, quam ante inceptam oscillationem obtinebat.

schen Erläuterung als das Prinzip des ausgeschlossenen perpetuum mobile erkennt, gründet **Huygens** die Theorie des Schwingungsmittelpunktes. **Lagrange** nennt dieses Prinzip **prekär** und freut sich, dafs es **Jakob Bernoulli** 1681 gelungen sei, die Theorie des Schwingungsmittelpunktes auf die Hebelgesetze zurückzuführen, die ihm klarer scheinen. An demselben Problem versuchen sich fast alle bedeutenden Forscher des 17. und 18. Jahrhunderts, und es führt zuletzt in Vereinigung mit dem Prinzip der virtuellen Geschwindigkeit zu dem von **D'Alembert** (traité de dynamique 1743) aufgestellten vorher schon in etwas anderer Form von **Euler** und **Hermann** verwendeten Prinzip.

Aufserdem wird der **Huygens**sche Satz über die Steighöhe zur Grundlage des Gesetzes der Erhaltung der lebendigen Kraft und des Satzes der Erhaltung der Kraft überhaupt, wie er von Joh. und Dan. **Bernoulli** aufgestellt und namentlich von letzterem in seiner Hydrodynamik so fruchtbar verwendet wird. Diese **Bernoulli**schen Sätze unterscheiden sich nur in der Form des Ausdruckes von der späteren **Lagrange**schen Aufstellung.

Die Art, wie **Torricelli** sein berühmtes Ausflufstheorem für Flüssigkeiten gefunden hat, führt wieder auf denselben Satz. **Torricelli** nahm an, dafs die aus der Bodenöffnung des Gefäfses strömende Flüssigkeit vermöge ihrer Ausflufsgeschwindigkeit nicht höher steigen könne, als sie im Gefäfse steht.

Betrachten wir noch einen der reinen Mechanik angehörigen Punkt die Geschichte des Prinzips der virtuellen Bewegung. Das Prinzip wurde nicht, wie man gewöhnlich sagt, und wie auch **Lagrange** behauptet, von **Galilei**, sondern jedenfalls früher von **Stevinus** aufgestellt. In seiner trochleostatica des obencitierten Werkes p. 172 sagt er:

»Es sei bemerkt, daſs hier das statische Axiom gelte: Wie der Weg des Wirkenden zum Weg des Leidenden, So die Kraft des Leidenden zur Kraft des Wirkenden.« *)

Galilei bemerkt, wie bekannt, die Giltigkeit des Prinzipes bei Betrachtung der einfachen Maschinen und leitet auch die Gleichgewichtsgesetze der Flüſsigkeiten aus demselben ab.

Torricelli führt das Prinzip auf Schwerpunkteigenschaften zurück. Soll an einer einfachen Maschine an welcher wir uns Kraft und Last durch angehängte Gewichte vertreten denken, Gleichgewicht bestehen, so darf der gemeinsame Schwerpunkt der aufgelegten Lasten nicht sinken. Umgekehrt, wenn der Schwerpunkt nicht sinken kann, besteht Gleichgewicht, weil die schweren Körper nicht von selbst aufwärts steigen. In dieser Form ist also das Prinzip der virtuellen Geschwindigkeit identisch mit dem **Huygen**schen Prinzip der Unmöglichkeit des Perpetuum mobile.

Joh. Bernoulli erkennt zuerst 1717 in einem Briefe an **Varignon** die allgemeine Bedeutung des Prinzipes der virtuellen Bewegung für beliebige Systeme.

Lagrange endlich gibt einen allgemeinen Beweis des

---

*) „Notare autem hic illud staticum axioma etiam locum habere:
„Ut spatium agentis ad spatium patientis
Sic potentia patientis ad potentiam agentis."

Prinzipes und gründet darauf seine ganze analytische Mechanik. Aber dieser allgemeine Beweis stützt sich im Grunde doch nur auf die Huygensche und Torricellische Bemerkung.

Lagrange denkt sich bekanntlich in den Richtungen der am System wirksamen Kräfte eine Art einfacher Flaschenzüge, windet eine Schnur durch alle diese Flaschenzüge durch, und hängt schließlich am Ende derselben eine Last an, welche ein gemeinschaftliches Maß sämtlicher am System wirksamer Kräfte ist. Die Elementenzahl jedes einzelnen Flaschenzuges kann nun leicht so gewählt werden, daß die betreffende Kraft in der That durch denselben ersetzt wird. Dann ist es klar, daß, wenn die angehängte Endlast nicht sinken kann, Gleichgewicht besteht, weil schwere Körper nicht von selbst aufwärts steigen.

Wenn man nicht so weit geht, sondern der Torricellischen Betrachtung näher bleiben will, so kann man sich jede Einzelkraft des Systems durch eine besondere Last ersetzt denken, die an einer Schnur hängt, welche über eine in der Richtung der Kraft liegende Rolle geht und am Angriffspunkte der Kraft befestigt ist. Gleichgewicht besteht dann, wenn der gemeinsame Schwerpunkt der sämtlichen Lasten nicht sinken kann. Die Grundannahme dieses Beweises ist offenbar die Unmöglichkeit des perpetuum mobile.

- Lagrange hat sich vielfach bemüht, einen von fremdartigen Elementen freien und vollständig befriedigenden Beweis zu liefern, ohne dass ihm dies ganz gelungen wäre. Auch andere nach ihm dürften nicht glücklicher gewesen sein.

So ruht nun die ganze Mechanik auf einem Gedanken, der, wenn auch nicht zweifelhaft, so doch fremdartig und den übrigen Grundsätzen und Axiomen der Mechanik nicht ebenbürtig scheint. Jeder, der Mechanik treibt, fühlt einmal die Unbehaglichkeit dieses Zustandes, jeder wünscht sie beseitigt, selten wird sie durch Worte ausgedrückt. Und so findet sich der strebsame Jünger der Wissenschaft hoch erfreut, wenn er einmal bei einem Meister wie Poinsot in seiner „théorie général de l'équilibre et du mouvement des systèmes" folgende Stelle liest, in welcher er sich über die analytische Mechanik ausspricht:

»Indessen, da man in diesem Werke von Anfang an nur daran dachte, die schöne Entwicklung der Mechanik zu betrachten, welche ganz aus einer Formel zu fließen schien, glaubte man natürlich, daß die Wissenschaft fertig sei, und daß nichts übrig sei, als das Prinzip der virtuellen Geschwindigkeiten zu beweisen. Aber diese Untersuchung brachte alle Schwierigkeiten zurück, welche man eben durch das Prinzip überwunden hatte. Dieses allgemeine Gesetz, in welches sich verschwommene Ideen von unendlich kleinen Bewegungen und Gleichgewichtsstörungen einmengen, verdunkelte sich gewissermaßen bei näherer Prüfung; und da das Buch von Lagrange keine Klarheit mehr zeigte als in dem Gang der Rechnungen, sah man bald, daß das Gewölke über den Entwicklungen nur darum gehoben schien, weil es gewissermaßen über den Anfängen dieser Wissenschaft gesammelt war.«

»Der allgemeine Beweis des Prinzipes der virtuellen Geschwindigkeiten kommt eigentlich darauf hinaus, die ganze Mechanik auf einer andern Grundlage aufzubauen: Denn der Beweis eines Gesetzes, welches die ganze Wissenschaft umfafst, kann nichts anderes sein als die Zurückführung dieser Wissenschaft auf ein anderes eben so allgemeines aber einleuchtendes oder wenigstens einfacheres Gesetz, welches also das erstere unnötig macht.« *)

Das Prinzip der virtuellen Bewegung beweisen heifst also nach Poinsot die ganze Mechanik neu machen.

Ein anderer dem Mathematiker unbehaglicher Umstand ist der, dafs in dem historischen Zustande, in welchem sich die Mechanik gegenwärtig befindet, die Dynamik sich auf die Statik gründet, während man doch wünschen mufs, dafs in einer Wissenschaft, die auf deduktive Vollendung Anspruch macht, die spezielleren statischen Sätze sich mit Leichtigkeit aus den allgemeineren dynamischen ableiten lassen.

Diesem Wunsche gibt auch wieder ein grofser Meister, nämlich Gaufs, Ausdruck bei Gelegenheit der Aufstellung

---

*) „Cependant, comme dans cet ouvrage on ne fut d'abord attentif qu'à considérer ce beau développement de la mécanique qui semblait sortir tout entière d'une seule et même formule, on crut naturellement que la science etait faite, et qu'il ne restait plus qu'à chercher la démonstration du principe des vitesses virtuelles. Mais cette recherche ramena toutes les difficultés qu'on avait franchies par le principe même. Cette loi si générale, où se mêlent des idées vagues et étrangères de mouvements infinement petits et de perturbation d'équilibre, ne fit en quelque sorte que s'obscurcir à l'examen; et le livre de Lagrange n'offrant plus alors rien de clair que la marche des calculs, on vit bien que les nuages n'avaient paru levé sur le cours de la mécanique que parcequ'ils étaient, pour ainsi dire, rassemblés à l'origine même de cette science.

Une démonstration générale du principe des vitesses virtuelles devait au fond revenir à établir la mécanique entière sur une autre base: car la démonstration d'une loi qui embrasse toute une science ne peut être autre chose que la réduction de cette science à une autre loi aussi générale, mais évidente, ou du moins plus simple que la première, et qui partant la rend inutile." —

seines Prinzipes des kleinsten Zwanges (Crelles Journal IV. Bd. S. 233) mit folgenden Worten: „So sehr es in der Ordnung ist, daſs bei der allmählichen Ausbildung der Wissenschaft und bei der Belehrung des Individuums das Leichtere dem Schwerern, das Einfachere dem Verwickeltern, das Besondere dem Allgemeinen vorangeht, so fordert doch der Geist, einmal auf dem höhern Standpunkt angelangt, den umgekehrten Gang, wobei die ganze Statik nur als ein spezieller Fall der Mechanik erscheine." Das Gauſssche Prinzip ist nun allerdings ein allgemeines, nur schade, daſs es nicht unmittelbar einzusehen, und daſs Gauſs es wieder mit Hülfe des D'Alembertschen Prinzips abgeleitet hat, wodurch alles wieder beim Alten bleibt.

Woher kommt nun diese sonderbare Rolle, die das Prinzip der virtuellen Bewegung in der Mechanik spielt? Ich will vorläufig nur dies darauf antworten. Es würde mir schwer fallen, die Verschiedenheit des Eindruckes zu beschreiben, den der Lagrangesche Beweis des Prinzipes auf mich machte, als ich ihn das erstemal als Student und als ich ihn später wieder vornahm, nachdem ich historische Studien gemacht. Früher erschien mir der Beweis abgeschmackt, namentlich durch seine Rollen und Schnüre, die mir nicht in die mathematische Betrachtung paſsten, und deren Wirkung ich lieber aus dem Prinzipe selbst erkannt hätte, statt sie als bekannt vorauszusetzen. Nachdem ich aber die Geschichte studiert, kann ich mir keine schönere Ableitung denken.

In der That ist es durch die ganze Mechanik dasselbe Prinzip des ausgeschlossenen perpetuum mobile, welches fast alles verrichtet, das Lagrange mifsfällt und das er doch selbst bei seiner Ableitung wenigstens versteckt benützen mufs. Geben wir diesem Prinzip seine richtige Stellung und Fassung, so wird das Paradoxe natürlich.

Das Prinzip des ausgeschlossenen perpetuum mobile ist also gewifs keine **neue** Entdeckung; es leitet seit 300 Jahren die gröfsten Forscher. Das Prinzip kann sich aber auch nicht eigentlich auf mechanische Einsichten **gründen**. Denn lange **vor** dem Ausbau der Mechanik besteht schon die Überzeugung von der Richtigkeit desselben, und diese wirkt eben bei dem Ausbau mit. Diese **überzeugende Kraft** mufs also allgemeinere und tiefere Wurzeln haben. Wir kommen auf diesen Punkt zurück.

2. Die mechanische Physik.

Es kann nicht in Abrede gestellt werden, dafs von **Demokrit** an bis auf die neueste Zeit ein unerkennbares Streben nach einer **mechanischen Erklärung aller** physikalischen Vorgänge besteht. Sehen wir von älteren unklaren Äufserungen auch ganz ab, so lesen wir doch bei **Huygens**[*]) Folgendes:

»Man darf nicht daran zweifeln, dafs das Licht in der **Bewegung** irgend eines Stoffes besteht. Denn sei es, dafs man seine Entstehung betrachtet, so findet man dafs es hier auf Erden vorzüglich durch Feuer und Flamme erzeugt wird, welche ohne Zweifel Körper in heftiger Bewegung enthalten, weil sie mehrere der härtesten Körper auflösen und schmelzen; sei es, dafs man dessen Wirkungen betrachtet, so sieht man dafs das durch Hohlspiegel

---

[*]) Traité de la lumière. A Leide 1690 p. 2.

gesammelte Licht die Fähigkeit hat wie Feuer zu brennen, d. h. dafs es die Teile der Körper trennt, was sicherlich eine Bewegung andeutet, wenigstens in der wahren Philosophie, welche alle natürlichen Wirkungen auf mechanische Ursachen zurückführt. Denn das mufs nach meiner Meinung geschehen, wenn man nicht jede Hoffnung etwas in der Physik zu begreifen aufgeben will.» *)

S. Carnot,**) indem er das Prinzip des ausgeschlossenen perpetuum mobile in die Wärmelehre einführt, entschuldigt sich folgendermafsen:

»Man wird vielleicht einwenden, dafs das perpetuum mobile, welches nur für mechanische Vorgänge als unmöglich erwiesen ist, bei Anwendung von Wärme oder Elektrizität vielleicht möglich ist; aber kann man denn die Erscheinungen der Wärme oder der Elektrizität als etwas anderes auffassen, denn als Bewegungen gewisser Körper, und müssen sie als solche nicht den allgemeinen Gesetzen der Mechanik genügen?» ***)

---

*) L'on ne sçaurait douter que la lumière ne consiste dans le mouvement de certaine matiere. Car soit qu'on regarde sa production, on trouve qu'icy sur la terre c'est principalement lé feu et la flamme qui l'engendrent, lesquels contient sans doute des corps qui sont dans un mouvement rapide, puis pu'ils dissolvent et fondent plusieurs autres corps des plus solides; soit qu'on regarde ses effets, on voit que quand la lumière est ramassée, comme par des miroires concaves, elle a la vertu de brûler comme le feu, c'est-à-dire qu'elle desunit les parties des corps; ce qui marque assurément du mouvement, au moins dans la vraye Philosophie, dans laquelle on conçoit la cause de tous les effets naturels par des raisons de mechanique. Ce qu'il faut faire à mon avis, ou bien renoncer à toute esperance de jamais rien comprendre dans la Physique.

**) Sur la puissance motrice du feu. Paris 1824.

***) „On objectra peut-être ici que le mouvement perpétuel, démontré impossible par les seules actions mécaniques, ne l'est peut-être pas lorsqu'on emploie l'influence soit de la chaleur, soit de l'électricité; mais peut-on concevoir les phénomènes de la chaleur et de l'électricité comme dus à autre chose qu'à des mouvements quelconques des corps, et comme tels ne doivent-ils pas être soumis aux lois générales de la méchanique?"

Diese Beispiele, welche sich durch Citate aus der neuesten Zeit ins Endlose vermehren ließen, zeigen, daß ein Streben alles mechanisch aufzufassen wirklich besteht. Und dieses Streben ist auch **erklärlich**. Die mechanischen Vorgänge als einfache Bewegungen in Raum und Zeit sind der Beobachtung und Verfolgung mit Hilfe unserer höchst organisierten Sinne am **besten zugänglich**. Die mechanischen Vorgänge reproduzieren wir fast mühelos in unserer Phantasie. Der Druck als bewegungseinleitender Umstand ist uns aus täglicher Übung wohl bekannt. Alle Änderungen, welche das Individuum persönlich in seiner Umgebung, oder die Menschheit auf dem Wege der Technik in der Welt hervorbringt, sind durch **Bewegungen** vermittelt. Wie sollte uns also die Bewegung nicht als der wichtigste physikalische Faktor erscheinen?

Es gelingt auch an allen physikalischen Vorgängen **mechanische** Eigenschaften zu entdecken. Die tönende Glocke zittert, der erhitzte Körper dehnt sich aus, der elektrische Körper zieht andere an. Warum sollte man also nicht versuchen, alle Vorgänge bei der uns geläufigsten der Beobachtung und Messung leichter zugänglichen mechanischen Seite zu fassen? Es ist auch nichts gegen den Versuch einzuwenden, die mechanischen Eigenschaften der physikalischen Vorgänge durch **mechanische Analogieen** zu erläutern.

Die moderne Physik ist aber in dieser Richtung allerdings **sehr weit** gegangen. Der Standpunkt, den **Wundt** in seiner sehr anprechenden Schrift „über die physikalischen Axiome" zum Ausdruck bringt, möchte wohl von der Mehrzahl der Physiker geteilt werden.

Wundt führt folgende Axiome der Physik an:

1. Alle Ursachen in der Natur sind Bewegungsursachen.
2. Jede Bewegungsursache liegt ausserhalb des Bewegten.
3. Alle Bewegungsursachen wirken in der Richtung der geraden Verbindungslinie.
4. Die Wirkung jeder Ursache verharrt.
5. Jeder Wirkung entspricht eine gleiche Gegenwirkung.
6. Jede Wirkung ist äquivalent der Ursache.

Man könnte sich mit diesen Sätzen als Grundsätzen der Mechanik befreunden. Wenn dieselben aber als Axiome der Physik aufgestellt werden, so entspricht dies eigentlich einer Negierung aller Vorgänge mit Ausnahme der Bewegung. Alle Veränderungen in der Natur sind nach Wundt blofse Ortsveränderungen, alle Ursachen sind Bewegungsursachen (a. a. O. S. 26). Wollten wir auf die philosophische Begründung, die Wundt für seine Ansicht gibt, eingehen, so würde uns dies tief in die Spekulationen der Eleaten und Herbartianer hineinführen. Die Ortsveränderung, meint Wundt, sei die einzige Veränderung eines Dinges, wobei dieses identisch bleibt. Ändert sich ein Ding qualitativ, so müfste man sich vielmehr vorstellen, dafs ein Ding vergeht und ein anderes entsteht, was mit der Vorstellung von der Identität des beobachteten Wesens und von der Unzerstörbarkeit der Materie nicht zusammenzureimen ist. Wir brauchen uns aber nur zu erinnern, dafs die Eleaten Schwierigkeiten ganz derselben Art in der Bewegung gefunden haben. Kann man denn nicht auch denken, daſs ein Ding an einem Orte vergeht und an einem andern ein gleiches entsteht?

Wissen wir denn im Grunde genommen mehr davon, warum ein Körper einen Ort verläſst und an einem andern auftaucht, als wie so ein kalter Körper warm wird? Gesetzt auch wir verstünden die mechanischen Vorgänge vollständig, könnten und dürften wir deshalb andere Vorgänge, die wir nicht verstehen, aus der Welt schaffen? Nach diesem Prinzipe wäre es wirklich das Einfachste, die Existenz der ganzen Welt zu leugnen. Die Eleaten sind eigentlich dahin gelangt, und die Herbartianer waren nicht weit von diesem Ziel.

Die Physik, in dieser Weise behandelt, liefert uns nun ein Schema, in dem wir die wirkliche Welt kaum wieder erkennen. Und in der That erscheint Menschen, welche sich dieser Ansicht durch einige Jahre hingegeben haben, die Sinnenwelt, von welcher, als einer wohl vertrauten Sache, sie ausgegangen waren, plötzlich als das gröſste — — »Welträtsel.«

So erklärlich es also auch ist, daſs man bestrebt war, alle physikalischen Vorgänge »auf Bewegungen der Atome zurückzuführen,« so muſs man doch sagen, daſs dies ein chimärisches Jdeal ist. Dasselbe hat in populären Vorlesungen oft als effektvolles Programm gedient. In dem Arbeitsraume des ernsten Forschers hat es kaum eine wesentliche Function gehabt.

Was in mechanischer Physik wirklich geleistet worden ist, besteht entweder in Erläuterung physikalischer

Vorgänge durch uns geläufigere mechanische Analogieen, wofür die Theorieen des Lichtes und der Elektrizität, oder in der genauen quantitativen Ermittlung des Zusammenhanges mechanischer Vorgänge mit andern physikalischen Prozessen, wofür die der Thermodynamik angehörigen Arbeiten Beispiele bieten.

3. Das Energieprinzip in der Physik.

Nur die Erfahrung kann uns darüber belehren, daſs durch mechanische Vorgänge andere physikalische Wandlungen bedingt sind, und umgekehrt. Durch die Erfindung der Dampfmaschine und deren technische Bedeutung wurde die Aufmerksamkeit zuerst auf den Zusammenhang mechanischer Vorgänge (insbesondere der Arbeitsleistung) mit Wärmezustandsänderungen gelenkt. Das technische Interesse mit dem Bedürfnisse nach wissenschaftlicher Klarheit vereinigten sich in dem Kopfe von S. Carnot, und führten zu der merkwürdigen Entwicklung, deren Ergebnis die Thermodynamik ist. Es ist nur ein historischer Zufall, daſs diese Gedankenentwicklung nicht an die Elektrotechnik anknüpfen konnte.

Bei der Untersuchung darüber, wie viel Arbeit im Maximum eine Wärmemaschine überhaupt und eine Dampfmaschine insbesondere mit einem bestimmten Aufwand an Verbrennungswärme leisten kann, läſst sich Carnot durch mechanische Analogieen leiten. Ein Körper kann Arbeit leisten, indem er sich durch Erwärmung unter Druck ausdehnt. Hierzu muſs derselbe aber von einem wärmeren Körper Wärme empfangen. Die Wärme muß also, um Arbeit zu leisten, von einem wärmeren zu einem kälteren Körper übergehn, ebenso wie das Wasser von einem höheren Niveau auf ein tieferes sinken muß, um die Mühle in Bewegung zu setzen. Temperaturdifferenzen stellen also ebenso Arbeitskräfte vor wie Höhendifferenzen schwerer Körper.

Carnot erdenkt einen idealen Prozeß, bei welchem gar keine Wärme nutzlos (ohne Arbeitsleistung) abfließt. Dieser liefert also mit gegebenem Wärmeaufwand das Arbeitsmaximum. Das Analogon ist ein Mühlrad, welches auf einem höhern Niveau Wasser schöpft, das in demselben ohne einen Tropfen Verlust sehr langsam auf ein tieferes Niveau herabsinkt. Der Prozeß hat das Eigentümliche, daß mit dem Aufwand derselben Arbeitsleistung das Wasser wieder genau auf die ursprüngliche Höhe geschafft werden kann. Diese Eigenschaft der Umkehrbarkeit kommt auch dem Carnotschen Prozeß zu. Auch dieser kann bei Aufwand derselben Arbeitsleistung umgekehrt und hierbei die Wärme wieder auf das ursprüngliche Temperaturniveau geschafft werden.

Würde es nun zwei verschiedene umkehrbare Prozesse A, B geben, derart, daß in A eine von der Temperatur t_1 auf die niedere Temperatur t_2 abfließende Wärmemenge Q eine Arbeit W, in B aber unter denselben Umständen eine größere Arbeit $W + W^1$ ergäbe, so könnte man B im angegebenen Sinn und A im umgekehrten Sinn zu einem Prozeß verbinden. Hierbei würde A die durch B herbeigeführte Wärmeänderung rückgängig machen und einen sozusagen aus nichts gewonnenen

Arbeitsüberschuſs W^1 übrig lassen. Diese Kombination würde ein perpetuum mobile vorstellen.

In dem Gefühl nun, daſs wenig darauf ankommt, ob die mechanischen Gesetze unmittelbar oder auf einem Umwege (durch Wärmevorgänge) durchbrochen werden, in der Überzeugung von dem allgemeinen gesetzmäſsigen Naturzusammenhang, schlieſst hier Carnot zum erstenmal auf dem Gebiet der allgemeinen Physik das perpetuum mobile aus. Dann aber kann die Arbeitsgröſse W, welche durch Übergang von einer Wärmemenge Q von t_1 auf t_2 gewonnen werden kann, gar nicht von der Natur der Stoffe und auch nicht von der Art des Prozeſses (sofern derselbe nur verlustlos), sondern nur von den Temperaturen t_1 und t_2 abhängen.

Dieser wichtige Satz ist durch die Spezialuntersuchungen von Carnot selbst (1824), von Clapeyron (1834) und von William Thomson (1849) aufs vollständigste bestätigt worden. Derselbe ist ohne irgend eine Annahme über die Natur der Wärme durch Ausschluſs des perpetuum mobile gewonnen. Carnot hat allerdings die Blacksche Ansicht festgehalten, nach welcher die gesamte Wärmemenge unveränderlich ist, doch ist, soweit die Untersuchung bisher betrachtet wurde, die Entscheidung hierüber belanglos. Schon der Carnotsche Satz hat zu den merkwürdigsten Ergebnissen geführt. W. Thomson (1848) hat auf denselben den genialen Gedanken einer absoluten (allgemein vergleichbaren) Temperaturskala gegründet, James Thomson (1849) hat sich einen Carnotschen Prozeſs mit unter Druck frierendem und daher Arbeit leistendem Wasser vorgestellt. Er hat hierbei erkannt, daſs durch den Druck je einer Atmosphäre der Gefrierpunkt um 0.0075° Celsius erniedrigt wird. Dies sei nur als Beispiel erwähnt.

Zwei Dezennien nach Carnots Publikation wurde durch J. R. Mayer und J. P. Joule ein weiterer Fortschritt herbeigeführt. Mayer beobachtete als Arzt in holländischen Diensten bei Gelegenheit von Aderlässen auf Java eine auffallende Röte des venösen Blutes. Er brachte dies nach Liebigs Theorie der animalen Wärme mit dem geringeren Wärmeverlust in dem wärmeren Klima und mit dem geringeren Verbrauch an organischem Brennstoff in Zusammenhang. Die gesamte Wärmeausgabe eines sich ruhig verhaltenden Menschen muſste der gesamten Verbrennungswärme entsprechen. Da aber alle organischen Leistungen, auch die mechanischen, auf Rechnung der Verbrennungswärme gesetzt werden muſsten, so muſste eine Beziehung zwischen mechanischer Leistung und Wärmeverbrauch bestehen.

Joule ging von ganz ähnlichen Überlegungen über die galvanische Batterie aus. Die dem Zinkverbrauch entsprechende Verbindungswärme kann in der galvanischen Zelle zum Vorschein kommen. Kommt ein Strom zu stande, so tritt ein Teil dieser Wärme in dem Stromleiter auf. Ein eingeschalteter Wasserzersetzungsapparat bringt einen Teil dieser Wärme zum Verschwinden; dieselbe kommt aber bei Verbrennung des gebildeten Knallgases wieder zum Vorschein. Treibt der Strom einen Elektromotor, so verschwindet wieder ein Teil der Wärme, der aber bei Aufzehrung der Arbeit durch Reibung wieder zum Vorschein kommt. Auch Joule erscheint also sowohl die erzeugte Wärme als auch die erzeugte Arbeit an einen Stoffverbrauch gebunden. Es liegt demnach sowohl Mayer als Joule nahe, Wärme und Arbeit als gleichartige Größsen anzusehen, welche so zusammenhängen, daſs stets in der einen Form zum Vorschein kommt, was in der andern verschwindet. Es geht daraus eine substanzielle Auffassung der Wärme und der Arbeit hervor, und schlieſslich eine substanzielle Auffassung der Energie überhaupt. Hierbei wird als Energie jede physikalische Zustandsänderung angesehen, deren Vernichtung Arbeit (oder äquivalente Wärme) erzeugt. Elektrische Ladung z. B. ist Energie.

Mayer hat (1842) aus den damals allgemein bekannten physikalischen Zahlen berechnet, daſs durch das Verschwinden einer Kilogrammkalorie 365 Kilogrammeter Arbeit erzeugt werden können, und umgekehrt. Joule hingegen hat durch eine groſse Reihe feiner und mannigfaltiger Versuche, die 1843 beginnt, das mechanische Äquivalent der Kilogrammkalorie schlieſslich viel genauer zu 425 Kilogrammeter bestimmt.

Schätzt man jede physikalische Zustandsänderung nach der mechanischen Arbeit, welche beim Verschwinden derselben geleistet werden kann, und nennt dieses Maſs Energie, so kann man alle physikalischen Zustandsänderungen, so verschiedenartig dieselben sein mögen, mit demselben gemeinsamen Maſs messen und sagen: **Die Summe aller Energieen bleibt konstant.** Dies ist die Form, welche das Prinzip vom ausgeschlossenen perpetuum mobile bei seiner Erweiterung über die ganze Physik durch Mayer, Joule, Helmholtz und W. Thomson angenommen hat.

Nachdem nachgewiesen war, daſs **Wärme verschwinden muſs, wenn auf Kosten derselben mechanische Arbeit geleistet werden soll,** konnte der Carnotsche Satz nicht mehr als ein vollständiger Ausdruck der Thatsachen angesehen werden. Die Vervollständigung desselben hat zuerst Clausius (1850) — Thomson folgte 1851 nach — angegeben. Dieselbe lautet: Wenn eine Wärmemenge Q' bei einem umkehrbaren Prozess in Arbeit verwandelt wird, so sinkt eine andere Wärmemenge Q von der absoluten*) Temperatur T_1 auf die absolute Temperatur T_2. Hierbei hängt Q' nur von Q, T_1, T_2 ab, ist dagegen von den angewendeten Stoffen und von der Art des Prozesses (sofern derselbe überhaupt verlustlos) unabhängig. Infolge des letzteren Umstandes genügt es, die Beziehung für einen physikalisch wohlbekannten Stoff (z. B. ein Gas) und einen bestimmten beliebig einfachen Prozeſs zu bestimmen. Dieselbe ist zugleich die allgemein giltige. Auf diesem Wege findet man

$$\frac{Q'}{Q'+Q} = \frac{T_1 - T_2}{T_1} \quad \ldots \ldots \text{ 1.)}$$

d. h. der Quotient aus der in Arbeit verwandelten (nutz-

---

*) Darunter versteht man die Celsiustemperatur von 273 unter dem Eispunkt gerechnet.

baren) Wärme Q' und der Summe der verwandelten und übergeführten (der gesamten verbrauchten) Wärme, der sogenannte ökonomische Koëffizient des Prozesses ist: $\dfrac{T_1-T_2}{T_1}$.

4. Die Vorstellungen über die Wärme.

Wenn ein kalter Körper mit einem warmen Körper in Berührung kommt, bemerkt man, daſs der erstere sich erwärmt, der letztere sich abkühlt. Man kann sagen, daſs der eine Körper auf Kosten des andern sich erwärmt. Dies legt die Vorstellung von einem Etwas, von einem Wärmestoff nahe, welcher aus dem einen Körper in den andern übergeht. Kommen zwei Wassermassen m und m' von ungleicher Temperatur mit einander in Berührung, so zeigt es sich, daſs bei raschem Temperaturausgleich deren gegenseitige Temperaturänderungen u und u' den Massen umgekehrt proportioniert, und von entgegengesetztem Zeichen sind, so daſs die algebraische Summe der Produkte ist

$$m u + m' u' = 0$$

Black hat die für die Beurteilung des Vorganges maſsgebenden Produkte $m u$, $m' u'$ Wärmemengen genannt. Man kann sich dieselben mit Black sehr anschaulich als Maaſse von Stoffmengen vorstellen. Wesentlich ist aber nicht dieses Bild, sondern wesentlich ist die Unveränderlichkeit jener Produktensummen bei bloſsen Leitungsvorgängen. Wenn irgendwo eine Wärmemenge verschwindet, erscheint anderswo dafür eine gleich groſse. Das Festhalten dieser Vorstellung führt zur Entdeckung der specifischen Wärme. Schliefslich erkennt Black, dafs für eine verschwundene Wärmemenge auch etwas anderes, nämlich Schmelzung oder Verdampfung einer gewissen Stoffmenge erscheinen kann. Er hält die liebgewordene Vorstellung hier mit einer gewissen Freiheit noch fest, und betrachtet die verschwundene Wärmemenge als noch vorhanden, aber als latent.

Die allgemein geläufige Vorstellung vom Wärmestoff wurde durch die Arbeiten von Mayer und Joule mächtig erschüttert. Wenn die Wärmemenge vermehrt und vermindert werden kann, sagte man, kann die Wärme kein Stoff, sondern sie mufs Bewegung sein. Dieser nebensächliche Satz ist viel populärer geworden als die ganze übrige Energielehre. Wir können uns jedoch überzeugen, dafs die Bewegungsvorstellung der Wärme gegenwärtig so unwesentlich ist, als es vorher die Stoffvorstellung war.

Die beiden Vorstellungen sind lediglich durch zufällige historische Umstände gefördert oder gehemmt worden. Daraus, dafs der Wärmemenge ein mechanisches Äquivalent entspricht, folgt noch nicht, dafs die Wärme kein Stoff ist.

Dies wollen wir uns durch folgende Frage, die aufgeweckte Anfänger zuweilen an mich gerichtet haben, deutlich machen. Gibt es ein mechanisches Äquivalent der Elektrizität, so wie es ein mechanisches Aquivalent der Wärme gibt? Ja und nein! Es gibt kein mechanisches Äquivalent der Elektrizitätsmenge, wie es ein Äquivalent der Wärmemenge gibt, weil dieselbe Elektrizitätsmenge einen sehr verschiedenen Arbeitswert hat, je nach den Umständen, unter welchen sie erscheint; es gibt aber ein mechanisches Äquivalent der elektrischen Energie.

Fügen wir noch eine Frage hinzu. Gibt es ein mechanisches Äquivalent des Wassers? Ein Äquivalent der Wassermenge nicht, wohl aber des Wassergewichtes $\times$ Fallhöhe desselben.

Wenn eine Leydnerflasche entladen wird und dabei Arbeit leistet, so stellen wir uns nicht vor, dafs die Elektrizitätsmenge verschwindet, indem sie Arbeit leistet, wir nehmen vielmehr an, dafs die Elektrizitäten nur in eine andere Lage kommen, indem sich gleiche Quantitäten positiver und negativer mit einander vereinigen.

Woher kommt nun diese Verschiedenheit unserer Vorstellung bei der Wärme und bei der Elektrizität? Sie hat lediglich historische Gründe, ist vollständig konventionell, ja was noch mehr besagt, vollständig gleichgiltig. Es sei mir erlaubt, dies zu begründen.

Coulomb konstruierte 1785 seine Drehwage, durch welche er in den Stand gesetzt wurde, die Abstofsung elektrisierter Körper zu messen. Gesetzt, wir hätten zwei kleine Kugeln A und B, welche durchaus gleichförmig elektrisch sind. Diese werden bei einer bestimmten Entfernung r ihrer Mittelpunkte eine gewisse Abstofsung p aufeinander ausüben. Wir bringen nun mit B einen Körper C in Berührung, lassen beide gleichförmig elektrisch werden und messen dann die Abstofsung von B gegen A und von C gegen A bei derselben Distanz r. Die Summe dieser Abstofsungen wird nun wieder p sein. Es ist also etwas bei dieser Teilung konstant geblieben, die Abstofsung. Schreiben wir nun diese Wirkung einem Agens, einem Stoff zu, so schliefsen wir ungezwungen auf die Konstanz desselben.

Riefs konstruierte 1838 sein elektrisches Luftthermometer. Dasselbe gibt ein Maafs für die durch eine Flaschenentladung produzierte Wärmemenge. Diese Wärmemenge ist nicht der nach Coulombschem Maafs in der Flasche enthaltenen Elektrizitätsmenge proportional, sondern wenn q diese Menge und s ein von der Oberfläche, Form und Glasdicke der Flasche abhängiger Faktor ist, proportional $\frac{q^2}{s}$ oder kurz proportional der Energie der geladenen Flasche. Wenn wir nun eine Flasche einmal vollständig durch das Thermometer entladen, so erhalten wir eine gewisse Wärmemenge W. Entladen wir aber durch das Thermometer in eine andere Flasche, so erhalten wir weniger als W. Den Rest können wir aber noch erhalten, wenn wir nun beide Flaschen vollständig durch das Luftthermometer entladen und er wird wieder proportional sein der Energie dieser beiden Flaschen. Bei der ersten unvollständigen Entladung ist also ein Teil der Wirkungsfähigkeit der Elektrizität verloren gegangen.

Wenn eine Flaschenladung Wärme produziert, so ändert sich ihre Energie und ihr Wert nach dem Riefsschen Thermometer nimmt ab. Die Menge nach dem Coulombschen Maafse jedoch bleibt unverändert.

Nun stellen wir uns einmal vor, das Riefssche Thermometer wäre früher erfunden worden, als die Coulombsche Drehwage, was uns nicht schwer fallen kann, da ja beide Erfindungen von einander unabhängig sind. Was wäre natürlicher gewesen, als dafs man die Menge der in einer Flasche enthaltenen Elektrizität nach der im Thermometer produzierten Wärme geschätzt hätte? Dann würde aber diese sogenannte Elektrizitätsmenge sich vermindern bei Produktion von Wärme oder Arbeitsleistung, während sie jetzt unverändert bleibt, dann würde also die Elektrizität kein Stoff, sondern Bewegung sein, während sie jetzt noch ein Stoff ist. Es hat also einen blofs historischen und ganz zufälligen konventionellen Grund, wenn wir über die Elektrizität anders denken als über die Wärme.

So ist es auch mit andern physikalischen Dingen. Das Wasser verschwindet nicht bei Arbeitsleistungen. Warum? Weil wir die Menge des Wassers mit der Wage messen, ähnlich wie die Elektrizität. Denken wir aber, der Arbeitswert des Wassers würde Menge genannt und müfste also, etwa mit der Mühle, statt mit der Wage gemessen werden, so würde diese Menge in dem Mafse verschwinden, als sie Arbeit leistet. — Nun wird man sich leicht vorstellen können, dafs mancher Stoff nicht so leicht greifbar wäre wie das Wasser. Wir würden dann die eine Art der Messung mit der Wage gar nicht ausführen können, während uns manche andere Mefsweisen unbenommen blieben. Bei der Wärme ist nun das historisch festgesetzte Maafs der „Menge" zufällig der Arbeitswert der Wärme. Daher verschwindet er auch, wenn Arbeit geleistet wird. Dafs die Wärme kein Stoff sei, folgt hieraus ebensowenig wie das Gegenteil.

Hätte jemand ein Vergnügen daran, sich auch heute noch die Wärme als Stoff zu denken, so könnte man ihm dieses Vergnügen immerhin gestatten. Er brauchte ja nur zu denken, dafs dasjenige, was wir Wärmemenge nennen, die Energie eines Stoffes sei, dessen Menge unverändert bleibt, während die Energie sich ändert. In der That würden wir nach der Analogie der übrigen physikalischen Bezeichnungen viel besser Wärmeenergie anstatt Wärmemenge sagen.

Wenn wir also die Entdeckung anstaunen, dafs Wärme Bewegung sei, so staunen wir etwas an, was nie entdeckt worden ist. Es ist vollständig gleichgiltig und hat nicht den geringsten wissenschaftlichen Wert, ob wir uns die Wärme als einen Stoff denken oder nicht.

Die Wärme verhält sich eben in manchen Beziehungen wie ein Stoff, in andern wieder nicht. Die Wärme ist im Dampf so l a t e n t, wie der Sauerstoff im Wasser.

5. Die Konformität im Verhalten der Energieen.

Die vorausgehenden Betrachtungen gewinnen an Klarheit durch Beachtung der Konformität im Verhalten aller Energieen, auf welche ich vor langer Zeit aufmerksam gemacht habe.*) Ein Gewicht P auf einer Höhe H_1 stellt eine Energie $W_1 = PH_1$ vor. Lassen wir dasselbe auf die kleinere Höhe H_2 sinken, wobei Arbeit geleistet und

---

*) Ich habe zuerst hierauf hingewiesen in meiner Schrift »über die Erhaltung der Arbeit« Prag 1872. — Auf die Analogie von mechanischer und thermischer Energie hatte schon vorher Z e u n e r aufmerksam gemacht. — Weitere Ausführungen habe ich gegeben in: Geschichte und Kritik des Carnotschen Wärmegesetzes. Sitzungsberichte der Wiener Akademie. Dezember 1892. — Man vgl. auch die Ausführungen der modernen »Energetiker.«

diese zur Erzeugung von lebendiger Kraft, Wärme, elektrischer Ladung u. s. w. verwendet, kurz umgewandelt wird, so ist noch die Energie $W_2 = PH_2$ übrig. Es besteht nun die Gleichung.

$$\frac{W_1}{H_1} = \frac{W_2}{H_2} \quad \ldots \quad 2.$$

Oder wenn man die **umgewandelte** Energie mit $W' = W_1 - W_2$, die auf das niedere Niveau **übergeführte** mit $W = W_2$ bezeichnet

$$\frac{W'}{W' + W} = \frac{H_1 - H_2}{H_1} \quad \ldots \quad 3,$$

eine Gleichung, welche 1 ganz analog ist. Die betreffende Eigenschaft ist also durchaus nicht der Wärme eigentümlich. Die Gleichung 2 gibt die Beziehung der dem höheren Niveau **entnommen**, und der an das tiefere Niveau **abgegebenen** (zurückbleibenden) Energie; sie besagt, dass diese **Energieen den Niveauhöhen proportional sind.** Eine der Gleichung 2 analoge läfst sich für **jede Energieform** aufstellen, und demnach läfst sich auch die der Gleichung 3, beziehungsweise 1 entsprechende für jede Form als gültig ansehn. Für die Elektrizität z. B. bedeuten H_1, H_2 die Potentiale.

Wenn man zum erstenmal die hier dargelegte Übereinstimmung in dem Umwandlungsgesetz der Energieen bemerkt, so erscheint dieselbe **überraschend** und **unerwartet**, da man den Grund derselben nicht sofort sieht. Demjenigen aber, der das vergleichend-historische Verfahren befolgt, kann dieser Grund nicht lange verborgen bleiben.

Die mechanische Arbeit ist seit Galilei, wenngleich

lange ohne den jetzt gebräuchlichen Namen, ein Grundbegriff der Mechanik und ein wichtiger Begriff der Technik. Die gegenseitige Umwandlung von Arbeit in lebendige Kraft, und umgekehrt, legt die Energieauffassung nahe, welche Huygens zuerst in ausgiebiger Weise verwendet, obgleich erst Th. Young den Namen Energie gebraucht. Nimmt man die Unveränderlichkeit des Gewichtes (eigentlich der Mafse) hinzu, so liegt es in Bezug auf die mechanische Energie schon in der Definition, dafs die Arbeitsfähigkeit oder (potentielle) Energie eines Gewichtes proportional der Niveauhöhe (im geometrischen Sinne) ist, und dafs dieselbe beim Sinken, bei der Umwandlung, proportional der Niveauhöhe abnimmt. Das Nullniveau ist hierbei ganz willkürlich. Hiermit ist also die Gleichung 2 aus welcher die übrigen Formen folgen, gegeben.

Bedenkt man den grofsen Vorsprung der Entwicklung, den die Mechanik vor den übrigen Gebieten der Physik hatte, so ist es nicht wunderbar, dafs man die Begriffe der ersteren überall, wo es anging, anzuwenden suchte. So wurde z. B. der Begriff der Mafse in dem Begriff der Elektrizitätsmenge von Coulomb nachgebildet. Bei weiterer Entwicklung der Elektrizitätslehre wurde ebenso in der Potentialtheorie der Arbeitsbegriff sofort angewendet, und es wurde die elektrische Niveauhöhe durch die Arbeit der auf dieselbe gebrachten Mengeneinheit gemessen. Damit ist nun auch für die elektrische Energie ebenfalls die obige Gleichung mit allen Konsequenzen gegeben. Ähnlich ging es mit den anderen Energieen.

Als besonderer Fall erscheint jedoch die Wärmeenergie. Daſs die Wärme eine Energie ist, konnte nur durch die eigenartigen besprochenen Erfahrungen gefunden werden. Das Maaſs dieser Energie durch die Blacksche Wärmemenge hängt aber an zufälligen Umständen. Zunächst bedingt die zufällige geringe Veränderlichkeit der Wärmekapazität c mit der Temperatur und die zufällige geringe Abweichung der gebräuchlichen Thermometerskalen von der Gasspannungsscala, daſs der Begriff Wärmemenge aufgestellt werden kann, und daſs die einer Temperaturdifferenz t entſprechende Wärmemenge ct der Wärmeenergie wirklich nahezu proportional ist. Es ist ein ganz zufälliger historischer Umstand, daſs Amontons auf den Einfall kam, die Temperatur durch die Gasspannung zu messen. An die Arbeit der Wärme dachte er hierbei gewiſs nicht.[*] Hierdurch werden aber die Temperaturzahlen den Gasspannungen, also den Gasarbeiten, bei sonst gleichen Volumänderungen, proportional. So kommt es, daſs die Temperaturhöhen und die Arbeitsniveauhöhen einander wieder proportionirt sind.

Wären von den Gasspannungen stark abweichende Merkmale des Wärmezustandes gewählt worden, so hätte dies Verhältnis sehr kompliziert ausfallen können, und die eingangs betrachtete Übereinstimmung zwischen der Wärme und den andern Energieen würde nicht bestehen. Es ist sehr lehrreich, dies zu überlegen.

[*] Mit Bewuſstsein ist die Übereinstimmung zwischen Temperatur und Arbeitsniveau erst durch W. Thomson (1848, 1851) hergestellt worden.

So liegt also in der Konformität des Verhaltens der Energieen **kein Naturgesetz**, sondern dieselbe ist vielmehr durch die Gleichförmigkeit unserer Auffassung bedingt, und teilweise auch Glücksache.

6. Die Unterschiede der Energieen und die Grenzen des Energieprinzipes.

Von jeder Wärmemenge Q, welche bei einem umkehrbaren (verlustlosen) Prozeß zwischen den absoluten Temperaturen T_1, T_2 Arbeit leistet, wird nur der Bruchteil $\frac{T_1 - T_2}{T_1}$ in Arbeit verwandelt, während der Rest auf das niedere Temperaturniveau T_2 übergeführt wird. Dieser übergeführte Teil kann mit dem Aufwand der geleisteten Arbeit durch Umkehrung des Prozesses wieder auf das Niveau T_1 hinaufgeschafft werden. Ist jedoch der Prozeß **nicht umkehrbar**, so fließt **mehr** Wärme als im vorigen Fall auf das niedere Niveau über, und der Mehrbetrag kann nicht mehr ohne einen **besonderen** Aufwand auf T_2 geschafft werden. W. Thomson hat deshalb darauf aufmerksam gemacht, daß bei allen nicht umkehrbaren, also bei allen **wirklichen** Wärmeprozessen Wärmemengen für die **mechanische Arbeit** verloren gehen, daß also eine **Zerstreuung** oder **Verwüstung** von **mechanischer Energie** stattfindet. Wärme wird immer nur teilweise in Arbeit, Arbeit aber oft ganz in Wärme umgewandelt. Es besteht also eine **Tendenz** zur Verminderung der mechanischen Energie und zur Vermehrung der Wärmeenergie in der Welt.

Für einen einfachen verlustlosen geschlossenen Kreisprozeß, bei welchem die Wärmemenge Q_1 dem Niveau T_1 entzogen und dem Niveau T_2 die Menge Q_2 abgegeben wird, besteht entsprechend der Gleichung 2 die Beziehung $\dfrac{-Q_1}{T_1}+\dfrac{Q_2}{T_2}=0$

Für beliebig zusammengesetzte umkehrbare Kreisprozesse findet Clausius analog die abgebraische Summe

$$\sum \frac{Q}{T}=0$$

und wenn die Temperatur sich kontinuierlich ändert

$$\int \frac{dQ}{T}=0 \quad \ldots \quad 4.$$

Hierbei werden die einem Niveau entzogenen Wärmemengenelemente negativ, die mitgeteilten positiv gerechnet. Ist der Prozeß nicht umkehrbar, so wächst bei demselben der Ausdruck 4, welchen Clausius Entropie nennt. In Wirklichkeit ist dies immer der Fall, und Clausius sieht sich zu dem Ausspruch gedrängt:

1. Die Energie der Welt bleibt konstant.
2. Die Entropie der Welt strebt einem Maximum zu.

Hat man die Konformität im Verhalten verschiedener Energieen erkannt, so muß die hier erwähnte Eigenheit der Wärmeenergie auffallen. Woher kommt dieselbe, da doch jede Energie im allgemeinen nur teilweise in eine andere Form übergeht, gerade so wie die Wärmeenergie. Die Aufklärung liegt in Folgendem:

Jede Umwandlung einer Energieart A ist an einen Potentialfall dieser Energieart gebunden, auch für die

Wärme. Während aber für die andern Energiearten mit dem Potentialfall auch umgekehrt eine Umwandlung und daher ein Verlust an Energie der im Potential sinkenden Energieart verbunden ist, verhält sich die Wärme anders. Die Wärme kann einen Potentialfall erleiden, ohne — wenigstens nach der üblichen Schätzung — einen Energieverlust zu erfahren. Sinkt ein Gewicht, so muſs es notwendig kinetische Energie, oder Wärme oder eine andere Energie erzeugen. Auch eine elektrische Ladung kann einen Potentialfall nicht ohne Energieverlust, d. h. ohne Umwandlung erfahren. Die Wärme hingegen kann mit Temperaturfall auf einen Körper von gröſserer Kapazität übergehen und dieselbe Wärmeenergie bleiben, so lange man nämlich jede Wärmemenge als Energie betrachtet. Das ist es, was der Wärme neben ihrer Energieeigenschaft in vielen Fällen den Charakter eines (materiellen) Stoffes, einer Menge gibt.

Betrachtet man die Sache unbefangen, so muſs man sich fragen, ob es überhaupt einen wissenschaftlichen Sinn und Zweck hat, eine Wärmemenge, die man nicht mehr in mechanische Arbeit verwandeln kann, (z. B. die Wärme eines abgeschlossenen durchaus gleichmäſsig temperierten Körpersystems) noch als eine Energie anzusehen. Sicherlich spielt in diesem Fall das Energieprinzip eine ganz müſsige Rolle, die ihm nur durch die Gewohnheit zugeteilt wird. Trotz der Anerkennung der Zerstreuung oder Verwüstung der mechanischen Energie, trotz der Entropievermehrung das Energieprinzip aufrecht halten, heiſst also ungefähr sich dieselbe Freiheit erlauben, die Black sich gestattet hat, indem er die Schmelzwärme als noch vorhanden aber als latent ausah.

Es sei noch gestattet zu bemerken, daſs die Ausdrücke »Energie der Welt« und »Entropie der Welt« etwas von Scholastik an sich haben. Energie und Entropie sind Maſsbegriffe. Welchen Sinn kann es haben, diese Begriffe auf einen Fall anzuwenden, auf welchen dieselben eben nicht anwendbar, in welchem deren Werte unbestimmbar sind?

Könnte man die Entropie der Welt wirklich bestimmen, so würde dieselbe das eigentliche absolute Zeitmaſs vorstellen. Es wird so am besten ersichtlich, daſs es nur eine Tautologie ist, wenn man sagt: Die Entropie der Welt wächst mit der Zeit. Das gewisse Veränderungen nur in einen bestimmten Sinne stattfinden, und die Thatsache der Zeit, fällt eben in Eins zusammen.

7. Die Quellen des Energieprinzipes.

Wir sind nun vorbereitet, um die Frage nach den Quellen des Energieprinzips zu beantworten. Alle Naturerkenntnis stammt in letzter Linie aus der Erfahrung. In diesem Sinne haben also diejenigen Recht, welche auch das Energieprinzip als ein Ergebnis der Erfahrung ansehen.

Die Erfahrung lehrt, daſs die sinnlichen Elemente $\alpha \beta \gamma \delta \ldots$, in welche die Welt zerlegt werden kann, der Veränderung unterworfen sind, und sie lehrt ferner, daſs gewisse dieser Elemente an andere Elemente gebunden sind, so daſs sie mit einander auftreten und verschwinden, oder daſs das Auftreten der Elemente der einen Art an das Verschwinden der Elemente der andern Art geknüpft ist. Wir wollen hier die Begriffe Ursache und Wirkung ihrer Verschwommenheit und Vieldeutigkeit wegen vermeiden. Das Ergebnis der Erfahrung läfst sich so ausdrücken, dafs man sagt: **Die sinnlichen Elemente der Welt ($\alpha\,\beta\,\gamma\,\delta\,\ldots$) erweisen sich als abhängig von einander.** Man denkt sich diese gegenseitige Abhängigkeit am besten so, wie man sich in der Geometrie etwa die gegenseitige Abhängigkeit der Seiten und Winkel eines Dreieckes vorstellt, nur weitaus mannigfaltiger und komplizierter.

- Als Beispiel mag eine Gasmasse dienen, welche in einem Cylinder ein bestimmtes Volum (α) einnimmt, das wir durch Druck (β) auf den Stempel ändern, während wir den Cylinder mit der Hand befühlen und eine Wärmeempfindung (γ) erhalten. Vergröfserung des Druckes verkleinert das Volum und steigert die Wärmeempfindung.

Die verschiedenen Thatsachen der Erfahrung gleichen sich nicht vollständig. Die gemeinsamen sinnlichen Elemente derselben treten durch einen Abstraktionsprozefs hervor und prägen sich der Erinnerung ein. Dadurch kommt es zum Ausdruck des Übereinstimmenden ganzer Gruppen von Thatsachen. Schon der einfachste Satz, den wir aussprechen können, ist dem Wesen der Sprache gemäfs eine solche Abstraktion. Aber auch den Unterschieden verwandter Thatsachen mufs Rechnung getragen werden. Thatsachen können sich so nahe stehen, dafs sie dieselbe Art der $\alpha, \beta, \gamma \ldots$ enthalten, und dafs sich das α, β, γ der einen von jener der andern nur durch die

Zahl der gleichen Teile unterscheidet, in die es zerlegt werden kann. Gelingt es dann Ableitungsregeln der Maſszahlen der α, β, γ .... auseinander anzugeben, so hat man den allgemeinsten und zugleich den allen Unterschieden einer Gruppe von Thatsachen entsprechenden Ausdruck. Dies ist das Ziel der quantitativen Untersuchung.

Ist dieses Ziel erreicht, so hat man gefunden, daſs zwischen den $\alpha \beta \gamma$ .... einer Gruppe von Thatsachen, beziehungsweise zwischen deren Maſszahlen eine Anzahl Gleichungen besteht. Die Thatsache der Veränderung bringt es mit sich, daſs die Zahl dieser Gleichungen geringer sein muſs als die Zahl der $\alpha \beta \gamma$ .... Ist erstere um Eins kleiner als letztere, so ist ein Teil der $\alpha \beta \gamma$ .... durch den andern eindeutig bestimmt.

Das Aufsuchen von Beziehungen der letzteren Art ist das wichtigste Ergebnis der experimentellen Spezialforschung, weil wir dadurch in den Stand gesetzt werden, teilweise gegebene Thatsachen in Gedanken zu ergänzen. Es ist selbstverständlich, daſs nur die Erfahrung darüber Aufschluſs geben kann, daſs zwischen den α, β, γ .... überhaupt Beziehungen bestehen und welcher Art dieselben sind.

Ferner kann nur die Erfahrung lehren, daſs solche Beziehungen zwischen den $\alpha \beta \gamma$ .... bestehen, daſs eingetretene Änderungen derselben wieder rückgängig werden können. Ohne diesen Umstand würde, wie leicht ersichtlich, jeder Anlaſs zur Aufstellung des Energieprinzipes wegfallen. In der Erfahrung liegt also die letzte

Quelle aller Naturerkenntnis und somit in diesem Sinne auch jene des Energieprinzipes.

Dies schließt aber nicht aus, daß das Energieprinzip auch eine logische Wurzel hat, wie sich dies sogleich zeigen wird. Nehmen wir auf Grund der Erfahrung an, eine Gruppe von sinnlichen Elementen $\alpha\,\beta\,\gamma\ldots$ bestimme eindeutig eine andere Gruppe $\lambda\,\mu\,\nu\ldots$ Die Erfahrung lehre ferner, daß Änderungen von $\alpha\,\beta\,\gamma\ldots$ wieder rückgängig werden können. Dann ist es eine logische Folge hiervon, daß jedesmal, wenn $\alpha\,\beta\,\gamma\ldots$ dieselben Werte annimmt, dies auch bei $\lambda\,\mu\,\nu\ldots$ der Fall ist, oder, daß bloß periodische Änderungen von $\alpha\,\beta\,\gamma\ldots$ keine bleibende Änderung von $\lambda\,\mu\,\nu\ldots$ zur Folge haben können. Ist die Gruppe $\lambda\,\mu\,\nu\ldots$ eine mechanische, so ist hiermit das perpetuum mobile ausgeschlossen.

Man wird sagen, das sei nur ein Zirkelschluß, und dies sei ohne weiteres zugegeben. Allein psychologisch ist die Situation doch eine wesentlich andere, ob ich nur an die eindeutige Bestimmtheit und Umkehrbarkeit der Vorgänge denke, oder ob ich das perpetuum mobile ausschließe. Die Aufmerksamkeit hat in beiden Fällen eine verschiedene Richtung und verbreitet Licht über verschiedene Seiten der Sache, die allerdings logisch notwendig zusammenhängen.

Sicherlich hat das feste logische Gefüge der Gedanken der großen Forscher (Stevin, Galilei), welches bewußt oder instinktiv durch das feine Gefühl für die leisesten Widersprüche getragen wird, keinen andern Zweck, als den Gedanken sozusagen einen Grad der Freiheit und damit eine Möglichkeit des Irrtums zu benehmen. Hiermit ist also die logische Wurzel des Satzes vom ausgeschlossenen perpetuum mobile angegeben d. i. jene allgemeine Überzeugung, welche selbst vor dem Ausbau der Mechanik bestand und bei demselben mitwirkte.

Es ist eine natürliche Sache, daſs das Prinzip des ausgeschlossenen perpetuum mobile zuerst auf dem einfacheren Gebiet der reinen Mechanik sich entwickelt hat. Zur Übertragung desselben auf das Gesammtgebiet der Physik hat allerdings die Vorstellung beigetragen, daſs alle physikalischen Erscheinungen eigentlich mechanische Vorgänge seien. Die obige Entwickelung zeigt aber, wie wenig wesentlich diese Vorstellung ist. Es kommt vielmehr auf die Erkenntnis des allgemeinen Naturzusammenhanges an. Ist dieser festgestellt, so sieht man (mit Carnot), daſs es nicht von Belang ist, ob die mechanischen Gesetze unmittelbar oder auf einem Umwege durchbrochen werden.

Das Prinzip des ausgeschlossenen perpetuum mobile steht dem modernen Energieprinzip zwar sehr nahe, es ist mit demselben aber nicht identisch, denn letzteres ergibt sich aus ersterem nur durch eine besondere formale Auffassung. Das perpetuum mobile kann man nach obiger Darlegung ausschlieſsen, ohne den Begriff Arbeit anzuwenden oder zu kennen. Das moderne Energieprinzip ergibt sich erst durch eine substanzielle Auffassung der Arbeit und jeder physikalischen Zustandsänderung, welche, indem sie rückgängig wird, Arbeit erzeugt. Das starke Bedürfnis nach einer solchen Auffassung, welche durchaus **nicht notwendig**, aber **formal sehr bequem und anschaulich** ist, tritt bei J. R. Mayer und Joule hervor. Es wurde schon bemerkt, daß beiden Forschern diese Auffassung sehr nahe gelegt wurde durch die Bemerkung, daß sowohl die Wärmeerzeugung als die mechanische Arbeitsleistung an einen Stoffaufwand gebunden ist. Mayer sagt: »Ex nihilo nil fit«, und an einer andern Stelle: Die Erschaffung oder Vernichtung einer Kraft (Arbeit) liegt außer dem Bereich menschlichen Wirkens. Bei Joule finden wir die Stelle: »It is manifestly absurd to suppose that the powers with which God has endoved matter can be destroyed.« Man hat in solchen Sätzen den Versuch einer metaphysischen Begründung der Energielehre sehen wollen. Ich sehe in denselben lediglich das formale Bedürfnis nach einer anschaulichen, übersichtlichen, einfachen Rechnung, welches sich im praktischen Leben entwickelt hat, und das man nun, so gut es geht, auf das Gebiet der Wissenschaft überträgt. In der That schreibt Mayer an Griesinger: »Fragst du mich endlich, wie ich auf den ganzen Handel gekommen, so ist die einfache Antwort die: auf meiner Seereise mit dem Studium der Physiologie mich fast ausschließlich beschäftigend, fand ich die neue Lehre aus dem zureichenden Grunde, weil ich das **Bedürfnis derselben lebhaft erkannte**«...

Die **substanzielle** Auffassung der Arbeit (Energie) ist keineswegs eine **notwendige** und es fehlt auch viel daran, dafs mit dem Bedürfnis nach einer solchen Auffassung auch schon die Aufgabe gelöst wäre. Vielmehr sehen wir, wie Mayer sich bemüht, nach und nach seinem Bedürfnis zu entsprechen. Er hält zuerst die Bewegungsquantität (mv) für äquivalent der Arbeit, und verfällt erst später auf die lebendige Kraft. Im Gebiete der Elektrizität vermag er den der Arbeit äquivalenten Ausdruck nicht anzugeben; dies geschieht erst später durch Helmholtz. Das formale Bedürfnis ist also zuerst vorhanden, und die Naturauffassung wird demselben erst allmählich angepafst.

Die Blofslegung der experimentellen, logischen und formalen Wurzel des heutigen Energieprinzipes dürfte wesentlich zur Beseitigung der Mystik beitragen, welche diesem Prinzip noch anhaftet. In Bezug auf unser formales Bedürfnis nach der einfachsten anschaulichsten substanziellen Auffassung der Vorgänge in unserer Umgebung bleibt es eine offene Frage, wie weit die Natur demselben entspricht, oder wie weit wir demselben entsprechen können. Nach einer der obigen Ausführungen scheint es, dafs die Substanzauffassung des Energieprinzipes ebenso wie die Blacksche Substanzauffassung der Wärme ihre natürlichen Grenzen in den Thatsachen hat, über welche hinaus sie nur künstlich festgehalten werden kann.

Die ökonomische Natur der physikalischen Forschung.*)

Wenn das Denken mit seinen begrenzten Mitteln versucht, das reiche Leben der Welt wiederzuspiegeln, von dem es selbst nur ein kleiner Teil ist, und das zu erschöpfen es niemals hoffen kann, so hat es alle Ursache, mit seinen Kräften sparsam umzugehen. Daher der Drang der Philosophie aller Zeiten, mit wenigen organisch gegliederten Gedanken die Grundzüge der Wirklickeit zu umfassen. „Das Leben versteht den Tod nicht, und der Tod versteht das Leben nicht." So spricht ein alter Philosoph. Gleichwohl war man, die Summe des Unbegreiflichen zu mindern, unablässig bemüht, den Tod durch das Leben und das Leben durch den Tod zu verstehen.

Von menschlich empfindenden Dämonen erfüllt finden wir die Natur bei den alten Kulturvölkern. Die animistische Naturansicht, wie sie der Naturforscher Tylor**) treffend und bezeichnend genannt hat, teilt der

*) Vortrag gehalten in der feierlichen Sitzung der kaiserlichen Akademie der Wissenschaften zu Wien am 25. Mai 1882.
**) Die Anfänge der Kultur. Leipzig. Winter. 1873.

Fetischneger des heutigen Afrika im wesentlichen mit den hochstehenden Völkern des Altertums. Nie hat sich diese Auffassung ganz verloren. Nicht der jüdische, nicht der christliche Monotheismus haben sie jemals vollständig überwunden. Sie nimmt sogar drohende pathologische Dimensionen an im Hexen- und Aberglauben des 16. und 17. Jahrhunderts, in der Zeit des Aufschwunges der Naturwissenschaft. Während Stevin, Kepler und Galilei bedächtig Stein an Stein fügen zu dem heutigen Bau der Naturwissenschaft, zieht man voll Grausamkeit und Entsetzen zu Felde, mit Folter und Feuerbrand, gegen die Teufel, die überall hervorlugen. Ja auch heute noch, abgesehen von allen Überlebseln aus jener Zeit, abgesehen von allen Spuren des Fetischismus in unseren physikalischen Begriffen,*) leben diese Vorstellungen noch fort, wenn auch halb latent und verschüchtert in dem wüsten Treiben der modernen Spiritisten.

Neben dieser animistischen Anschauung erhebt sich zeitweilig in verschiedenen Formen, von Demokrit bis zur Gegenwart, mit dem gleichen Anspruch, die Welt allein zu begreifen, die Ansicht, die wir allgemeinverständlich die physikalisch-mechanische nennen wollen. Dafs dieselbe heute die erste Stimme hat, dafs sie die Ideale und den Charakter unserer Zeit bestimmt, kann nicht zweifelhaft sein. Es war eine grofse ernüchternde Kulturbewegung, durch welche die Menschheit im 18. Jahrhundert zur vollen Besinnung kam. Sie schuf das leuchtende Vorbild eines menschenwürdigen Daseins zur Über-

---

*) Tylor, a. a. O.

windung der alten Barbarei auf praktischem Gebiete; sie schuf die Kritik der reinen Vernunft, welche die begrifflichen Truggestalten der alten Metaphysik ins Reich der Schatten verwies; sie drückte der physikalisch-mechanischen Naturansicht die Zügel in die Hand, die sie heute führt.

Wie ein begeisterter Toast auf die wissenschaftliche Arbeit des 18. Jahrhunderts klingen uns die oft angeführten Worte des grofsen Laplace*): „Eine Intelligenz, welcher für einen Augenblick alle Kräfte der Natur und die gegenseitigen Lagen aller Massen gegeben würden, wenn sie im übrigen umfassend genug wäre, diese Angaben der Analyse zu unterwerfen, könnte mit derselben Formel die Bewegung der gröfsten Massen und der kleinsten Atome begreifen; nichts wäre ungewifs für sie, die Zukunft und die Vergangenheit läge offen vor ihren Augen." Laplace hat nachweislich bei seinen Worten auch an die Atome des Gehirns gedacht. Ausdrücklicher noch haben dies manche seiner Nachfolger gethan, und im ganzen möchte das Laplacesche Ideal der überwiegenden Mehrzahl der heutigen Naturforscher kaum fremd sein.

Freudig gönnen wir dem Schöpfer der *mécanique céleste* das erhebende Gefühl, welches ihm die mächtig wachsende Aufklärung erregt, der auch wir unsere geistige Freiheit danken. Allein heute bei ruhigem Gemüt und vor neue Arbeit gestellt, ziemt es der physikalischen Forschung, sich durch Erkenntnis ihrer Natur vor Selbsttäuschung zu

---

*) *Essai philosophique sur les probabilités.* 6me ed. Paris 1840, p. 4. In dieser Formulierung fehlt die notwendige Berücksichtigung der Anfangsgeschwindigkeiten.

schützen, um dafür aber desto sicherer ihre wahren Ziele verfolgen zu können. Wenn ich nun in der folgenden Erörterung, für die ich mir Ihre geneigte Aufmerksamkeit erbitte, zuweilen die engeren Grenzen meines Faches überschreite und auf befreundetes Nachbargebiet übertrete, so wird es mir gewifs zur Entschuldigung dienen, dafs der Stoff allen Gebieten gemeinsam, und scharfe unverrückbare Marksteine überhaupt nicht gelegt sind.

Der Glaube an geheime Zaubermächte in der Natur ist allmählich geschwunden; dafür hat sich aber ein neuer Glaube verbreitet, jener an die Zaubergewalt der Wissenschaft. Wirft doch diese, und nicht wie eine launische Fee nur dem Begünstigten, sondern der ganzen Menschheit, Schätze in den Schofs, wie sie kein Märchen erträumen konnte. Kein Wunder also, wenn ferner stehende Verehrer ihr zutrauen, dafs sie im stande sei, unergründliche, unseren Sinnen unzugängliche Tiefen der Natur zu erschliefsen. Sie aber, die zur Erhellung in die Welt gekommen, kann jedes mystische Dunkel, jeden prunkvollen Schein, dessen sie zur Rechtfertigung ihrer Ziele und zum Schmucke ihrer offen daliegenden Leistungen nicht bedarf, ruhig von sich weisen.

Am besten werden die bescheidenen Anfänge der Wissenschaft uns deren einfaches, sich stets gleich bleibendes Wesen enthüllen. Halbbewufst und unwillkürlich erwirbt der Mensch seine ersten Naturerkenntnisse, indem er instinktiv die Thatsachen in Gedanken nachbildet und vorbildet, indem er die trägere Erfahrung durch den schnellen beweglichen Gedanken ergänzt, zunächst nur zu seinem materiellen Vorteile. Er konstruiert wie das Tier zum Geräusch im Gestrüppe den Feind, den er fürchtet, zur Schale den Kern der Frucht, welchen er sucht, nicht anders als wir zur Spektrallinie den Stoff, zur Reibung des Glases den elektrischen Funken in Gedanken vorbilden. Die Kenntnis der Kausalität in dieser Form reicht gewiſs tief unter die Stufe, welche Schopenhauers Lieblingshund einnimmt, dem er diese Kenntnis zuschrieb. Sie reicht wohl durch die ganze Tierwelt und bestätigt das Wort des kräftigen Denkers von dem Willen, der sich den Intellekt für seine Zwecke schuf. Diese ersten psychischen Funktionen wurzeln in der Ökonomie des Organismus nicht minder fest als Bewegung und Verdauung. Daſs wir in denselben auch die elementare Macht einer längst geübten logischen und physiologischen Handlung fühlen, die wir als Erbstück von unseren Vorfahren überkommen haben, wer wollte das leugnen?

Diese ersten Erkenntnisakte bilden auch heute noch die stärkste Grundlage alles wissenschaftlichen Denkens. Unsere instinktiven Kenntnisse, wie wir sie kurz nennen wollen, treten uns eben vermöge der Überzeugung, daſs wir bewuſst und willkürlich nichts zu denselben beigetragen haben, mit einer Autorität und logischen Gewalt entgegen, die bewuſst und willkürlich erworbene Kenntnisse aus wohlbekannter Quelle und von leicht erprobter Fehlbarkeit niemals erreichen. Alle sogenannten Axiome sind solche instinktive Erkenntnisse. Nicht das mit Bewuſstsein Erworbene allein, sondern der stärkste intellektuelle Instinkt, verbunden mit bedeutender begrifflicher Kraft, machen den grofsen Forscher aus. Die wichtigsten Fortschritte haben sich stets ergeben, wenn es gelang, instinktiv längst Erkanntes in klare begriffliche, also mitteilbare Form zu bringen, und so dem bleibenden Eigentume der Menschheit hinzuzulegen. Durch Newtons Satz der Gleichheit von Druck und Gegendruck, dessen Giltigkeit jeder gefühlt, den aber vor ihm niemand begrifflich gefafst hat, wurde die Mechanik mit einemmal auf eine höhere Stufe gehoben. Leicht liefse sich die Behauptung noch an den wissenschaftlichen Thaten von Stevin, S. Carnot, Faraday, J. R. Mayer u. a. historisch rechtfertigen.

Was wir besprochen, betrifft den Boden, dem die Wissenschaft entspriefst. Ihre eigentlichen Anfänge treten erst auf in der Gesellschaft, und besonders im Handwerk, mit der Notwendigkeit der Mitteilung von Erfahrung. Erst da, wie dies mancher Autor schon empfunden, ergibt sich der Zwang, die wichtigen und wesentlichen Züge einer Erfahrung zum Zwecke der Bezeichnung und Übertragung sich klar zum Bewufstsein zu bringen. Was wir Unterricht nennen, bezweckt lediglich Ersparnis an Erfahrung eines Menschen durch jene eines anderen.

Die wunderbarste Ökonomie der Mitteilung liegt in der Sprache. Dem gegossenen Letternsatze vergleichbar, welcher, die Wiederholung der Schriftzüge ersparend, den verschiedensten Zwecken dient, den wenigen Lauten ähnlich, aus denen die verschiedensten Worte sich bilden, sind die Worte selbst. Mosaikartig setzt die Sprache und das mit ihr in Wechselbeziehung stehende begrifliche Denken das Wichtigste fixirend, das Gleichgiltige übersehend, die starren Bilder der flüssigen Welt zusammen, mit einem Opfer an Genauigkeit und Treue zwar, dafür aber mit Ersparnis an Mitteln und Arbeit. Wie der Klavierspieler mit e i n m a l vorbereiteten Tönen, erregt der Redner im Hörer e i n m a l für viele Fälle vorbereitete Gedanken, die mit großer Geläufigkeit und geringer Mühe dem Rufe folgen.

Die Grundsätze, welche der ausgezeichnete Wirtschaftsforscher E. H e r r m a n n für die Ökonomie der Technik als giltig betrachtet, sie finden auch volle Anwendung auf dem Gebiete der gemeinen und der wissenschaftlichen Begriffe. Gesteigert ist natürlich die Ökonomie der Sprache in der wissenschaftlichen Terminologie. Und was die Ökonomie der schriftlichen Mitteilung betrifft, so ist kaum zu zweifeln, daß eben die Wissenschaft den schönen alten Traum der Philosophen von einer internationalen Universalbegriffsschrift verwirklichen wird. Nicht mehr allzuferne liegt diese Zeit. Die Zahlenzeichen, die Zeichen der mathematischen Analyse, die chemischen Symbole, die musikalische Notenschrift, der sich eine entsprechende Farbenschrift leicht zur Seite stellen ließe, die B r ü c k e sche phonetische Schrift sind wichtige Anfänge. Sie werden konsequent erweitert und verbunden mit dem, was die schon vorhandene chinesische Begriffsschrift lehrt, jedes besondere Erfinden und Dekretieren einer Universalschrift überflüssig machen.

Die wissenschaftliche Mitteilung enthält stets die Beschreibung d. i. die Nachbildung einer Erfahrung in Gedanken, welche Erfahrung e r s e t z e n und demnach ersparen soll. Die Arbeit des Unterrichts und des Lernens selbst wieder zu sparen, entsteht die **zusammenfassende Beschreibung**. Nichts anderes sind die Naturgesetze. Wenn wir uns etwa den Wert der Schwerebeschleunigung und das Galileische Fallgesetz merken, so besitzen wir eine sehr einfache und kompendiöse Anweisung, alle vorkommenden Fallbewegungen in Gedanken nachzubilden. Eine solche Formel ist ein vollständiger Ersatz für eine noch so ausgedehnte Tabelle, die vermöge der Formel jeden Augenblick in leichtester Weise hergestellt werden kann, ohne das Gedächtnis im geringsten zu belasten.

Die verschiedenen Fälle der Lichtbrechung könnte kein Gedächtnis fassen. Merken wir uns aber die Brechungsexponenten für die vorkommenden Paare von Medien und das bekannte Sinusgesetz, so können wir jeden beliebigen Fall der Brechung ohne Schwierigkeit in Gedanken nachbilden oder ergänzen. Der Vorteil besteht in der Entlastung des Gedächtnisses, welche noch durch schriftliche Aufbewahrung der Konstanten unterstützt wird. Mehr als den umfassenden und verdichteten Bericht über Thatsachen enthält ein solches Naturgesetz nicht. Ja es enthält im Gegenteil immer weniger als die Thatsache selbst, weil dasselbe nicht die ganze Thatsache, sondern nur die für uns wichtige Seite derselben nachbildet, indem absichtlich oder notgedrungen von Vollständigkeit abgesehen wird. Die Naturgesetze sind intellektuellen, teils beweglichen, teils stereotypen Letternsätzen höherer Ordnung vergleichbar, welche letztere bei neuen Auflagen von Erfahrung oft auch hinderlich werden können.

Wenn wir ein Gebiet von Thatsachen zum erstenmal überschauen, erscheint es uns mannigfaltig, ungleichförmig, verworren und widerspruchsvoll. Es gelingt zunächst nur, jede einzelne Thatsache ohne Zusammenhang mit den übrigen festzuhalten. Das Gebiet ist uns, wie wir sagen, **unklar**. Nach und nach finden wir die einfachen sich gleich bleibenden Elemente der Mosaik, aus welchen sich das ganze Gebiet in Gedanken zusammensetzen läfst. Sind wir nun so weit gelangt, überall in der Mannigfaltigkeit **dieselben** Thatsachen wieder zu erkennen, so fühlen wir uns in dem Gebiete nicht mehr fremd, wir überschauen es ohne Anstrengung, es ist für uns **erklärt**.

Erlauben Sie mir eine Erläuterung durch ein Beispiel. Kaum haben wir die geradlinige Fortpflanzung des Lichtes erfafst, stöfst sich der gewohnte Lauf der Gedanken an der Brechung und Beugung. Kaum glauben wir mit **einem** Brechungsexponenten auszukommen, so sehen wir, dafs für jede Farbe ein **besonderer** nötig ist. Haben wir uns daran gewöhnt, dafs Licht zu Licht gefügt die Helligkeit vergröfsert, bemerken wir plötzlich einen Fall der Verdunkelung. Schliefslich erkennt man aber in der überwältigenden Mannigfaltigkeit der Lichterscheinungen überall die Thatsache der räumlichen und zeitlichen Periodicität des Lichtes und dessen von dem Stoffe und der Periode abhängige Fortpflanzungsgeschwindigkeit. Dieses Ziel, ein Gebiet mit dem geringsten Aufwand zu überschauen und alle Thatsachen durch **einen** Gedankenprozefs nachzubilden, kann mit vollem Recht ein ökonomisches genannt werden.

Am meisten ausgebildet ist die Gedankenökonomie in

jener Wissenschaft, welche die höchste formelle Entwicklung erlangt hat, welche auch die Naturwissenschaft so häufig zur Hilfe heranzieht, in der Mathematik. So sonderbar es klingen mag, die Stärke der Mathematik beruht auf der Vermeidung aller unnötigen Gedanken, auf der gröfsten Sparsamkeit der Denkoperationen. Schon die Ordnungszeichen, welche wir Zahlen nennen, bilden ein System von wunderbarer Einfachheit und Sparsamkeit. Wenn wir beim Multiplizieren einer mehrstelligen Zahl durch Benützung des Einmaleins die Resultate schon ausgeführter Zähloperationen verwenden, statt sie jedesmal zu wiederholen, wenn wir bei Gebrauch von Logarithmentafeln neu auszuführende Zähloperationen durch längst ausgeführte ersetzen und ersparen, wenn wir Determinanten verwenden, statt die Lösung eines Gleichungssystems immer von neuem zu beginnen, wenn wir neue Integralausdrücke in altbekannte zerlegen; so sehen wir hierin nur ein schwaches Abbild der geistigen Thätigkeit eines Lagrange oder Cauchy, der mit dem Scharfblick eines Feldherrn für neu auszuführende Operationen ganze Scharen schon ausgeführter eintreten läfst. Man wird keinen Widerspruch erheben, wenn wir sagen, die elementarste wie die höchste Mathematik sei ökonomisch geordnete, für den Gebrauch bereit liegende Zählerfahrung.

In der Algebra führen wir so weit als möglich formgleiche Zähloperationen ein für allemal aus, so dafs nur ein Rest von Arbeit für jeden besonderen Fall übrig bleibt. Die Verwendung der algebraischen und analytischen Zeichen, die nur Symbole von auszuführenden Operationen sind, entsteht durch die Bemerkung, dafs man den Kopf entlasten, für wichtigere, schwierigere Funktionen sparen, und einen Teil der sich mechanisch wiederholenden Arbeit der Hand übertragen kann. Nur eine Konsequenz dieser Methode, welche den ökonomischen Charakter derselben bezeichnet, ist die Konstruktion von Rechenmaschinen. Der Erfinder einer solchen, der Mathematiker B a b b a g e war wohl der erste, der dies Verhältnis klar erkannt und, wenn auch nur flüchtig, in seinem Werke über Maschinen- und Fabrikenwesen berührt hat.

Wer Mathematik treibt, den kann zuweilen das unbehagliche Gefühl überkommen, als ob seine Wissenschaft, ja sein Schreibstift, ihn selbst an Klugheit überträfe, ein Eindruck, dessen selbst der große E u l e r nach seinem Geständnisse sich nicht immer erwehren konnte. Eine gewisse Berechtigung h a t dieses Gefühl, wenn wir bedenken, mit wie vielen fremden oft vor Jahrhunderten gefaßten Gedanken wir in geläufigster Weise operieren. Es ist wirklich teilweise eine f r e m d e Intelligenz, die uns in der Wissenschaft gegenübersteht. Mit der Erkenntnis dieses Sachverhaltes erlischt aber wieder das Mystische und Magische des Eindruckes, zumal wir jeden der fremden Gedanken, sobald wir nur wollen, nachzudenken vermögen.

Physik ist ökonomisch geordnete Erfahrung. Nicht nur die Übersicht des schon Erworbenen wird durch diese Ordnung ermöglicht, auch die Lücken und wünschenswerten Ergänzungen treten wie in einer guten Wirtschaft klar hervor. Die Physik teilt mit der Mathematik die zusammenfassende Beschreibung, die kurze kompendiöse, doch jede Verwechslung ausschließende Bezeichnung der Begriffe, deren mancher wieder viele andere enthält, ohne daſs unser Kopf dadurch belästigt erscheint. Jeden Augenblick aber kann der reiche Inhalt hervorgeholt, und bis zu voller sinnlicher Klarheit entwickelt werden. Welche Menge geordneter zum Gebrauch bereit liegender Gedanken faſst z. B. der Begriff Potential in sich. Kein Wunder also, daſs mit Begriffen, die so viele fertige Arbeit schon enthalten, schlieſslich einfach zu operieren ist.

Aus der Ökonomie der Selbsterhaltung wachsen also die ersten Erkenntnisse hervor. Die Mitteilung häuft die Erfahrungen vieler Individuen, die aber irgend einmal wirklich gemacht werden muſsten, in einem auf. Sowohl die Mitteilung als das Bedürfnis des Einzelnen, seine Erfahrungssumme mit dem kleinsten Gedankenaufwand zu beherrschen, zwingt zu ökonomischer Ordnung. Hiemit ist aber auch die ganze rätselhafte Macht der Wissenschaft erschöpft. Im einzelnen vermag sie uns nichts zu bieten, was nicht jeder in genügend langer Zeit auch ohne alle Methode finden könnte. Jede mathematische Aufgabe könnte durch direktes Zählen gelöst werden. Es gibt aber Zähloperationen, die gegenwärtig in wenigen Minuten vollführt werden, welche aber ohne Methode vorzunehmen die Lebensdauer eines Menschen bei weitem nicht reichen würde. So wie ein Mensch allein auf seine Arbeit angewiesen, niemals ein merkliches Vermögen sammeln würde, sondern die Ansammlung der Arbeit vieler Menschen in einer Hand die Bedingung von Reichtum und Macht ist, so kann auch in endlicher Zeit und bei endlicher Kraft nur durch ausgesuchte Sparsamkeit in Gedanken, durch

Häufung der ökonomisch geordneten Erfahrung Tausender in einem Kopfe ein nennenswertes Wissen erlangt werden. So ist also alles, was Zauberei scheinen könnte, wie es ja genügend oft im bürgerlichen Leben auch vorkommt, nichts als vortreffliche Wirtschaft. Die Wirtschaft der Wissenschaft hat aber vor jeder andern das voraus, daſs durch Häufung i h r e r Reichtümer niemand den geringsten Verlust erleidet. Darin liegt ihr Segen, ihre befreiende, erlösende Kraft.

Die Erkenntnis der ökonomischen Natur der Wissenschaft im allgemeinen mag uns nun behilflich sein, einige physikalische Begriffe leichter zu würdigen.

Was wir Ursache und Wirkung nennen, sind hervorstechende Merkmale einer Erfahrung, die für unsere Gedankennachbildung wichtig sind. Ihre Bedeutung blaſst ab, und geht auf andere neue Merkmale über, sobald eine Erfahrung geläufig wird. Tritt uns die Verbindung solcher Merkmale mit dem Eindruck der Notwendigkeit entgegen, so liegt dies nur daran, daſs uns die Einschaltung längst bekannter Zwischenglieder, die also eine höhere Autorität für uns haben, oft gelungen ist. Die fertige Erfahrung im Setzen der Gedankenmosaik, mit welcher wir jedem neuen Fall entgegenkommen, hat Kant einen angebornen Verstandesbegriff genannt.

Die imposantesten Sätze der Physik, lösen wir sie in ihre Elemente auf, unterscheiden sich in nichts von den beschreibenden Sätzen des Naturhistorikers. Die Frage nach dem „warum", die überall zweckmäſsig ist, wo es sich um Aufklärung eines Widerspruchs handelt, kann wie jede zweckmäfsige Gewohnheit auch über den Zweck hinausgehen und gestellt werden, wo nichts mehr zu verstehen ist.

Wollten wir der Natur die Eigenschaft zuschreiben, unter gleichen Umständen gleiche Erfolge hervorzubringen, so wüfsten wir diese gleichen Umstände nicht zu finden. Die Natur ist nur einmal da. Nur unser schematisches Nachbilden erzeugt gleiche Fälle. Nur in diesem existiert also die Abhängigkeit gewisser Merkmale von einander.

Alle unsere Bemühungen, die Welt in Gedanken abzuspiegeln wären fruchtlos, wenn es nicht gelänge in dem bunten Wechsel Bleibendes zu finden. Daher das Drängen nach dem Substanzbegriff, dessen Quelle von jener der modernen Ideen über die Erhaltung der Energie nicht verschieden ist. Die Geschichte der Physik liefert für diesen Trieb auf fast allen Gebieten zahlreiche Beispiele, und die liebenswürdigen Äufserungen derselben lassen sich bis in die Kinderstube verfolgen. „Wo kommt das Licht hin, wenn es gelöscht wird und nicht mehr in der Stube ist?" So frägt das Kind. Das plötzliche Schrumpfen eines Wasserstoffballons ist dem Kinde unfafsbar; es sucht überall nach dem grofsen Körper, der eben noch da war. Wo kommt die Wärme her? Wo kommt die Wärme hin? Solche Kinderfragen im Munde reifer Männer bestimmen den Charakter des Jahrhunderts.

Wenn wir in Gedanken einen Körper lostrennen von der wechselnden Umgebung, in welcher sich derselbe bewegt, so scheiden wir eigentlich nur eine Empfindungsgruppe von verhältnismäfsig gröfserer Beständigkeit, an welche wir unser Denken anklammern, aus dem Gewoge der Empfindungen aus. Eine absolute Unveränderlichkeit hat diese Gruppe nicht. Bald dieses, bald jenes Glied derselben verschwindet und kommt, erscheint verändert und kehrt eigentlich in voller Gleichheit niemals wieder. Doch ist die Summe der bleibenden Glieder gegenüber den veränderlichen, namentlich wenn wir auf die Stetigkeit des Überganges achten, immer so grofs, dafs sie uns zur Anerkennung des Körpers als desselben vorerst genügend erscheint. Weil wir aus der Gruppe jedes einzelne Glied ausscheiden können, ohne dafs der Körper aufhört, für uns derselbe zu sein, können wir leicht glauben, dafs auch bei Ausscheidung aller noch etwas übrig bliebe, aufser jenen Gliedern. So kann es kommen, dafs wir den Gedanken einer von ihren Merkmalen verschiedenen Substanz, eines »Dinges an sich«, fassen, für dessen Eigenschaften die Empfindungen Symbole sein sollen. Umgekehrt müssen wir vielmehr sagen, dafs Körper oder Dinge abkürzende Gedankensymbole für Gruppen von Empfindungen sind, Symbole, die aufserhalb unseres Denkens nicht existieren. So wird auch jeder Kaufmann die Etiquette einer Kiste als Symbol des Wareninhaltes betrachten und nicht umgekehrt. Er wird dem Inhalt, nicht aber der Etiquette realen Wert beilegen. Dieselbe Sparsamkeit, die uns veranlafst, eine Gruppe aufzulösen und für deren auch in andern Gruppen enthaltene Bestandteile besondere Symbole zu setzen, kann uns auch treiben, durch ein Symbol die ganze Gruppe zu bezeichnen.

Auf den alten ägyptischen Monumenten sehen wir Abbildungen, die nicht einer Gesichtswahrnehmung entsprechen, sondern aus verschiedenen Wahrnehmungen zusammengesetzt sind. Die Köpfe und die Beine der Figuren erscheinen im Profil, die Kopfbedeckung und die Brust von vorn gesehen u. s. w. Es ist so zu sagen ein mittlerer Anblick, in welchem der Künstler das ihm Wichtige festgehalten, das Gleichgiltige vernachlässigt hat. Wir können den auf den Tempelwänden versteinerten Vorgang bei den Zeichnungen unserer Kinder lebendig wahrnehmen und das Analogon desselben bei der Begriffsbildung in unseren Köpfen beobachten. Nur in dieser Geläufigkeit des Übersehens dürfen wir von einem Körper sprechen. Sagen wir von einem Würfel, wir hätten dessen Ecken abgestutzt, obgleich er nun kein Würfel mehr ist, so beruht dies auf der natürlichen Sparsamkeit welche es vorzieht, der fertigen geläufigen Vorstellung eine Korrektur hinzuzufügen, statt eine gänzlich neue zu bilden. Alles Urteilen beruht auf diesem Vorgang.

Die Malerei der Ägypter und Kinder kann dem kritischen Blicke nicht standhalten. Dasselbe begegnet der rohen Vorstellung eines Körpers. Der Physiker, welcher einen Körper sich biegen, ausdehnen, schmelzen und verdampfen sieht, zerlegt ihn in kleinere bleibende Teile, der Chemiker spaltet ihn in Elemente. Allein auch ein solches Element, wie das Natrium, ist nicht unveränderlich. Aus der weichen silberglänzenden Masse wird bei Erwärmung eine flüssige, die bei gröfserer Hitze unter Luftabschlufs in einen vor der Natriumlampe violetten Dampf sich verwandelt, und bei weiterer Erwärmung selbst mit gelbem Lichte glüht. Wenn immer noch der Name Natrium festgehalten wird, so geschieht dies wegen der Stetigkeit des Überganges und aus notwendiger Sparsamkeit. Der Dampf kann sich kondensieren, und das weiſse Metall ist wieder da. Ja sogar nachdem das Metall, auf Wasser gelegt, in Natriumhydroxid übergegangen, können bei geeigneter Behandlung die gänzlich verschwundenen Eigenschaften wieder zum Vorschein kommen, wie ein Körper, der bei der Bewegung eine Zeitlang hinter einer Säule verborgen war, wieder sichtbar werden kann. Es ist nun ohne Zweifel sehr zweckmäſsig, den Namen und Gedanken für eine Gruppe von Eigenschaften, wo dieselben hervortreten können, stets bereit zu halten. Mehr als ein ökonomisch abkürzendes Symbol für alle jene Erscheinungen ist aber dieser Name und Gedanke nicht. Er wäre ein leeres Wort für jenen, dem er nicht eine ganze Reihe wohlgeordneter sinnlicher Eindrücke wachriefe. Und Ähnliches gilt von den Molekülen und Atomen, in welche das chemische Element noch zerlegt wird.

Zwar pflegt man die Erhaltung des Gewichtes oder genauer die Erhaltung der Masse als einen direkten Nachweis der Beständigkeit der Materie anzusehen. Allein dieser Nachweis verflüchtigt sich, wenn wir auf den Grund gehen, in eine solche Menge von instrumentalen und intellektuellen Operationen, daſs er gewissermaſsen nur eine Gleichung konstatiert, welcher unsere Vorstellungen, Thatsachen nachbildend, zu genügen haben. Den dunklen Klumpen, den wir unwillkürlich hinzudenken, suchen wir vergebens aufserhalb unseres Denkens.*)

So ist es also überall der rohe Substanzbegriff, der sich unbemerkt in die Wissenschaft einschleicht, der sich immer als unzulänglich erweist und sich auf immer kleinere Teile der Welt zurückziehen mufs. Die niedere Stufe wird eben nicht entbehrlich durch die höhere, welche auf dieselbe gebaut ist, sowie durch die grofsartigsten Transportmittel die einfachste Lokomotion, das Gehen, nicht überflüssig geworden ist. Dem Physiker mufs der Körper als eine durch Raumempfindungen verknüpfte Summe von Licht- und Tastempfindungen, wenn er nach demselben greifen will, so geläufig sein als dem Tiere, welches seine Beute hascht. Der Jünger der Erkenntnistheorie darf aber, wie der Geologe und Astronom von den Bildungen, die vor seinen Augen vorgehen, zurückschliefsen auf jene, die er fertig vorfindet.

Alle physikalischen Sätze und Begriffe sind gekürzte Anweisungen, die oft selbst wieder andere Anweisungen eingeschlossen enthalten, auf ökonomisch geordnete, zum Gebrauch bereit liegende Erfahrungen. Die Kürze kann solchen Anweisungen, deren Inhalt nur selten vollkommen hervorgeholt wird, zuweilen den Anschein von selbständigen Wesen geben. Mit den poetischen Mythen wie sie z. B. über die alles gebärende und alles wieder verschlingende Zeit bestehen, wollen wir uns hier natürlich nicht beschäftigen. Wir wollen uns nur erinnern, dafs **Newton noch von einer absoluten, von allen Er-**

---

*) Unter dem modernen Schlagwort: »Überwindung des wissenschaftlichen Materialismus« wurden kürzlich ähnliche Gedanken von anderer Seite dargelegt.

scheinungen unabhängigen Zeit, wie auch von einem absoluten Raum spricht, über welche Anschauungen selbst Kant nicht hinausgekommen ist, und die heute noch zuweilen ernstlich erörtert werden. Für den Naturforscher ist jede zeitliche Bestimmung die abgekürzte Bezeichnung der Abhängigkeit einer Erscheinung von einer andern, und durchaus nichts weiter. Wenn wir sagen, die Beschleunigung eines frei fallenden Körpers betrage 9,810 Meter in der Sekunde, so heifst das, die Geschwindigkeit des Körpers gegen den Erdmittelpunkt ist um 9,810 Meter gröfser, wenn die Erde $1/_{86400}$ ihrer Umdrehung mehr vollführt hat, was selbst wieder nur durch ihre Beziehung zu andern Himmelskörpern erkannt werden kann. In der Geschwindigkeit liegt wieder nur eine Beziehung der Lage des Körpers zur Lage der Erde.*) Wir können alle Erscheinungen statt auf die Erde auf eine Uhr oder selbst auf unsere innere Zeitempfindung beziehen. Weil nun ein Zusammenhang aller besteht, und jede das Mafs der übrigen sein kann, entsteht leicht die Täuschung, als ob die Zeit unabhängig von allen noch einen Sinn hätte.**)

Unser Forschen geht nach den Gleichungen, welche zwischen den Elementen der Erscheinungen bestehen. Die Gleichung der Ellipse drückt die allgemeinere denkbare Beziehung zwischen den Koordinaten aus, von welchen

---

*) Es wird hierdurch klar, dafs alle sogenannten Elementargesetze doch immer eine Beziehung auf das Ganze enthalten.

**) Würde man einwenden, dafs wir es bemerken könnten, und das Zeitmafs nicht verlieren müfsten, sondern etwa die Schwingungsdauer der Natriumlichtwellen an die Stelle setzen könnten, wenn die Rotationsgeschwindigkeit der Erde Schwankungen unterläge, so wäre damit nur dargethan, dafs wir aus praktischen Gründen diejenige Erscheinung wählen, welche als einfachstes gemeinschaftliches Mafs der übrigen dienen kann.

nur die reellen Werte einen geometrischen Sinn haben. So drücken auch die Gleichungen zwischen den Erscheinungselementen eine allgemeinere mathematisch denkbare Beziehung aus; allein nur ein bestimmter Sinn der Änderung mancher Werte ist physikalisch zulässig. So wie in der Ellipse nur gewisse der Gleichung entsprechende Werte, so kommen in der Welt nur gewisse Wertänderungen vor. Die Körper werden stets gegen die Erde beschleunigt, die Temperaturdifferenzen werden, sich selbst überlassen, stets kleiner u. s. w. Auch in Bezug auf den uns gegebenen Raum haben bekanntlich mathematische und physiologische Untersuchungen gelehrt, daſs derselbe ein wirklicher unter vielen denkbaren Fällen ist, über dessen Eigentümlichkeiten nur die Erfahrung uns belehren kann. Die aufklärende Kraft dieses Gedankens kann nicht in Abrede gestellt werden, so monströs auch die Anwendungen sein mögen, die von demselben gemacht worden sind.

Versuchen wir nun die Ergebnisse unserer Umschau zusammenzufassen. In dem ökonomischen Schematisieren der Wissenschaft liegt die Stärke aber auch der Mangel derselben. Die Thatsachen werden immer mit einem Opfer an Vollständigkeit dargestellt, nicht genauer, als dies unsern augenblicklichen Bedürfnissen entspricht. Die Inkongruenz zwischen Denken und Erfahrung wird also fortbestehen, so lange beide nebeneinander hergehen; sie wird nur stetig vermindert.

In Wirklichkeit handelt es sich immer nur um die Ergänzung einer teilweise vorliegenden Erfahrung, um Ableitung eines Erscheinungsteiles aus einem andern. Unsere Vorstellungen müssen sich hierbei direkt auf Empfindungen stützen. Wir nennen dies Messen. So wie die Entstehung, so ist auch die Anwendung der Wissenschaft an eine grofse Beständigkeit unserer Umgebung gebunden. Was sie uns lehrt, ist gegenseitige Abhängigkeit. Absolute Prophezeiungen haben also keinen wissenschaftlichen Sinn. Mit grofsen Veränderungen im Himmelsraum würden wir unser Raum- und Zeitkoordinatensystem zugleich verlieren.

Wenn der Geometer die Form einer Kurve erfassen will, so zerlegt er sie zuvor in kleine geradlinige Elemente. Er weifs aber wohl, dafs dieselben nur ein vorübergehendes willkürliches Mittel sind, stückweise zu erfassen, was auf einmal nicht gelingen will. Ist das Gesetz der Kurve gefunden, denkt er nicht mehr an ihre Elemente. So würde es auch der Naturwissenschaft nicht ziemen, in ihren selbstgeschaffenen veränderlichen ökonomischen Mitteln, den Molekülen und Atomen, Realitäten hinter den Erscheinungen zu sehen, vergessend der jüngst erworbenen weisen Besonnenheit ihrer kühneren Schwester, der Philosophie, eine mechanische Mythologie zu setzen an die Stelle der animistischen oder metaphysischen, und damit vermeintliche Probleme zu schaffen. Das Atom mag immerhin ein Mittel bleiben, die Erscheinungen darzustellen, wie die Funktionen der Mathematik. Allmählich aber mit dem Wachsen der intellektuellen Erziehung an ihrem Stoff, verläfst die Naturwissenschaft das Mosaikspiel mit Steinchen und sucht die Grenzen und Formen des Bettes zu erfassen, in welchem der lebendige Strom der

Erscheinungen fliefst. **Den sparsamsten, einfachsten begrifflichen Ausdruck der Thatsachen erkennt sie als ihr Ziel.**

Nun stellen wir uns noch die Frage, ob dieselbe Methode der Forschung, welche wir bisher stillschweigend als auf die physikalische Welt beschränkt angesehen haben, auch an das Gebiet des Psychischen hinanreicht. Dem Naturforscher erscheint diese Frage unnötig. Die physikalischen und die psychologischen Lehren entspringen in ganz gleicher Weise instinktiven Erkenntnissen. Wir lesen aus den Handlungen und Mienen der Menschen ihre Gedanken ab, ohne zu wissen wie. Sowie wir das Benehmen einer Magnetnadel dem Strom gegenüber vorbilden, indem wir uns den Ampèreschen Schwimmer in demselben denken, so bilden wir die Handlungen der Menschen in Gedanken vor, indem wir mit ihrem Körper verbunden Empfindungen, Gefühle und Willen ähnlich den unsrigen annehmen. Was wir da instinktiv treiben, müfste uns als der feinste wissenschaftliche Kunstgriff erscheinen, welcher an Bedeutung und genialer Konzeption die Ampèresche Schwimmerregel weit hinter sich liefse, wenn nicht jedes Kind unbewufst ihn finden würde. Es kann sich also nur darum handeln, wissenschaftlich d. h. begrifflich zu fassen, was uns ohnehin geläufig ist. Und darin ist allerdings sehr viel zu thun Eine ganze Kette von Thatsachen ist zu enthüllen zwischen der Physik der Miene und Bewegung einerseits, der Empfindung und dem Gedanken anderseits.

„Wie sollte es aber möglich sein, aus den Atombewegungen des Hirns die Empfindung zu erklären?" So hören wir fragen. Gewiß wird dies nie gelingen, so wenig als aus dem Brechungsgesetz jemals das Leuchten und Wärmen des Lichtes folgen wird. Wir brauchen eben das Fehlen einer sinnreichen Antwort auf solche Fragen nicht zu bedauern. Es liegt gar kein Problem vor. Mit Erstaunen bemerkt das Kind, welches über die Brüstung der Stadtmauer in den tiefen Wallgraben hinabblickt, unten die Menschen, und den verbindenden Thorweg nicht kennend, begreift es nicht, wie sie von der hohen Mauer da herabkommen konnten. So ist es auch mit den physikalischen Begriffen. An unsern Abstraktionen können wir in die Psychologie zwar nicht hinauf — wohl aber hinunterklettern.

Sehen wir uns den Sachverhalt unbefangen an. Die Welt besteht aus Farben, Tönen, Wärmen, Drücken, Räumen, Zeiten u. s. w., die wir jetzt nicht Empfindungen und nicht Erscheinungen nennen wollen, weil in beiden Namen schon eine einseitige, willkürliche Theorie liegt. Wir nennen sie einfach Elemente. Die Erfassung des Flusses dieser Elemente, ob mittelbar oder unmittelbar, ist das eigentliche Ziel der Naturwissenschaft. So lange wir uns, den eigenen Körper nicht beachtend, mit der gegenseitigen Abhängigkeit jener Gruppen von Elementen beschäftigen, welche die fremden Körper, Menschen und Tiere eingeschlossen, ausmachen, bleiben wir Physiker. Wir untersuchen z. B. die Änderung der roten Farbe eines Körpers durch Änderung der Beleuchtung. Sobald wir aber den besonderen Einfluß jener Elemente auf dieses

Rot betrachten, welche unsern Körper ausmachen, der sich durch die bekannte Perspektive mit unsichtbarem Kopf auszeichnet, sind wir im Gebiete der physiologischen Psychologie. Wir schliefsen die Augen, und das Rot mit der ganzen sichtbaren Welt ist weg. So liegt in dem Wahrnehmungsfelde eines jeden Sinnes ein Teil, welcher auf alle übrigen einen anderen und stärkeren Einfluss übt, als jene aufeinander. Hiermit ist aber auch alles gesagt. Mit Rücksicht darauf bezeichnen wir alle Elemente, sofern wir sie als abhängig von jenem besondern Teil (unserem Körper) betrachten, als Empfindungen. Dafs die Welt unsere Empfindung sei, ist in diesem Sinne nicht zweifelhaft. Aus dieser vorübergehenden Auffassung aber ein System fürs Leben zu machen, dessen Sklaven wir bleiben, werden wir so wenig nötig haben, als der Mathematiker, wenn er eine vorher konstant gesetzte Reihe von Variablen einer Funktion nun variabel werden läfst, oder wenn er die unabhängig Variablen tauscht, obgleich ihm dies mitunter überraschende Ansichten verschafft.*)

Sieht man die Sache so naiv an, so erscheint es nicht zweifelhaft, dafs die Methode der psychologischen Physiologie nur die physikalische sein kann, ja dafs diese Wissenschaft selbst zu einem Teil der Physik wird. Der Stoff

---

*) Den hier dargelegten Standpunkt nehme ich seit etwa 2 Dezennien ein, und habe ihn in verschiedenen Schriften („Erhaltung der Arbeit, 1872" „gestalten der Flüssigkeit 1872", „Bewegungsempfindungen 1875") festgehalten. Er liegt nicht dem Philosophen, wohl aber der Mehrzahl der Naturforscher recht fern. Umsomehr bedaure ich, dafs Titel und Verfasser einer kleinen Schrift, welche mit meinen Ansichten sogar in vielen Einzelnheiten zusammentraf, und die ich in einer Zeit stürmischer Beschäftigung (1879—1880) flüchtig gesehen zu haben glaube, meinem Gedächtnis so entschwunden sind, dafs alle Versuche, sie wieder zu ermitteln, bisher erfolglos blieben.

dieser Wissenschaft ist von jenem der Physik nicht verschieden. Sie wird die Beziehung der Empfindungen zur Physik unseres Körpers zweifellos ermitteln. Schon haben wir durch ein Mitglied dieser Akademie erfahren, daſs der sechsfachen Mannigfaltigkeit der Farbenempfindungen aller Wahrscheinlichkeit nach eine sechsfache Mannigfaltigkeit des chemischen Prozesses der Sehsinnsubstanz, der dreifachen Mannigfaltigkeit der Raumempfindungen eine dreifache Mannigfaltigkeit des physiologischen Prozesses entspricht. Die Bahnen der Reflexe und des Willens werden verfolgt und aufgedeckt; welche Gegend des Hirns der Sprache, welche der Lokomotion dient, wird ermittelt. Was dann noch an unserm Körper hängt, die Gedanken, wird schon eine prinzipiell neue Schwierigkeit nicht mehr schaffen. Wird einmal die Erfahrung diese Thatsachen klargelegt und die Wissenschaft sie ökonomisch übersichtlich geordnet haben, dann ist nicht zu zweifeln, daſs wir sie auch **verstehen** werden. Denn ein **anderes** Verstehen, als Beherrschung des Thatsächlichen in Gedanken hat es nie gegeben. Die Wissenschaft **schafft** nicht eine Thatsache aus der andern, sie **ordnet** aber die bekannten.

Betrachten wir nun noch etwas näher die psychologisch-physiologische Forschung. Wir haben eine ganz klare Vorstellung davon, wie ein Körper sich im Raume seiner Umgebung bewegt. Unser optisches Gesichtsfeld ist uns sehr geläufig. Wir wissen aber gewöhnlich nicht anzugeben, wie wir zu einem Gedanken gekommen, aus welcher Ecke des intellektuellen Gesichtsfeldes er hereingebrochen, noch durch welche Stelle der Impuls zu einer Bewegung hinausgesendet worden. Dieses geistige Gesichtsfeld werden wir auch durch Selbstbeobachtung allein nie kennen lernen. Die Selbstbeobachtung im Verein mit der physiologischen Forschung, welche den physikalischen Zusammenhängen nachgeht, kann dieses Gesichtsfeld klar vor uns legen, und wird damit unsern innern Menschen erst eigentlich offenbaren.

Die Naturwissenschaft oder die Physik im weitesten Sinne lehrt uns die stärksten Zusammenhänge von Gruppen von Elementen kennen. Auf die einzelnen Bestandteile dieser Gruppen dürfen wir vorerst nicht zuviel achten, wenn wir ein fafsbares Ganzes behalten wollen. Die Physik gibt, weil ihr dies leichter wird, statt der Gleichungen zwischen den Urvariablen, Gleichungen zwischen Funktion derselben. Die psychologische Physiologie lehrt von dem Körper das Sichtbare, Hörbare, Tastbare absondern, wobei sie, von der Physik kräftig unterstützt, dieses wieder reichlich vergilt, wie schon aus der Einteilung der physikalischen Kapitel zu ersehen ist. Das Sichtbare löst die Physiologie weiter in Licht- und Raumempfindungen, erstere wieder in die Farben, letztere ebenfalls in ihre Bestandteile; die Geräusche löst sie in Klänge, diese in Töne auf u. s. w. Ohne Zweifel kann diese Analyse noch sehr viel weiter geführt werden, als es schon geschehen ist. Es wird schliefslich sogar möglich sein, das Gemeinsame, welches sehr abstrakten und doch bestimmten logischen Handlungen von gleicher Form zu Grunde liegt, das der scharfsinnige Jurist und Mathematiker mit solcher Sicherheit herausfühlt, wo der Unkundige nur leere Worte hört, ebenfalls aufzuweisen. Die Physiologie wird uns mit einem Worte die eigentlichen realen Elemente der Welt aufschliefsen. Die physiologische Psychologie verhält sich also zur Physik im weitesten Sinne ähnlich wie die Chemie zur Physik im engeren Sinne. Weitaus gröfser als die gegenseitige Unterstützung der Physik und Chemie wird jene sein, welche Naturwissenschaft und Psychologie sich leisten werden, und die aus diesem Wechselverkehr sich ergebenden Aufschlüsse werden jene der heutigen mechanischen Physik wohl weit hinter sich lassen.

Mit welchen Begriffen wir die Welt umfassen werden, wenn der geschlossene Ring der physikalischen und psychologischen Thatsachen vor uns liegen wird, von dem wir gegenwärtig nur zwei getrennte Stücke sehen, läfst sich zu Anfang der Arbeit natürlich nicht sagen. Die Männer werden sich finden, die das Recht erkennen, und den Mut haben werden, statt die verschlungenen Pfade des logischen historischen Zufalls nachzuwandeln, die geraden Wege zu den Höhen einzuschlagen, von welchen aus der ganze Strom der Thatsachen sich überschauen läfst. Ob dann der Begriff, den wir heute Materie nennen, über den gewöhnlichen Handgebrauch hinaus noch eine wissenschaftliche Bedeutung haben wird, wissen wir nicht. Gewifs wird man sich aber wundern, wie uns Farben und Töne, die uns doch am nächsten liegen, in unserer physikalischen Welt von Atomen plötzlich abhanden kommen konnten, wie wir auf einmal erstaunt sein konnten, dafs das, was da draufsen so trocken klappert und pocht, drinnen im

Kopfe leuchtet und singt, wie wir fragen konnten, wieso die Materie empfinden kann, d. h. also, wie so ein Gedankensymbol für eine Gruppe von Empfindungen empfindet?

In scharfen Linien vermögen wir die Wissenschaft der Zukunft nicht zu zeichnen. Allein ahnen können wir, daſs dann die harte Scheidewand zwischen dem Menschen und der Welt allmählich verschwinden wird, daſs die Menschen nicht nur sich, sondern der ganzen organischen und auch der sogenannten leblosen Natur mit weniger Selbstsucht und einem wärmeren Gefühl gegenüberstehen werden. Eine solche Ahnung mochte wohl vor 2000 Jahren den groſsen chinesischen Philosophen Licius ergreifen, als er auf altes menschliches Gebein deutend, in dem durch die Begriffsschrift diktierten Lapidarstil zu seinen Schülern die Worte sprach: „Nur diese und ich haben die Erkenntnis, daſs wir weder leben noch todt sind."

XII.

Über Umbildung und Anpassung im naturwissenschaftlichen Denken.*)

Als Galilei zu Ende des 16. Jahrhunderts, mit vornehmer Nichtachtung der dialektischen Künste und der sophistischen Feinheiten der Gelehrtenschulen dieser Zeit, sein helles Auge der Natur zuwandte, um von ihr seine Gedanken umbilden zu lassen, anstatt sie in die Fesseln seiner Vorurteile schlagen zu wollen, da fühlte man alsbald auch in fachlich fernstehenden Kreisen, ja in Schichten der Gesellschaft, welche sonst nur in negativer Weise auf die Wissenschaft Rücksicht zu nehmen pflegen, die ge-

---

*) Rede gehalten bei Antritt des Rektorates der deutschen Universität Prag am 18. Oktober 1883.

Der in den folgenden Zeilen dargelegte Gedanke ist im wesentlichen weder neu noch fernliegend. Ich selbst habe ihn schon 1867 und auch später mehrmals berührt, ohne ihn jedoch zum Hauptthema einer Untersuchung zu machen. Auch von Anderen ist diese Idee jedenfalls schon behandelt worden; sie liegt eben in der Luft. Da aber manche meiner Detailausführungen auch in der unvollständigen Form, in welcher sie durch den Vortrag und die Tagesblätter bekannt geworden sind, einigen Anklang gefunden haben, so habe ich mich, gegen meine anfängliche Absicht, doch zur Publikation entschlossen. Auf das Gebiet der Biologie wünsche ich hiermit nicht überzugreifen. Man sehe in meinen Worten nur den Ausdruck des Umstandes, dafs dem Einflusse einer bedeutenden und weittragenden Idee sich niemand zu entziehen vermag.

waltige Veränderung, welche sich hiermit im menschlichen Denken vollzog.

Und groſs genug war diese Veränderung! Teils als unmittelbare Folge der Galileischen Gedanken, teils als Ergebnis des eben auflebenden frischen Sinnes für Naturbeobachtung, der Galilei gelehrt hatte, an der Betrachtung des fallenden Steines selbst seine Begriffe über den Fall zu bilden, sehen wir von 1600—1700, im Keime wenigstens, fast alles entstehen, was in unserer Naturwissenschaft und Technik eine Rolle spielt, was in den beiden folgenden Jahrhunderten die Physiognomie der Erde so bedeutend umgestaltet hat, was heute sich so mächtig fortentwickelt. Während Galilei noch ohne ein nennenswertes Werkzeug seine Untersuchungen beginnt, in einfachster Weise durch ausflieſsendes Wasser die Zeit miſst, sehen wir alsbald das Fernrohr, das Mikroskop, das Barometer, das Thermometer, die Luftpumpe, die Dampfmaschine, die Pendeluhr, die Elektrisiermaschine in voller Thätigkeit. Die grundlegenden Sätze der Dynamik, der Optik, der Wärme- und Elektrizitätslehre, alle enthüllen sich in dem einen Jahrhundert nach Galilei.

Dürfen wir unserem Gefühl trauen, so ist die Bewegung, welche durch die bedeutenden Biologen der letzten hundert Jahre vorbereitet, und durch den kürzlich verstorbenen groſsen Forscher Darwin wachgerufen wurde, kaum von geringerer Bedeutung. Galilei schärfte den Sinn für die einfacheren Erscheinungsformen der unorganischen Natur. Mit gleicher Schlichtheit und Unbefangenheit wie Galilei, ohne Aufwand technisch-wissenschaftlicher Mittel, ohne

Mikroskop, ohne physikalisches und chemisches Experiment, nur durch die Kraft des Gedankens und der Beobachtung erfaſst Darwin eine neue Eigenschaft der organischen Natur, die wir kurz deren Plastizität*) nennen wollen. Mit gleicher Energie wie Galilei verfolgt er seinen Weg, mit gleicher Aufrichtigkeit und Wahrheitsliebe zeigt er die Stärke und den Mangel seiner Beweise, mit taktvoller Ruhe vermeidet er jede auſserwissenschaftliche Diskussion, und erwirbt sich die Achtung der Anhänger sowohl als der Gegner.

Noch sind keine drei**) Decennien verflossen, seit Darwin die Grundzüge seiner Entwickelungslehre ausge-

---

*) Auf den ersten Blick scheinen sich die gleichzeitigen Annahmen der Vererbungs- und Anpassungsfähigkeit zu widersprechen, und wirklich schlieſst eine starke Tendenz zur Vererbung eine grofse Fähigkeit der Anspannung aus. Denkt man sich aber den Organismus ähnlich wie eine plastische Masse, welche die von früheren Einwirkungen herrührende Form so lange beibehält, bis neue Einwirkungen dieselbe abändern, so stellt die eine Eigenschaft der Plastizität sowohl die Vererbungs- als die Anpassungsfähigkeit dar. Ähnlich verhält sich ein Stahlstück von bedeutender magnetischer Koërzitivkraft, indem es seinen Magnetismus so lange beibehält, bis eine neue Kraft denselben verändert, ähnlich auch eine bewegte Masse, welche die vom vorigen Zeitteilchen ererbte Geschwindigkeit beibehält, wenn dieselbe nicht durch eine augenblickliche Beschleunigung abgeändert wird. In Bezug auf das letztere Beispiel schien die Abänderung selbstverständlich, und die Auffindung der Trägheit war das Überraschende, während umgekehrt im Darwinschen Falle die Vererbung als selbstverständlich angesehen wurde, und die Abänderung als das Neue erschien.

Vollkommen zutreffende Ansichten können natürlich nur durch das Studium der von Darwin betonten Thatsachen selbst, und nicht durch diese Analogien allein gewonnen werden, von welchen ich die auf die Bewegung bezügliche, wenn ich irre, zuerst von meinem Freunde, Ingenieur J. Popper (in Wien) im Gespräche gehört habe.

Viele Forscher betrachten die Stabilität der Art als etwas Ausgemachtes, und stellen derselben die Darwinsche »Theorie« gegenüber. Doch ist die Stabilität der Art eben auch eine »Theorie«. Wie wesentlichen Umwandlungen übrigens die Darwinschen Ansichten entgegen gehen, sehen wir an den Arbeiten von Wallace und besonders an der Schrift von W. H. Rolph (Biologische Probleme. Leipzig 1884). Leider zählt der letztere geniale Forscher nicht mehr zu den Lebenden.

**) [1883 geschrieben. 1895.]

sprochen hat, und schon sehen wir diesen Gedanken auf allen, selbst fernliegenden Gebieten Wurzel fassen. Überall, in den historischen, in den Sprachwissenschaften, selbst in den physikalischen Wissenschaften hören wir die Schlagworte: Vererbung, Anpassung, Auslese. Man spricht vom Kampf ums Dasein unter den Himmelskörpern, vom Kampf ums Dasein unter den Molekülen.*)

Wie von Galilei nach allen Richtungen Anregungen ausstrahlten, z. B. von seinem Schüler Borelli die exakte medizinische Schule begründet wurde, aus welcher selbst bedeutende Mathematiker hervorgingen; so belebt jetzt der Darwinsche Gedanke alle Forschungsgebiete. Zwar besteht die Natur nicht aus zwei verschiedenen Stücken, dem organischen und dem unorganischen, die etwa nach gänzlich anderer Methode behandelt werden müfsten, aber viele Seiten hat die Natur. Sie ist ein mannigfaltig zu einem Knoten verschlungener Faden, dessen Verlauf bald von dieser, bald von jener blofs liegenden Schlinge aus verfolgt werden kann, und nie darf man glauben — dies haben auf beschränkterem Gebiet die Physiker von Faraday und J. R. Mayer gelernt — dafs das Fortschreiten auf einmal eingeschlagener Bahn allein alle Aufklärung bedingt.

Ob nun von den Darwinschen Gedanken auf den verschiedenen Gebieten viel oder wenig haltbar und fruchtbar bleiben wird, werden die Spezialforscher der betreffenden Fächer in Zukunft zu prüfen und zu entscheiden haben. Mir mag es nur erlaubt sein, an dieser Stätte, welche der *universitas literarum* angehört, die ja in die

---

*) Vgl. Pfaundler, Pogg. Ann. Jubelband. S. 181.

Förderung des freieren Wechselverkehrs der Wissenschaften mit Recht ihren Stolz setzt, das Wachstum der Naturerkenntnis im Lichte der Entwickelungslehre zu betrachten. Denn die Erkenntnis ist eine Äußerung der organischen Natur. Und wenn auch Gedanken in ihrer Eigenart sich nicht in jeder Beziehung wie gesonderte Lebewesen verhalten können, wenn auch jede gewaltsame Vergleichung vermieden werden soll, der allgemeine Zug der Entwickelung und Umbildung muß, sofern Darwin einen richtigen Blick gethan, auch an ihnen hervortreten.

Von dem reichhaltigen Thema der Vererbung von Gedanken, oder vielmehr der Vererbung der Stimmung für bestimmte Vorstellungen, will ich hier absehen*). Es würde mir auch nicht zukommen, Betrachtungen über die psychische Entwickelung überhaupt anzustellen, wie sie Spencer**) und manche moderne Zoopsychologen mit mehr oder weniger Glück weitläufig ausgeführt haben. Ebenso soll der Kampf und die natürliche Auslese, die unter den wissenschaftlichen Theorien in der Literatur Platz greift,***) unberücksichtigt bleiben. Nur Umbildungsprozesse solcher Art wollen wir in Augenschein nehmen, wie sie jeder Lernende leicht an sich selbst beobachten kann.

* * *

Wenn ein Sohn der Wildnis, der mit feinen Sinnen die Fährten seiner Jagdtiere aufzuspüren und zu unter-

---

*) Schöne Ausführungen über diesen Punkt finden sich bei Hering, »über das Gedächtnis als eine allgemeine Funktion der organisierten Materie«. Almanach der Wiener Akademie, 1870. — Vgl. Dubois, Über die Übung. Berlin 1881.
**) Spencer, The principles of psychology. London 1872.
***) Vgl. Mach Zwei populäre Vorlesungen über Optik. Graz 1867.

scheiden, der mit Schlauheit seinen Feind zu überlisten weiß, der sich in seinem Kreise vortrefflich zurecht findet, einer ungewöhnlichen Naturerscheinung oder einem Erzeugnis unserer technischen Kultur begegnet, so steht er diesen Dingen machtlos und ratlos gegenüber. Er versteht sie nicht. Versucht er sie zu begreifen, so mißdeutet er sie. Der verfinsterte Mond wird ihm von einem Dämon geplagt; die pustende Lokomotive ist ihm ein lebendes Ungeheuer; das einer Sendung beigegebene Begleitschreiben, welches seine Naschhaftigkeit verriet, ist ihm ein bewußtes Wesen, das unter einen Stein gelegt wird, wenn es gilt eine neue Missethat unbeobachtet auszuführen. Das Rechnen erscheint ihm, wie selbst noch in den arabischen Märchen, als Punktierkunst,*) die alle Geheimnisse zu enthüllen vermag. Und in unsere sozialen Verhältnisse versetzt, führt er wie Voltaires »ingénu« nach unsereren Begriffen vollends die tollsten Streiche aus.

Anders der Mensch, welcher die moderne Kultur in sich aufgenommen hat. Er sieht den Mond in seiner Bahn zeitweilig in den Erdschatten eintreten. Er fühlt in Gedanken die Erwärmung des Wassers im Kessel der Lokomotive, er fühlt zugleich die wachsende Spannung, welche den Kolben fortschiebt. Wo er nicht unmittelbar folgen kann, greift er nach Maßstab und Logarithmentafel, die seine Gedanken stützen und entlasten, ohne sie zu beherrschen. Die Meinungen der Menschen, welchen er nicht zustimmen kann, sind ihm doch bekannt, und er weiß ihnen zu begegnen.

*) Vgl. z. B. G. Weil, Tausend und eine Nacht. 2. Ausgabe III., S. 154.

Worin besteht nun der Unterschied zwischen beiden Menschen? Der Gedankenlauf des ersteren entspricht nicht den Dingen, die er sieht. Er wird auf Schritt und Tritt überrascht. Die Gedanken des zweiten folgen den Erscheinungen, und eilen ihnen voraus, sie sind dem gröfseren Beobachtungs- und Wirkungskreis angepafst, er denkt sich die Dinge wie sie sind. Wie sollte auch ein Wesen, dessen Sinne immer nach dem Feinde spähen müssen, dessen ganze Aufmerksamkeit und Kraft durch das Beschaffen der Nahrung in Anspruch genommen wird, den Blick in die Ferne richten können? Dies wird erst möglich, wenn uns unsere Mitmenschen einen Teil der Sorge ums Dasein abnehmen. Dann gewinnen wir die Freiheit der Beobachtung, und leider auch oft jene Einseitigkeit, welche uns die Hilfe der Gesellschaft mifsachten lehrt.

Wenn wir in einem bestimmten Kreise von Thatsachen uns bewegen, welche mit Gleichförmigkeit wiederkehren, so passen sich unsere Gedanken alsbald der Umgebung so an, dafs sie dieselbe unwillkürlich abbilden. Der auf die Hand drückende Stein fällt losgelassen nicht nur wirklich, sondern auch in Gedanken zu Boden, das Eisen fliegt auch in der Vorstellung dem Magnete zu, erwärmt sich auch in der Phantasie am Feuer.

Der Trieb zur Vervollständigung der halbbeobachteten Thatsache in Gedanken entspringt, wie wir wohl fühlen, nicht der einzelnen Thatsache, er liegt, wie wir ebenfalls wissen, auch nicht in unserem Willen, er scheint uns vielmehr als eine fremde Macht, als ein Gesetz gegenüber zu stehen, welches Gedanken und Thatsachen treibt.

Daß wir mit Hilfe eines solchen Gesetzes prophezeihen können, beweist eigentlich nur die für eine derartige Gedankenanpassung hinreichende Gleichförmigkeit unserer Umgebung. In dem Zwange, der die Gedanken treibt, und in der Möglichkeit der Prophezeiung liegt ja durchaus noch nicht die Notwendigkeit des Zutreffens. In der That müssen wir ja jedesmal das Eintreffen einer Prophezeiung erst abwarten. Und Mängel derselben werden immer bemerklich, nur sind sie klein in Gebieten von so grofser Stabilität, wie etwa die Astronomie.

Wo unsere Gedanken den Thatsachen mit Leichtigkeit folgen, wo wir den Verlauf einer Erscheinung vorausfühlen, ist es natürlich, zu glauben, daß letztere sich nach den Gedanken richten müsse. Der Glaube an die geheimnisvolle Macht, Kausalität genannt, welche Gedanken und Thatsachen in Übereinstimmung hält, wird aber bei dem sehr erschüttert, der zum erstenmal ein neues Erfahrungsgebiet betritt, z. B. die sonderbare Wechselwirkung elektrischer Ströme und Magnete, oder die Wechselwirkung von Strömen wahrnimmt, die so aller Mechanik zu spotten scheint. Er fühlt sich von seiner Prophetengabe sofort verlassen, und nimmt in dieses neue Gebiet nichts mit, als die Hoffnung, auch diesem seine Gedanken bald anzupassen. Wenn jemand zu einem Knochen mit dem Gefühl der größten Sicherheit den Rest des Skelettes, oder zu einem teilweise verdeckten Schmetterlingsflügel eben den verdeckten Teil errät, so sehen wir darin nichts Metaphysisches, während die Gedankenanpassungen des Physikers an den dynamisch-zeitlichen Verlauf der Thatsachen, die doch ganz von derselben Art sind, wohl nur ihres hohen praktischen Wertes wegen, einen besonderen metaphysischen Nimbus erhalten.*)

Überlegen wir nun was vorgeht, wenn der Beobachtungskreis, dem unsere Gedanken angepaſst sind, sich erweitert. Wir sahen oft die schweren Körper, wenn die Unterlage wich, sinken; wir sahen wohl auch, daſs ein schwerer sinkender Körper einen leichteren in die Höhe drängte. Nun werden wir plötzlich gewahr, wie ein leichter Körper, etwa an einem Hebel, einen anderen von viel gröſserem Gewichte hebt. Die gewohnten Gedanken fordern ihr Recht, die neue Thatsache fordert es auch. In diesem Wiederstreite der Gedanken und Thatsachen entsteht das Problem, aus dieser teilweisen Inkongruenz entspringt die Frage: »warum?« Mit der neuerlichen Anpassung an den erweiterten Beobachtungskreis, in unserem Beispiele mit der Annahme der Gewohnheit, in allen Fällen auf die mechanische Arbeit zu achten, verschwindet das Problem, d. h. es ist gelöst.

Das Kind, dessen Sinne eben erwachen, kennt kein Problem. Die farbige Blume, die klingende Glocke, alles ist ihm neu, und doch wird es durch nichts überrascht. Der vollendete Philister, der nur an seine gewohnte Be-

---

*) Ich weiſs wohl, daſs dem Streben, sich bei der Naturforschung auf das Thatsächliche zu beschränken, der Vorwurf einer übertriebenen Furcht vor »metaphysischen Gespenstern« entgegengehalten wird. Ich möchte aber nicht unbemerkt lassen, daſs unter allen Gespenstern, nach dem Unheil zu urteilen, das sie angerichtet haben, die metaphysischen allein keine Fabel sind. — Es soll übrigens nicht in Abrede gestellt werden, daſs manche Denkformen nicht erst vom Individuum erworben, sondern durch die Entwickelung der Art vorgebildet oder doch vorbereitet sind, in dem Sinne wie dies Spencer, Häckel, Hering u. a. sich vorgestellt haben, und wie ich selbst gelegentlich angedeutet habe.

schäftigung denkt, hat auch kein Problem. Alles geht ja seinen bestimmten Lauf, und was etwa einmal verkehrt geht, ist höchstens ein Curiosum, nicht wert, dafs man es beachtet. Wirklich hat, wo die Thatsachen uns nach allen Seiten geläufig werden, die Frage »warum« ihr Recht verloren. Der entwickelungsfähige junge Mensch aber, der eine Summe von Denkgewohnheit in sich aufgenommen hat, und der stets noch Neues und Ungewohntes wahrnimmt, hat den Kopf voll von Problemen, und des Fragens nach dem »warum« ist kein Ende.

Was also das naturwissenschaftliche Denken am meisten fördert, ist die allmähliche Erweiterung der Erfahrung. Das Gewohnte bemerken wir kaum, es erhält seinen intellektuellen Wert eigentlich erst im Gegensatze zu dem Neuen. Was wir zu Hause kaum sehen, entzückt uns in wenig veränderter Gestalt auf der Reise. Die Sonne scheint da heller, die Blumen blühen frischer, die Menschen blicken fröhlicher. Und zurückgekehrt finden wir auch unsere Heimat wieder bemerkenswerter.

Von dem Neuen, von dem Ungewöhnlichen, von dem Unverstandenen geht aller Reiz zur Umbildung der Gedanken aus. Wunderbar erscheint das Neue dem, dessen ganzes Denken hierdurch erschüttert wird, und in gefährliches Schwanken gerät. Allein das Wunder liegt niemals in der Thatsache, sondern immer nur im Beobachter. Der stärkere intellektuelle Charakter strebt sofort nach einer entsprechenden Umbildung der Gedanken, ohne dieselben ganz aus ihrer Bahn drängen zu lassen. So wird die Wissenschaft zur natürlichen Feindin des Wunderbaren, und das erregte Erstaunen weicht bald einer ruhigen Aufklärung und Enttäuschung.

Betrachten wir nun einen solchen Umwandlungsprozeſs der Gedanken im Einzelnen. Das Sinken der schweren Körper erscheint als gewöhnlich und selbstverständlich. Bemerkt man aber, daſs das Holz auf dem Wasser schwimmt, die Flamme, der Rauch in der Luft aufsteigen, so wirkt der Gegensatz dieser Thatsachen. Eine alte Lehre sucht dieselben zu erfassen, indem sie das dem Menschen Geläufigste, den Willen, in die Körper verlegt, und sagt, daſs jedes Ding seinen Ort suche, das schwere unten, das leichte oben. Bald zeigt es sich aber, daſs selbst der Rauch ein Gewicht hat, daſs auch er seinen Ort unten sucht, daſs er von der abwärts strebenden Luft nur aufwärts gedrängt wird, wie das Holz vom Wasser, weil dieses stärker ist.

Wir sehen nun einen geworfenen Körper. Er steigt auf. Wie kommt es, daſs er seinen Ort nicht mehr sucht? Warum nimmt die Geschwindigkeit seiner »gewaltsamen« Bewegung ab, während jene des »natürlichen« Falles zunimmt? Folgen wir aufmerksam beiden Thatsachen, so löst sich das Problem von selbst. Wir sehen mit Galilei in beiden Fällen dieselbe Geschwindigkeitszunahme gegen die Erde. Also nicht ein Ort, sondern eine Beschleunigung gegen die Erde ist dem Körper angewiesen.

Durch diesen Gedanken werden die Bewegungen schwerer Körper vollkommen geläufig. Die neue Denkgewohnheit festhaltend, sieht nun Newton den Mond und die Planeten ähnlich geworfenen Körpern sich bewegen, aber doch mit Eigentümlichkeiten, die ihn nötigen, diese Denkgewohnheit abermals etwas abzuändern. Die Weltkörper, oder vielmehr deren Teile, halten keine konstante Beschleunigung gegen einander ein, sie »ziehen sich an« im verkehrt quadratischen Verhältnisse der Entfernung und im direkten der Massen.

Diese Vorstellung, welche jene der irdischen schweren Körper als besonderen Fall enthält, ist nun schon sehr verschieden von der, von welcher wir ausgingen. Wie beschränkt war jene, und welcher Fülle von Thatsachen ist diese angepafst. Und doch steckt in der »Anziehung« noch etwas von dem »Suchen des Ortes«. Und thöricht wäre es, diese »Anziehungsvorstellung«, welche unsere Gedanken in so längst geläufige Bahnen leitet, welche wie die historische Wurzel der Newtonschen Anschauung anhaftet, als müfste dieselbe eine Andeutung ihres Stammbaumes bei sich führen, ängstlich vermeiden zu wollen. So fallen die genialsten Gedanken nicht vom Himmel, sie entstehen vielmehr aus schon vorhandenen.

Ähnlich ist der Lichtstrahl zuerst eine unterschiedslose Gerade. Er wird dann zur Projektilbahn, zu einem Bündel von Bahnen unzähliger verschiedener Projektilarten. Er wird periodisch, erhält zuletzt verschiedene Seiten, und verliert schliefslich sogar die geradlinige Bewegung.

Der elektrische Strom ist zunächst der Strom einer hypothetischen Flüssigkeit. Bald verknüpft sich mit dieser Vorstellung jene eines chemischen Stromes, eines an die Strombahn gebundenen elektrischen, magnetischen und anisotropen optischen Feldes. Und je reicher die Vorstellung den Thatsachen folgend wird, desto geeigneter ist sie auch, ihnen gelegentlich voraus zu eilen.

Derartige Anpassungsprozesse haben keinen nachweisbaren Anfang, denn jedes Problem, welches den Reiz zu neuer Anpassung liefert, setzt schon eine feste Denkgewohnheit voraus. Sie haben aber auch kein absehbares Ende, sofern die Erfahrung kein solches hat. So steht also die Wissenschaft mitten in dem Entwickelungsprozeſs, den sie zweckmäſsig zu leiten und zu fördern, aber nicht zu ersetzen vermag. Eine Wissenschaft, nach deren Prinzipien der Unerfahrene die Welt der Erfahrung, ohne sie zu kennen, konstruieren könnte, ist undenkbar. Ebenso wohl könnte man erwarten, mit Hilfe der bloſsen Theorie, und ohne musikalische Erfahrung, ein groſser Musiker oder, nach Anleitung eines Lehrbuches, ein Maler zu werden.

Lassen wir die Geschichte eines schon geläufigen Gedankens an uns vorbeiziehen, so können wir den ganzen Wert seines Wachstumes nicht mehr richtig abschätzen. Wie wesentliche organische Umwandlungen stattgefunden haben, erkennen wir nur an der erschütternden Beschränktheit, mit welcher zuweilen gleichzeitig lebende groſse Forscher einander gegenüberstehen. Huyghens' optische Wellenlehre ist einem Newton, und Newtons Ansicht der allgemeinen Schwere einem Huyghens unfaſsbar. Und nach einem Jahrhundert haben beide gelernt, sich selbst in unbedeutenden Köpfen zu vertragen.

Die freiwillig wachsenden Gedankenneubildungen bahnbrechender Menschen, welche mit kindlicher Naivetät die

Reife des Mannes verbinden, nehmen eben keine fremde Dressur an, und sind nicht mit dem Denken zu vergleichen, das hypnotisch den Schatten folgt, welche das fremde Wort in unser Bewufstsein wirft.

Eben die Ideen, welche durch die ältere Erfahrung am geläufigsten geworden sind, drängen sich, nach Selbsterhaltung ringend, in die Auffassung jeder neuen Erfahrung ein, und eben sie werden von der notwendigen Umwandlung ergriffen. Die Methode, neue unverstandene Erscheinungen durch Hypothesen zu erklären, beruht gänzlich auf diesem Vorgang. Indem wir, statt ganz neue Vorstellungen über die Bewegung der Himmelskörper, über das Flutphänomen zu bilden, uns die Teile der Weltkörper gegen einander schwer denken, indem wir ferner ebenso die elektrischen Körper mit sich anziehenden und abstofsenden Flüssigkeiten beladen, oder den isolierenden Raum zwischen denselben in elastischer Spannung uns denken, ersetzen wir, so weit als möglich, die neuen Vorstellungen durch anschauliche, längst geläufige, welche teilweise mühelos in ihren Bahnen ablaufen, teilweise allerdings sich umgestalten müssen. So kann auch das Tier für jede neue Funktion, die ihm sein Schicksal aufträgt, nicht neue Glieder bilden, es mufs vielmehr die vorhandenen benützen. Dem Wirbeltiere, welches fliegen oder schwimmen lernen will, wächst kein neues drittes Extremitätenpaar für diesen Zweck; es wird im Gegenteil eines der vorhandenen hierzu umgestaltet.

Die Hypothesenbildung ist also nicht das Ergebnis einer künstlichen wissenschaftlichen Methode, sie geht vielmehr ganz unbewußt schon in der Kindheit der Wissenschaft vor sich. Hypothesen werden auch später erst nachteilig und dem Fortschritte gefährlich, sobald man ihnen mehr traut, als den Thatsachen selbst, und ihren Inhalt für realer hält, als diese, sobald man, dieselben starr festhaltend, die erworbenen Gedanken gegen die noch zu erwerbenden überschätzt.

Die Erweiterung des Gesichtskreises, mag die Natur wirklich ihr Antlitz ändern, und uns neue Thatsachen darbieten, oder mag dieselbe auch nur von einer absichtlichen oder unwillkürlichen Wendung des Blickes herrühren, treibt die Gedanken zur Umbildung. In der That lassen sich die mannigfaltigen von John Stuart Mill aufgezählten Methoden der Naturforschung, der absichtlichen Gedankenanpassung, jene der Beobachtung sowohl, als jene des Experimentes, als Formen einer Grundmethode, der Methode der Veränderung erkennen. Durch Veränderung der Umstände lernt der Naturforscher. Die Methode ist aber keineswegs auf den eigentlichen Naturforscher beschränkt. Auch der Historiker, der Philosoph, der Jurist, der Mathematiker, der Ästhetiker*), der Künstler klärt und entwickelt seine Ideen, indem er aus dem reichen Schatze der Erinnerung gleichartige und doch verschiedene Fälle hervorhebt, indem er in Gedanken beobachtet und experimentiert. Selbst wenn alle sinnliche Erfahrung plötzlich ein Ende hätte, würden die Erlebnisse früherer Tage in wechselnder Stellung in unserem Be-

---

*) Vgl. z. B. Schiller, »zerstreute Betrachtungen über verschiedene ästhetische Gegenstände.«

wufstsein sich begegnen, und es würde der Prozefs fortdauern, welcher ihm Gegensatze zur Anpassung der Gedanken an die Thatsachen der eigentlichen Theorie angehört, die Anpassung der Gedanken aneinander.

Die Methode der Veränderung führt uns gleichartige Fälle von Thatsachen vor, welche teilweise gemeinschaftliche, teilweise verschiedene Bestandteile enthalten. Nur bei Vergleichung verschiedener Fälle der Lichtbrechung mit wechselnden Einfallswinkeln kann das Gemeinsame, die Konstanz des Brechungsexponenten hervortreten, und nur bei Vergleichung der Brechung verschiedener Farben kann auch der Unterschied, die Ungleichheit der Brechungsexponenten die Aufmerksamkeit auf sich ziehen. Die durch die Veränderung bedingte Vergleichung leitet die Aufmerksamkeit zu den höchsten Abstraktionen und zu den feinsten Distinktionen zugleich.

Ohne Zweifel vermag auch das Tier das Gleichartige und Verschiedene zweier Fälle zu erkennen. Durch ein Geräusch wird sein Bewufstsein geweckt, und sein Bewegungscentrum stellt sich in Bereitschaft. Der Anblick des geräuscherregenden Wesens wird wahrscheinlich je nach seiner Gröfse Flucht oder Verfolgung auslösen, und die feineren Unterschiede im letzteren Falle werden die Art des Angriffes bestimmen. Nur der Mensch aber erlangt die Fertigkeit der willkürlichen und bewufsten Vergleichung, dafs er mit seiner Abstraktion einerseits bis zum Satze der Erhaltung der Masse und der Erhaltung der Energie sich erheben, und anderseits im nächsten Augenblicke die Gruppierung der Eisenlinien im Spektrum beobachten kann. Indem er die Objekte seines Vorstellungslebens so behandelt, wachsen seine Begriffe dem Nervensystem selbst entsprechend zu einem weitverzweigten, organisch gegliederten Baume aus, an welchem er jeden Ast in seine feinsten Ausläufer verfolgen kann, um nach Bedürfnis von da an wieder zum Stamme zurückzukehren.

Der englische Forscher Whewell hat behauptet, daſs zur Entwickelung der Naturwissenschaft zwei Faktoren zusammenwirken müſsten: **Ideen und Beobachtungen.** Ideen allein verflüchtigen sich zur Spekulation, Beobachtungen allein liefern kein organisches Wissen. In der That sehen wir, wie es auf die Fähigkeit ankommt, vorhandene Ideen neuen Beobachtungen anzupassen. Zu groſse Nachgiebigkeit gegen jede neue Thatsache läſst gar keine feste Denkgewohnheit aufkommen. Zu starre Denkgewohnheiten werden der freien Beobachtung hinderlich. Im Kampfe, im Kompromiſs des Urteiles mit dem Vorurteile, wenn man so sagen darf, wächst unsere Einsicht.

Ein gewohntes Urteil, ohne vorausgegangene Prüfung auf einen neuen Fall angewandt, nennen wir Vorurteil. Wer kennt nicht dessen furchtbare Gewalt! Seltener denken wir daran, wie wichtig und nützlich das Vorurteil sein kann. So wie niemand physisch bestehen könnte, wenn er die Blutbewegung, die Atmung, die Verdauung seines Körpers durch willkürliche, vorbedachte Handlungen einleiten und im Stande halten müſste, so könnte auch niemand intellektuell bestehen, wenn er genötigt wäre, alles was ihm vorkommt zu beurteilen, anstatt sich vielfach durch sein

Vorurteil leiten zu lassen. Das Vorurteil ist eine Art Reflexbewegung im Gebiete der Intelligenz.

Auf Vorurteilen, d. h. auf nicht jedesmal auf ihre Anwendbarkeit geprüften Gewohnheitsurteilen, beruht ein guter Teil der Überlegungen und Handgriffe des Naturforschers, auf Vorurteilen beruht die Mehrzahl der Handlungen der Gesellschaft. Mit dem plötzlichen Erlöschen aller Vorurteile würde sie selbst sich ratlos auflösen. Und eine tiefe Kenntnis der Macht der intellektuellen Gewohnheit hat jener Fürst verraten, der seine den rückständigen Sold ungestüm fordernde Leibgarde durch das übliche Kommandowort zum Abzuge zwang, wohl wissend, dafs sie diesem nicht widerstehen würde.

Erst wenn die Divergenz zwischen dem gewohnten Urteile und den Thatsachen zu grofs wird, verfällt der Forscher einer empfindlichen Täuschung. Im praktischen Leben des Einzelnen und der Gesellschaft treten dann jene tragischen Verwicklungen und Katastrophen ein, in welchen der Mensch, die Gewohnheit über das Leben statt in den Dienst desselben stellend, ein Opfer seines Irrtums wird. Es kann eben dieselbe Macht, welche uns geistig fördert, nährt und erhält, unter andern Umständen uns wieder täuschen und vernichten.

* * *

Die Gedanken sind nicht das ganze Leben. Sie sind nur wie eine flüchtige leuchtende Blüte, bestimmt die Wege des Willens zu erhellen. Aber das feinste Reagens auf unsere organische Entwickelung sind unsere Gedanken. Und die Umwandlung, die wir durch dieselben an uns gewahr werden, wird uns keine Theorie bestreiten können, noch haben wir nötig, uns dieselbe erst beweisen zu lassen. Sie ist uns unmittelbar gewifs.

So erscheint uns die Gedankenumwandlung, die wir betrachtet haben, als ein Teil der allgemeinen Lebensentwickelung, der Anpassung an einen wachsenden Wirkungskreis. Ein Felsstück strebt zur Erde. Es mufs Jahrtausende warten, bis die Unterlage weicht. Ein Strauch, der an dessen Fufse wächst, richtet sich schon nach Sommer und Winter. Der Fuchs, welcher der Schwere entgegen bergan schleicht, weil er oben Beute wittert, wirkt freier schon als beide. Unser Arm reicht noch viel weiter, und an uns geht umgekehrt kaum etwas spurlos vorüber, was Wichtiges in Asien oder Afrika sich ereignet. Wie viel von dem Leben anderer Menschen, von ihrer Lust und ihrem Schmerz, ihrem Glück und ihrem Elend, spielt in uns hinein, wenn wir nur um uns blicken, wenn wir nur auf moderne Lektüre uns beschränken. Wie viel mehr erleben wir, wenn wir mit Herodot das alte Ägypten bereisen, durch die Strafsen von Pompeji wandern, uns in die düstere Zeit der Kreuzzüge und Kinderfahrten, in die heitere Blütezeit der italienischen Kunst versetzen, jetzt mit einem Molièreschen Arzt und darauf mit Diderot und D'Alembert Bekanntschaft machen. Wie viel fremdes Leben, wie viel Stimmung, wie viel Willen nehmen wir durch Dichtung und Musik auf. Und wenn auch alles dies die Saiten unserer Leidenschaften nur leise berührt, wie den Greis die Erinnerung der Jugend anweht, teilweise haben wirs doch mit erlebt. Wie erweitert sich hierbei das Ich, und wie klein wird doch die Person! Die egoistischen Systeme des Optimismus und Pessimismus sehen wir zugleich mit ihrem kleinlichen Stimmungsmaſsstab versinken. Wir fühlen, daſs im wechselnden Inhalt des Bewuſstseins die wahren Perlen des Daseins liegen, und daſs die Person nur ist, wie ein gleichgiltiger symbolischer Faden, an dem sie aufgereiht sind.*)

So wollen wir uns und jeden unserer Begriffe als ein Ergebnis und als ein Objekt zugleich der allgemeinen Entwickelung betrachten, um rüstig und unbehindert fortzuschreiten auf den Wegen, welche die Zukunft uns eröffnen wird.**)

*) Wir dürfen uns nicht darüber täuschen, daſs das Glück anderer Menschen ein sehr bedeutender und wesentlicher Teil des unserigen ist. Es ist ein gemeinschaftliches Kapital, das von dem Einzelnen nicht geschaffen werden kann, und mit ihm nicht stirbt. Die schematische Abgrenzung des Ich, welche nur für die rohesten praktischen Zwecke notwendig ist und ausreicht, läſst sich hier nicht aufrecht halten. Die ganze Menschheit ist wie ein Polypenstock. Die materiellen organischen Verbindungen der Individuen, welche die Freiheit der Bewegung und Entwickelung nur gehindert hätten, sind zwar abgerissen, allein ihr Zweck, der psychische Zusammenhang, ist durch die hierdurch ermöglichte reichere Ausbildung in viel höherem Maſse erreicht worden.

**) C. E. von Baer, der nachmalige Gegner Darwins und Häckels, hat in zwei wunderbaren Reden (»das allgemeinste Gesetz der Natur in aller Entwickelung« und »welche Auffassung der lebenden Natur ist die richtige? und wie ist diese Auffassung auf die Entomologie anzuwenden?«) die Beschränktheit der Ansicht dargelegt, welche das Tier in seinem momentanen Zustand als ein Abgeschlossenes, Fertiges auffaſst, anstatt dasselbe als eine Phase in der Reihe seiner Entwickelungsformen, und die Art selbst als eine Phase der Entwickelung der Tierwelt überhaupt zu betrachten.

XIII.

Über das Prinzip der Vergleichung in der Physik.*)

Als Kirchhoff vor 20 Jahren die Aufgabe der Mechanik dahin feststellte: „die in der Natur vor sich gehenden Bewegungen vollständig und auf die einfachste Weise zu beschreiben", brachte er mit diesem Ausspruch eine eigentümliche Wirkung hervor. Noch 14 Jahre später konnte Boltzmann in dem lebensvollen Bilde, dafs er von dem grofsen Forscher gezeichnet hat, von dem allgemeinen Staunen**) über diese neue Behandlungsweise der Mechanik sprechen, und noch heute erscheinen

---

*) Vortrag gehalten auf der Naturforscherversammlung zu Wien 13/4.

**) Ich konnte mich an jenem Staunen nicht beteiligen, denn ich hatte schon in meiner 1872 erschienenen Schrift »über die Erhaltung der Arbeit« die Ansicht vertreten, dafs es der Naturforschung durchaus nur auf den ökonomischen Ausdruck des Thatsächlichen ankommt. Aber neu war dieser Satz auch damals nicht. Denn wenn wir auch von der praktischen Bestätigung dieser Ansicht bei Galilei und von Newtons Wort: »hypotheses non fingo« absehen wollen, so sagt doch J. R. Mayer ausdrücklich: »Ist einmal eine Thatsache nach allen ihren Seiten hin bekannt, so ist sie eben damit erklärt, und die Aufgabe der Wissenschaft ist beendigt.« (1850). Wie sehr aber schon Adam Smith in vorigem Jahrhundert in seinen Gedanken über die Wissenschaft sich in verwandten Bahnen bewegt hat, hat kürzlich Mc. Cormack gezeigt. (An Episode in the history of Philosophy. The Open Court. 1895 No. 397 [1895].

erkenntniskritische Abhandlungen, welche deutlich zeigen, wie schwer man sich mit diesem Standpunkte abfindet. Doch gab es eine bescheidene kleine Zahl von Naturforschern, welchen sich Kirchhoff mit jenen wenigen Worten sofort als ein willkommener und mächtiger Bundesgenosse auf erkenntniskritischem Gebiet offenbarte.

Woran mag es nun liegen, dafs man dem philosophischen Gedanken des Forschers so widerstrebend nachgiebt, dessen naturwissenschaftlichen Erfolgen niemand die freudige Bewunderung versagen kann? Wohl liegt es zunächst daran, dafs in der rastlosen Tagesarbeit, die auf Erwerbung neuer Wissensschätze ausgeht, nur wenige Forscher Zeit und Mufse finden, den gewaltigen psychischen Prozefs selbst, durch welchen die Wissenschaft wächst, genauer zu erörtern. Dann aber ist es auch unvermeidlich, dafs in den lapidaren Kirchhoffschen Ausdruck nicht manches hineingelegt wird, was derselbe nicht meint, und dafs andrerseits nicht manches in demselben vermifst wird, was bisher als ein wesentliches Merkmal der wissenschaftlichen Erkenntnis gegolten hat. Was soll uns eine blofse Beschreibung? Wo bleibt die Erklärung, die Einsicht in den kausalen Zusammenhang?

Gestatten Sie mir für einen Augenblick, nicht die Ergebnisse der Wissenschaft, sondern die Art ihres Wachstums schlicht und unbefangen zu betrachten. Wir kennen eine einzige Quelle unmittelbarer Offenbarung von naturwissenschaftlichen Thatsachen — unsere Sinne. Wie wenig aber das zu bedeuten hätte, was der Einzelne auf diesem Wege allein in Erfahrung bringen könnte, wäre er auf sich angewiesen, und müfste jeder von vorn beginnen, davon kann uns kaum jene Naturwissenschaft eine genug demütigende Vorstellung geben, die wir in einem abgelegenen Negerdorfe Centralafrikas antreffen möchten, denn dort ist schon jenes wirkliche Wunder der Gedankenübertragung thätig, gegen welches das Spiritistenwunder nur eine Spottgeburt ist, die sprachliche Mitteilung. Nehmen wir hinzu, dafs wir mit Hilfe der bekannten Zauberzeichen, welche unsere Bibliotheken bewahren, über Jahrzehnte, Jahrhunderte und Jahrtausende hinweg, von Faraday bis Galilei und Archimedes unsere grofse Toten zitieren können, die uns nicht mit zweifelhaften, höhnenden Orakelsprüchen abfertigen, sondern das Beste sagen, was sie wissen, so fühlen wir, welch gewaltiger, wesentlicher Faktor beim Aufbau der Wissenschaft die Mitteilung ist. Nicht das, was der feine Naturbeobachter oder Menschenkenner an halbbewufsten Konjekturen in seinem Innern birgt, sondern nur was er klar genug besitzt, um es mitteilen zu können, gehört der Wissenschaft an.

Wie aber fangen wir das an, eine neugewonnene Erfahrung, eine eben beobachtete Thatsache mitzuteilen? So wie der deutlich unterscheidbare Lockruf, Warnungsruf, Angriffsruf der Herdentiere ein unwillkürlich entstandenes Zeichen für eine übereinstimmende gemeinsame Beobachtung oder Thätigkeit trotz der Mannigfaltigkeit des Anlasses ist, der hiermit schon den Keim des Begriffes enthält, so sind auch die Worte der nur viel weiter spezialisierten Menschensprache Namen oder Zeichen für allgemein bekannte, gemeinsam beobachtbare und beobachtete Thatsachen. Folgt also die Vorstellung zunächst passiv der neuen Thatsache, so muſs letztere alsbald selbstthätig in Gedanken aus bereits allgemein bekannten, gemeinsam beobachteten Thatsachen aufgebaut oder dargestellt werden. Die Erinnerung ist stets bereit, solche bekannte Thatsachen, welche der neuen ähnlich sind, d. h. in gewissen Merkmalen mit derselben übereinstimmen, zur Vergleichung darzubieten, und ermöglicht so zunächst das elementare innere Urteil, dem bald das ausgesprochene folgt.

Die Vergleichung ist es, welche, indem sie die Mitteilung überhaupt ermöglicht, zugleich das mächtigste innere Lebenselement der Wissenschaft darstellt. Der Zoologe sieht in den Knochen der Flughaut der Fledermaus Finger, vergleicht die Schädelknochen mit Wirbeln, die Embryonen verschiedener Organismen mit einander und die Entwickelungsstadien desselben Organismus unter einander. Der Geograph erblickt in dem Gardasee einen Fjord, in dem Aralsee eine im Vertrocknen begriffene Lake. Der Sprachforscher vergleicht verschiedene Sprachen und die Gebiete derselben Sprache. Wenn es nicht üblich ist, von vergleichender Physik zu sprechen, wie man von vergleichender Anatomie spricht, so liegt dies nur daran, daſs bei einer mehr aktiven experimentellen Wissenschaft die Aufmerksamkeit von dem kontemplativen Element allzusehr abgelenkt wird. Die

Physik lebt und wächst aber, wie jede andere Wissenschaft, durch die **Vergleichung**.

———

Die Art, in welcher das **Ergebnis der Vergleichung in der Mitteilung** Ausdruck findet, ist allerdings eine sehr verschiedene: Wenn wir sagen, die Farben des Spektrums seien rot, gelb, grün, blau, violett, so mögen diese Bezeichnungen von der Technik des Tätowierens herstammen, oder sie mögen später die Bedeutung gewonnen haben, die Farben seien jene der Rose, Citrone, des Blattes, der Kornblume, des Veilchens. Durch die häufige Anwendung solcher Vergleichungen unter mannigfaltigen Umständen haben sich aber den **übereinstimmenden** Merkmalen gegenüber die wechselnden so verwischt, daſs **erstere** eine selbständige, von jedem Objekt, jeder Verbindung, unabhängige, wie man sagt, **abstrakte** oder **begriffliche** Bedeutung gewonnen haben. Niemand denkt bei dem Worte „rot" an eine andere Übereinstimmung mit der Rose als jene der **Farbe**, bei dem Worte „gerade" an eine andere Eigenschaft der gespannten Schnur, als die durchaus gleiche **Richtung**. So sind auch die **Zahlen**, ursprünglich die Namen der Finger, Hände und Füſse, welche als Ordnungszeichen der mannigfaltigsten Objekte benützt wurden, zu **abstrakten Begriffen** geworden. Eine sprachliche Mitteilung über eine Thatsache, die nur diese **rein begrifflichen** Mittel verwendet, wollen wir eine **direkte Beschreibung** nennen.

Die direkte Beschreibung einer etwas umfangreicheren

Thatsache ist eine mühsame Arbeit, selbst dann, wenn die hierzu nötigten Begriffe bereits voll entwickelt sind. Welche Erleichterung muſs es also gewähren, wenn man einfach sagen kann, eine in Betracht gezogene Thatsache A verhalte sich nicht in einem **einzelnen** Merkmal, sondern in **vielen** oder **allen** Stücken wie eine bereits bekannte Thatsache B. Der Mond verhält sich wie ein gegen die Erde schwerer Körper, das Licht wie eine Wellenbewegung oder elektrische Schwingung, der Magnet wie mit gravitierenden Flüssigkeiten beladen u. s. w. Wir nennen eine solche Beschreibung, in welcher wir uns gewissermaſsen auf eine bereits anderwärts gegebene oder auch erst genauer auszuführende berufen, naturgemäſs eine **indirekte Beschreibung**. Es bleibt uns unbenommen, dieselbe allmählich durch eine direkte zu ergänzen, zu korrigieren oder ganz zu ersetzen. Man sieht unschwer, daſs das, was wir eine **Thorie** oder eine **theoretische Idee** nennen, in die Kategorie der indirekten Beschreibung fällt.

Was ist nun eine theoretische Idee? Woher haben wir sie? Was leistet sie uns? Warum scheint sie uns **höher** zu stehen, als die bloſse Festhaltung einer Thatsache, einer Beobachtung? Auch hier ist einfach **Erinnerung** und **Vergleichung** im Spiel. Nur tritt uns hier aus unserer Erinnerung, statt **eines einzelnen Zuges** von Ähnlichkeit, **ein ganzes System von Zügen**, eine **wohlbekannte Physiognomie** entgegen, durch welche die neue Thatsache uns plötzlich zu einer wohlvertrauten wird. Ja die Idee kann mehr bieten, als wir in der neuen Thatsache augenblicklich noch sehen, sie kann dieselbe erweitern und bereichern mit Zügen, welche erst zu **suchen** wir veranlaſst werden, und die sich oft wirklich finden. Diese **Rapidität** der Wissenserweiterung ist es, welche der Theorie einen **quantitativen** Vorzug vor der einfachen Beobachtung gibt, während jene sich von dieser **qualitativ** weder in der Art der Entstehung noch in dem Endergebnis wesentlich unterscheidet.

Aber die Annahme einer Theorie schlieſst immer auch eine Gefahr ein. Denn die Theorie setzt in Gedanken an die Stelle einer Thatsache A doch immer eine **andere** einfachere oder uns geläufigere B, welche die erstere gedanklich in **gewisser Beziehung** vertreten kann, aber eben weil sie eine **andere** ist, in anderer Beziehung doch wieder **gewiſs nicht** vertreten kann. Wird nun darauf, wie es leicht geschieht, nicht genug geachtet, so kann die fruchtbarste Theorie gelegentlich auch ein Hemmnis der Forschung werden. So hat die Emissionstheorie, indem sie den Physiker gewöhnte, die Projektilbahn der „Lichtteilchen" als unterschiedslose Gerade zu fassen, die Erkenntnis der Periodizität des Lichtes nachweislich erschwert. Indem **Huygens** an die Stelle des Lichtes in der Vorstellung den ihm vertrauteren Schall treten läſst, erscheint ihm das Licht vielfach als ein Bekanntes, jedoch als ein **doppelt Fremdes** in Bezug auf die Polarisation, welche den ihm allein bekannten longitudinalen Schallwellen fehlt. So vermag er die Thatsache der Polarisation, die ihm vor Augen liegt, nicht begriflich zu fassen, während Newton, seine Gedanken einfach der Beobachtung anpassend, die Frage stellt: *„Annon radiorum luminis diversa sunt latera?"* mit welcher die Polarisation ein Jahrhundert vor Malus begrifflich gefaſst oder direkt beschrieben ist. Reicht hingegen die Übereinstimmung zwischen einer Thatsache und der dieselbe theoretisch vertretenden **weiter**, als der Theoretiker anfänglich voraussetzte, so kann er hierdurch zu unerwarteten Entdeckungen geführt werden, wofür die konische Refraktion, die Cirkularpolarisation durch Totalreflexion, die Hertzschen Schwingungen naheliegende Beispiele liefern, welche zu den obigen im Gegensatz stehen.

Vielleicht gewinnen wir noch an Einblick in diese Verhältnisse, wenn wir die Entwickelung einer oder der andern Theorie mehr im Einzelnen verfolgen. Betrachten wir ein magnetisches Stahlstück neben einem sonst gleich beschaffenen unmagnetischen. Während letzteres sich gegen Eisenfeile gleichgiltig verhält, zieht ersteres dieselbe an. Auch wenn die Eisenfeile **nicht** vorhanden ist, müssen wir uns das magnetische Stück in einem andern Zustand denken, als das unmagnetische. Denn daſs das bloſse Hinzubringen der Eisenfeile nicht die Erscheinung der Anziehung bedingt, zeigt ja das andere unmagnetische Stück. Der naive Mensch, dem sich zur Vergleichung sein eigener Wille als bekannteste Kraftquelle darbietet, denkt sich in dem Magnet eine Art **Geist**. Das Verhalten eines **heiſsen** oder eines **elektrischen** Körpers legt ähnliche Gedanken nahe. Dies ist der Standpunkt der ältesten Theorie, des **Fetischismus**, den die Forscher des frühen Mittelalters noch nicht überwunden hatten, und der mit seinen letzten Spuren, mit der Vorstellung von den **Kräften**, noch in unsere heutige Physik herüberragt. Das **dramatische** Element braucht also, wie wir sehen, in einer naturwissenschaftlichen Beschreibung eben so wenig zu fehlen, wie in einem spannenden Roman.

Wird bei weiterer Beobachtung etwa bemerkt, daſs ein kalter Körper an einem heiſsen sich so zu sagen **auf Kosten** des letzteren erwärmt, daſs ferner bei gleichartigen Körpern der kältere, etwa von doppelter Masse, nur halb soviel Temperaturgrade gewinnt, als der heiſsere von einfacher Masse verliert, so entsteht ein ganz neuer Eindruck. Der dämonische Charakter der Thatsache verschwindet, denn der vermeintliche Geist wirkt nicht nach Willkür, sondern nach festen Gesetzen. Dafür tritt aber **instinktiv** der Eindruck eines **Stoffes** hervor, der teilweise aus dem einen Körper in den andern überflieſst, dessen **Gesammtmenge** aber, darstellbar durch die Summe der Produkte der Massen und der zugehörigen Temperaturänderungen, **konstant** bleibt. **Black** ist zuerst von dieser Ähnlichkeit des Wärmevorganges mit einer Stoffbewegung **überwältigt** worden, und hat unter Leitung derselben die spezifische Wärme, die Verflüssigungs- und Verdampfungswärme entdeckt. Allein durch diese Erfolge gestärkt, ist nun die Stoffvorstellung dem weiteren Fortschritt hemmend in den Weg getreten. Sie hat die Nachfolger **Blacks** geblendet und verhindert, die durch Anwendung des Feuerbohrers längst bekannte, offenkundige Thatsache zu sehen, daſs Wärme durch Reibung erzeugt wird. Wie fruchtbar die Vorstellung für Black war, ein wie hilfreiches Bild sie auch heute noch jedem Lernenden auf dem Blackschen Spezialgebiet ist, bleibende und allgemeine Giltigkeit als Theorie konnte sie nicht in Anspruch nehmen. Das begrifflich Wesentliche derselben aber, die Konstanz der erwähnten Produktensumme, behält seinen Wert, und kann als direkte Beschreibung der Blackschen Thatsachen angesehen werden.

Es ist eine natürliche Sache, daſs jene Theorien, welche sich ganz ungesucht von selbst, so zu sagen instinktiv, aufdrängen, am mächtigsten wirken, die Gedanken mit sich fortreiſsen und die stärkste Sebsterhaltung zeigen. Andrerseits kann man auch beobachten, wie sehr dieselben an Kraft verlieren, sobald sie kritisch durchschaut werden. Mit Stoff haben wir unausgesetzt zu thun, dessen Verhalten hat sich unserem Denken fest eingeprägt, unsere lebhaftesten anschaulichsten Erinnerungen knüpfen sich an denselben. So darf es uns nicht all zu sehr wundern, daſs Robert Mayer und Joule, welche die Blacksche Stoffvorstellung endgiltig vernichtet haben, dieselbe Stoffvorstellung in abstrakterer Form und modifiziert auf einem viel umfassenderen Gebiet wieder einführen.

Auch hier liegen die psychologischen Umstände klar vor uns, welche der neuen Vorstellung ihre Gewalt gegeben haben. Durch die auffallende Röte des venösen Blutes im tropischen Klima wird Mayer aufmerksam auf die geringere Ausgabe an Eigenwärme und den entsprechend geringeren **Stoffverbrauch** des Menschenleibes in diesem Klima. Allein da jede Leistung des Menschenleibes, auch die **mechanische Arbeit**, an **Stoffverbrauch** gebunden ist, und Arbeit durch Reibung Wärme entwickeln kann, so erscheinen Wärme und Arbeit als **gleichartig**, und zwischen beiden muſs eine Proportionalbeziehung bestehen. Zwar nicht jede einzelne Post, aber die passend gezählte **Summe** beider, als an einen proportionalen Stoffverbrauch gebunden, erscheint **selbst substanziell**.

Durch ganz analoge Betrachtungen, die an die Ökonomie des galvanischen Elementes anknüpfen, ist **Joule** zu seiner Auffassung gekommen; er findet auf experimentellem Wege die Summe der Stromwärme, der Verbrennungswärme des entwickelten Knallgases, der passend gezählten elektromagnetischen Stromarbeit, kurz aller Batterieleistungen an die proportionale Zinkkonsumtion gebunden. Demnach hat diese Summe selbst **substanziellen Charakter**.

Mayer wurde von der gewonnenen Ansicht so ergriffen, daſs ihm die Unzerstörbarkeit der **Kraft**, nach unserer Terminologie der **Arbeit**, a priori einleuchtend schien. „Die Erschaffung und die Vernichtung einer Kraft — sagt er — liegt auſser dem Bereich menschlichen Denkens und Wirkens." Auch **Joule** äuſsert sich ähnlich und meint: „Es ist offenbar **absurd**, anzunehmen, daſs die Kräfte, welche Gott der Materie verliehen hat, eher zerstört als geschaffen werden könnten." Man hat auf Grund solcher Äuſserungen, merkwürdiger Weise zwar nicht

Joule, wohl aber Mayer zu einem Metaphysiker
gestempelt. Wir können aber dessen wohl sicher sein,
daſs beide Männer halb unbewuſst nur dem starken formalen Bedürfnis nach der neuen einfachen Auffassung
Ausdruck gegeben haben, und daſs beide recht betroffen
gewesen wären, wenn man ihnen vorgeschlagen hätte, etwa
durch einen Philosophenkongreſs oder eine kirchliche
Synode über die Zulässigkeit ihres Prinzipes entscheiden
zu lassen. Diese beiden Männer verhielten sich übrigens
bei aller Übereinstimmung höchst verschieden. Während
Mayer das formale Bedürfnis mit der gröſsten instinktiven Gewalt des Genies, man möchte sagen
mit einer Art von Fanatismus, vertritt, wobei ihm auch
die begriffliche Kraft nicht fehlt, vor allen anderen Forschern das mechanische Äquivalent der Wärme aus längst
bekannten, allgemein zur Verfügung stehenden Zahlen zu
berechnen und ein die ganze Physik und Physiologie um-
fassendes Programm für die neue Lehre aufzustellen,
wendet sich Joule der eingehenden Begründung derselben
durch wunderbar angelegte und meisterhaft ausgeführte
Experimente auf allen Gebieten der Physik zu. Bald
nimmt auch Helmholtz in seiner ganz selbstständigen
und eigenartigen Weise die Frage in Angriff. Nächst der
fachlichen Virtuosität, mit welcher dieser alle noch uner-
ledigten Punkte des Mayerschen Progamms und noch
andere Aufgaben zu bewältigen weiſs, tritt uns hier die
volle kritische Klarheit des 26jährigen Mannes überraschend entgegen. Seiner Darstellung fehlt das Ungestüm,
der Impetus der Mayerschen. Ihm ist das Prinzip der

Energieerhaltung kein a priori einleuchtender Satz. Was folgt, wenn er besteht? In dieser hypothetischen Frageform bewältigt er seinen Stoff.

Ich muſs gestehen, ich habe immer den ästhetischen und ethischen Geschmack mancher unserer Zeitgenossen bewundert, welche aus diesem Verhältnisse gehässige **nationale und personale Fragen** zu schmieden wuſsten, anstatt das Glück zu preisen, das **mehrere** solche Menschen zugleich wirken lieſs, und anstatt sich an der so lehrreichen und für uns so fruchtbringenden Verschiedenheit bedeutender intellektueller Individualitäten zu erfreuen.

Wir wissen, daſs bei Entwickelung des Energieprinzipes noch eine theoretische Vorstellung wirksam war, von der sich **Mayer** allerdings ganz frei zu halten wuſste, nämlich die, daſs die Wärme und auch die übrigen physikalischen Vorgänge auf Bewegung beruhen. Ist einmal das Energieprinzip gefunden, so spielen diese Hülfs- und Durchgangstheorieen keine wesentliche Rolle mehr, und wir können das Prinzip, sowie das **Black**sche, als einen Beitrag zur **direkten** Beschreibung eines umfassenden Gebietes von Thatsachen ansehen.

Es möchte nach diesen Betrachtungen nicht nur ratsam, sondern sogar geboten erscheinen, ohne bei der Forschung die wirksame Hilfe theoretischer Ideen zu verschmähen, doch in dem Maaſse, als man mit den neuen Thatsachen vertraut wird, allmählich an die Stelle der **indirekten die direkte** Beschreibung treten zu lassen, welche nichts **Unwesentliches** mehr enthält und sich lediglich auf die begriffliche Fassung der Thatsachen beschränkt. Fast muſs man sagen, daſs die mit einem gewissen Anflug von Herablassung sogenannten beschreibenden Naturwissenschaften an Wissenschaftlichkeit die noch kürzlich sehr üblichen physikalischen Darstellungen überholt haben. Allerdings ist hier mitunter aus der Not eine Tugend geworden.

Wir müssen zugestehen, daſs wir auſser Stande sind, jede Thatsache sofort **direkt** zu beschreiben. Wir müſsten vielmehr mutlos zusammensinken, würde uns der ganze Reichtum der Thatsachen, den wir nach und nach kennen lernen, **auf einmal** geboten. Glücklicherweise fällt uns zunächst nur Vereinzeltes, Ungewöhnliches auf, welches wir, mit dem Alltäglichen **vergleichend**, uns näher bringen. Hierbei entwickeln sich die Begriffe der gewöhnlichen Verkehrssprache. Mannigfaltiger und zahlreicher werden dann die **Vergleichungen**, **umfassender** die verglichenen Thatsachengebiete, entsprechend allgemeiner und **abstrakter** die gewonnenen Begriffe, welche die direkte Beschreibung ermöglichen.

Erst wird uns der freie Fall der Körper vertraut. Die Begriffe Kraft, Masse, Arbeit werden in geeigneter Modifikation auf die elektrischen und magnetischen Erscheinungen übertragen. Der Wasserstrom soll Fourier das erste anschauliche Bild für den Wärmestrom geliefert haben. Ein besonderer, von Taylor untersuchter Fall der Saitenschwingung erklärt ihm einen besonderen Fall der Wärmeleitung. Ähnlich wie Dan. Bernoulli und Euler die mannigfaltigsten Saitenschwingungen aus

Taylorschen Fällen setzt Fourier die mannigfaltigsten Wärmebewegungen analog aus einfachen Leitungsfällen zusammen, und diese Methode verbreitet sich über die ganze Physik. Ohm bildet seine Vorstellung vom **elektrischen Strom** jener **Fouriers** nach. Dieser schließt sich auch **Ficks** Theorie der Diffusion an. In analoger Weise entwickelt sich eine Vorstellung vom magnetischen Strom. Alle Arten von stationären Strömungen lassen nun gemeinsame Züge erkennen, und selbst der **volle** Gleichgewichtszustand in einem ausgedehnten Medium teilt diese Züge mit dem **dynamischen** Gleichgewichtszustand, der stationären Strömung. So weit abliegende Dinge wie die magnetischen Kraftlinien eines elektrischen Stromes und die Stromlinien eines reibungslosen Flüssigkeitswirbels treten dadurch in ein eigentümliches Ähnlichkeitsverhältnis. Der Begriff Potential, ursprünglich für ein engbegrenztes Gebiet aufgestellt, nimmt eine umfassende Anwendbarkeit an. An sich so unähnliche Dinge wie Druck, Temperatur, elektromotorische Kraft zeigen nun doch eine Übereinstimmung in ihrem Verhältnis zu den daraus in bestimmter Weise abgeleiteten Begriffen: Druckgefälle, Temperaturgefälle, Potentialgefälle und zu den ferneren: Flüssigkeits-, Wärme-, elektrische Stromstärke. Eine solche Beziehung von Begriffssystemen, in welcher sowohl die Unähnlichkeit je zweier homologer Begriffe als auch die Übereinstimmung in den logischen Verhältnissen je zweier homologer Begriffspaare zum klaren Bewußtsein kommt, pflegen wir eine **Analogie** zu nennen. Dieselbe ist ein wirksames Mittel, heterogene Thatsachengebiete durch einheitliche

Auffassung zu bewältigen. Es zeigt sich hier deutlich der Weg, auf dem sich eine **allgemeine**, alle Gebiete umfassende **physikalische Phänomenologie** entwickeln wird.

Bei dem geschilderten Vorgang gewinnen wir nun erst dasjenige, was zur direkten Beschreibung großer Thatsachengebiete unentbehrlich ist, den weitreichenden **abstrakten Begriff**. Und da muß ich mir die schulmeisterliche, aber unerläßliche Frage erlauben: Was ist ein **Begriff**? Ist derselbe eine verschwommene, aber doch immer noch **anschauliche Vorstellung**? Nein! Nur in den einfachsten Fällen wird sich diese als Begleiterscheinung einstellen. Man denke etwa an den Begriff „**Selbstinduktionskoeffizent**" und suche nach der anschaulichen Vorstellung. Oder ist der Begriff etwa ein bloßes **Wort**? Die Annahme dieses verzweifelten Gedankens, der kürzlich von geachteter mathematischer Seite wirklich geäußert worden ist, würde uns nur um ein Jahrtausend zurück in die tiefste Scholastik stürzen. Wir müssen denselben also ablehnen.

Die Aufklärung liegt nahe. Wir dürfen nicht denken, daß die **Empfindung** ein rein passiver Vorgang ist. Die niedersten Organismen antworten auf dieselbe mit einer einfachen Reflexbewegung, indem sie die herankommende Beute verschlingen. Bei höheren Organismen findet der centripetale Reiz im Nervensystem Hemmungen und Förderungen, welche den centrifugalen Prozeß modifizieren. Bei noch höheren Organismen kann — bei Prüfung und Verfolgung der Beute — der berührte Prozeß eine ganze Reihe von Cirkelbewegungen durchlaufen, bevor derselbe zu einem relativen Stillstand gelangt. Auch unser Leben spielt sich in analogen Prozessen ab, und alles, was wir Wissenschaft nennen, können wir als Teile, als Zwischenglieder solcher Prozesse ansehen.

Es wird nun nicht mehr befremden, wenn ich sage: Die **Definition** eines Begriffes, und, falls sie geläufig ist, schon der **Name** des Begriffes, ist ein **Impuls** zu einer genau bestimmten, oft komplizierten, prüfenden, vergleichenden oder konstruierenden **Thätigkeit**, deren meist sinnliches **Ergebnis** ein Glied des Begriffsumfangs ist. Es kommt nicht darauf an, ob der Begriff nur die Aufmerksamkeit auf einen bestimmten Sinn (Gesicht) oder die Seite eines Sinnes (Farbe, Form) hinlenkt, oder eine umständliche Handlung auslöst, ferner auch nicht darauf, ob die Thätigkeit (chemische, anatomische, mathematische Operation) muskulär, oder gar technisch, oder endlich nur in der Phantasie ausgeführt, oder gar nur angedeutet wird. Der Begriff ist für den Naturforscher, was die Note für den Klavierspieler. Der geübte Mathematiker oder Physiker liest eine Abhandlung so, wie der Musiker eine Partitur liest. So wie aber der Klavierspieler seine Finger einzeln und kombiniert erst bewegen lernen muſs, um dann der Note fast unbewuſst Folge zu leisten, so muſs auch der Physiker und Mathematiker eine lange Lehrzeit durchmachen, bevor er die mannigfaltigen feinen Innervationen seiner Muskeln und seiner Phantasie, wenn ich so sagen darf, beherrscht. Wie oft führt der Anfänger in Mathematik oder Physik anderes, mehr oder weniger aus, als er soll, oder stellt sich anderes vor. Trifft er aber nach der nötigen Übung auf den „Selbstinduktionskoeffizienten", so weiß er sofort, was das Wort von ihm will. Wohlgeübte Thätigkeiten, die sich aus der Notwendigkeit der Vergleichung und Darstellung der Thatsachen durch einander ergeben haben, sind also der Kern der Begriffe. Will ja auch sowohl die positive wie die philosophische Sprachforschung gefunden haben, daß alle Wurzeln durchaus Begriffe, und ursprünglich durchaus nur muskuläre Thätigkeiten bedeuten. Und nun wird uns auch die zögernde Zustimmung der Physiker zu Kirchhoffs Satz verständlich. Die konnten ja fühlen, was alles an Einzelarbeit, Einzeltheorie und Fertigkeit erworben sein muß, bevor das Ideal der direkten Beschreibung verwirklicht werden kann.

Es sei nun das Ideal für ein Thatsachengebiet erreicht. Leistet die Beschreibung alles, was der Forscher verlangen kann? Ich glaube ja! Die Beschreibung ist ein Aufbau der Thatsachen in Gedanken, welcher in den experimentellen Wissenschaften oft die Möglichkeit einer wirklichen Darstellung begründet. Für den Physiker insbesondere sind die Maaßeinheiten die Bausteine, die Begriffe die Bauanweisung, die Thatsachen das Bauergebnis. Unser Gedankengebilde ist uns ein fast vollständiger Ersatz der Thatsache, an welchem wir alle Eigenschaften derselben ermitteln können. Nicht am schlechtesten kennen wir das, was wir selbst herzustellen wissen.

Man verlangt von der Wissenschaft, daß sie zu prophezeien verstehe, und auch Hertz gebrauchte diesen

Ausdruck in seiner nachgelassenen Mechanik. Der Ausdruck, obgleich naheliegend, ist jedoch zu eng. Der Geologe, Paläontologe, zuweilen der Astronom, immer der Historiker, Kulturforscher, Sprachforscher prophezeihen, so zu sagen, nach rückwärts. Die deskriptiven Wissenschaften, ebenso wie die Geometrie, die Mathematik prophezeien nicht vor- und nicht rückwärts, sondern suchen zu den Bedingungen das Bedingte. Sagen wir lieber: **Die Wissenschaft hat teilweise vorliegende Thatsachen in Gedanken zu ergänzen.** Dies wird durch die Beschreibung ermöglicht, denn diese setzt Abhängigkeit der beschreibenden Elemente von einander voraus, da ja sonst nichts beschrieben wäre.

Man sagt, daſs die Beschreibung das **Kausalitätsbedürfnis** unbefriedigt läſst. Wirklich glaubt man Bewegungen besser zu verstehen, wenn man sich die ziehenden **Kräfte** vorstellt, und doch leisten die thatsächlichen **Beschleunigungen** mehr, ohne Überflüssiges einzuführen. Ich hoffe, daſs die künftige Naturwissenschaft die Begriffe Ursache und Wirkung, die wohl nicht für mich allein einen starken Zug von **Fetischismus** haben, ihrer formalen Unklarheit wegen beseitigen wird. Es empfiehlt sich vielmehr, **die begrifflichen Bestimmungselemente einer Thatsache als abhängig von einander anzusehen**, einfach in dem rein logischen Sinne, wie dies der Mathematiker, etwa der Geometer, thut. Die Kräfte treten uns ja durch Vergleich mit dem Willen näher; vielleicht wird aber der Wille noch klarer durch den Vergleich mit der Massenbeschleunigung.

Fragen wir uns aufs Gewissen, wann uns eine Thatsache klar ist, so müssen wir sagen, dann, wenn wir dieselbe durch recht einfache, uns geläufige Gedankenoperationen, etwa Bildung von Beschleunigungen, geometrische Summation derselben u. s. w., nachbilden können. Diese Anforderung an die Einfachheit ist selbstredend für den Sachkundigen eine andere als für den Anfänger. Ersterem genügt die Beschreibung durch ein System von Differentialgleichungen, während letzterer den allmählichen Aufbau aus Elementargesetzen fordert. Ersterer durchschaut sofort den Zusammenhang beider Darstellungen. Es soll natürlich nicht in Abrede gestellt werden, daſs, so zu sagen, der künstlerische Wert sachlich gleichwertiger Beschreibungen ein sehr verschiedener sein kann.

Am schwersten werden Fernerstehende zu überzeugen sein, daſs die groſsen allgemeinen Gesetze der Physik für beliebige Massensysteme, elektrische, magnetische Systeme u. s. w. von Beschreibungen nicht wesentlich verschieden seien. Die Physik befindet sich da vielen Wissenschaften gegenüber in einem leicht darzulegenden Vorteil. Wenn z. B. ein Anatom, die übereinstimmenden und unterscheidenden Merkmale der Thiere aufsuchend, zu einer immer feineren und feineren Klassifikation gelangt, so sind die einzelnen Thatsachen, welche die letzten Glieder des Systems darstellen, doch so verschieden, daſs dieselben einzeln gemerkt werden müssen. Man denke z. B. an die gemeinsamen Merkmale der Wirbeltiere, die Klassencharaktere der Säuger und Vögel einerseits, der Fische anderseits, an den doppelten Blutkreislauf einerseits, den einfachen anderseits. Es bleiben schließlich immer **isolierte Thatsachen** übrig, die unter einander nur eine **geringe Ähnlichkeit** aufweisen.

Eine der Physik viel verwandtere Wissenschaft, die Chemie, befindet sich oft in einer ähnlichen Lage. Die sprungweise Änderung der qualitativen Eigenschaften, die vielleicht durch die geringe Stabilität der Zwischenzustände bedingt ist, die geringe Ähnlichkeit der koordinierten Thatsachen der Chemie, erschweren die Behandlung. Körperpaare von verschiedenen qualitativen Eigenschaften verbinden sich in verschiedenen Massenverhältnissen; ein Zusammenhang zwischen ersteren und letzteren ist aber zunächst nicht wahrzunehmen.

Die Physik hingegen zeigt uns ganze große Gebiete **qualitativ gleichartiger** Thatsachen, die sich nur durch die Zahl der gleichen Teile, in welche deren Merkmale zerlegbar sind, also nur **quantitativ** unterscheiden. Auch wo wir mit Qualitäten (Farben und Tönen) zu thun haben, stehen uns quantitative **Merkmale** derselben zur Verfügung. Hier ist die **Klassifikation** eine so einfache Aufgabe, daß sie als solche meist gar nicht zum Bewußtsein kommt, und selbst bei unendlich feinen Abstufungen, bei einem **Kontinuum von Thatsachen**, liegt das Zahlensystem im voraus bereit, beliebig weit zu folgen. Die koordinierten Thatsachen sind hier **sehr ähnlich** und verwandt, ebenso deren Beschreibungen, welche in einer Bestimmung der Maßzahlen gewisser Merkmale durch jene anderer Merkmale mittels geläufiger

Rechnungsoperationen, d. i. Ableitungsprozesse bestehen. Hier kann also das Gemeinsame aller Beschreibungen gefunden, damit eine zusammenfassende Beschreibung oder eine Herstellungsregel für alle Einzelbeschreibungen angegeben werden, die wir eben das Gesetz nennen. Allgemein bekannte Beispiele sind die Formeln für den freien Fall, den Wurf, die Centralbewegung u. s. w. Leistet also die Physik mit ihren Methoden scheinbar so viel mehr, als andere Wissenschaften, so müssen wir anderseits bedenken, dafs dieselbe in gewissem Sinne auch weitaus einfachere Aufgaben vorfindet.

Die übrigen Wissenschaften, deren Thatsachen ja auch eine physikalische Seite darbieten, werden die Physik um diese günstigere Stellung nicht zu beneiden haben, denn deren ganzer Erwerb kommt schliefslich ihnen wieder zu gut. Aber auch auf andere Weise kann und soll sich dieses Leistungsverhältnis ändern. Die Chemie hat es ganz wohl verstanden, sich der Methoden der Physik in ihrer Art zu bemächtigen. Von älteren Versuchen abgesehen, sind die periodischen Reihen von L. Meyer und Mendelejeff ein geniales und erfolgreiches Mittel, ein übersichtliches System von Thatsachen herzustellen, welches, sich allmählich vervollständigend, fast ein Kontinuum von Thatsachen ersetzen wird. Und durch das Studium der Lösungen, der Dissoziation, überhaupt der Vorgänge, welche wirklich ein Kontinuum von Fällen darbieten, haben die Methoden der Thermodynamik Eingang in die Chemie gefunden. So dürfen wir auch hoffen, dafs vielleicht einmal ein Mathematiker, welcher das Thatsachenkontinuum der Embryologie auf sich wirken läfst, dem die Paläontologen der Zukunft vielleicht mehr Schaltformen und Abzweigungsformen zwischen dem Saurier der Vorwelt und dem Vogel der Gegenwart vorführen können, als dies jetzt mit dem vereinzelten Pterodaktylus, Archaeopteryx, Ichthyornis u. s. w. geschieht, dafs dieser uns durch Variation einiger Parameter wie in einem flüssigen Nebelbild die eine Form in die andere überführt, so wie wir einen Kegelschnitt in den andern umwandeln.

Denken wir nun an Kirchhoffs Worte zurück, so werden wir uns über deren Bedeutung leicht verständigen. Gebaut kann nicht werden ohne Bausteine, Mörtel, Gerüst und Baufertigkeit. Doch aber ist der Wunsch wohlbegründet, den fertigen, nun auf sich beruhenden Bau dem künftigen Geschlecht ohne Verunstaltung durch das Gerüst zu zeigen. Es ist der reine logisch-ästhetische Sinn des Mathematikers, der aus Kirchhoff spricht. Seinem Ideal streben neuere Darstellungen der Physik wirklich zu, und dasselbe ist auch uns verständlich. Ein schlechtes didaktisches Kunststück aber wäre es allerdings, wollte man Baumeister bilden, indem man sagt: Sieh hier einen Prachtbau, willst du auch bauen, so gehe hin, und thue desgleichen.

Die Schranken zwischen Fach und Fach, welche Arbeitsteilung und Vertiefung ermöglichen, und die uns doch so frostig und philisterhaft anmuten, werden allmählich schwinden. Brücke auf Brücke wird geschlagen. Inhalt und Methoden selbst der abliegendsten Fächer treten in Vergleichung. Wenn nach 100 Jahren die Naturforscherversammlung einmal tagt, dürfen wir erwarten, daſs sie in höherem Sinne als heute eine Einheit darstellen wird, nicht nur der Gesinnung und dem Ziele, sondern auch der Methode nach. Fördernd für diese Wandlung muſs es aber sein, wenn wir uns die innere Verwandtschaft aller Forschung gegenwärtig halten, welche Kirchhoff mit so klassischer Einfachheit zu bezeichnen wuſste.

XIV.
Über den Einfluſs zufälliger Umstände auf die Entwickelung von Erfindungen und Entdeckungen.*)

Den naiven hoffnungsfrohen Anfängen des Denkens jugendlicher Völker und Menschen ist es eigentümlich, daſs beim ersten Schein des Gelingens alle Probleme für lösbar und an der Wurzel faſsbar gehalten werden. So glaubt der Weise von Milet, indem er die Pflanze dem Feuchten entkeimen sieht, die ganze Natur verstanden zu haben; so meint auch der Denker von Samos, weil bestimmte Zahlen den Längen harmonischer Saiten entsprechen, mit den Zahlen das Wesen der Welt erschöpfen zu können. Philosophie und Wissenschaft sind in dieser Zeit nur Eins. Reichere Erfahrung deckt aber bald die Irrtümer auf, erzeugt die Kritik, und führt zur Teilung, Verzweigung der Wissenschaft.

Da nun aber gleichwohl eine allgemeine Umschau in der Welt dem Menschen Bedürfnis bleibt, so trennt sich, demselben zu entsprechen, die Philosophie von der Spe-

---

*) Rede gehalten bei Übernahme der Profeſur für Philosophie (Geschichte und Theorie der induktiven Wissenschaft) an der Universität Wien am 21. Oktober 1895.

zialforschung. Noch öfter finden wir zwar beide in einer gewaltigen Persönlichkeit wie Descartes oder Leibnitz vereinigt. Weiter und weiter gehen aber deren Wege im allgemeinen auseinander. Und kann sich zeitweilig die Philosophie so weit der Spezialforschung entfremden, daß sie meint aus bloßen Kinderstubenerfahrungen die Welt aufbauen zu dürfen, so hält dagegen der Spezialforscher den Knoten des Welträtsels für lösbar von der einzigen Schlinge aus, vor der er steht, und die er in riesiger perspektivischer Vergrößerung vor sich zieht. Er hält jede weitere Umschau für unmöglich oder gar für überflüssig, nicht eingedenk des Voltaireschen Wortes, das hier mehr als irgendwo zutrifft: »Le superflu—chose très necessaire.«

Wahr ist ja, daß wegen Unzulänglichkeit der Bausteine die Geschichte der Philosophie größtenteils eine Geschichte des Irrtums darstellt, und darstellen muß. Nicht undankbar aber sollen wir vergessen, daß die Keime der Gedanken, welche die Spezialforschung heute noch durchleuchten, wie die Lehre vom Irrationalen, die Erhaltungsideen, die Entwickelungslehre, die Idee der spezifischen Energieen u. a. sich in weit entlegene Zeiten auf philosophische Quellen zurückverfolgen lassen. Es ist auch gar nicht gleichgiltig, ob ein Mensch den Versuch der Orientierung in der Welt mit Erkenntnis der Unzulänglichkeit der Mittel aufgeschoben, aufgegeben, oder ob er denselben gar nie unternommen hat. Diese Unterlassung rächt sich ja dadurch, daß der Spezialist auf seinem engern Gebiet in dieselben Fehler wieder verfällt, welche die Philosophie längst als solche erkannt hat.

So finden wir wirklich in der Physik und Physiologie namentlich der ersten Hälfte unseres Jahrhunderts Gedankengebilde, welche an naiver Ungeniertheit jenen der Jonischen Schule, oder den Platonischen Ideen, oder dem brüchtigsten ontologischen Beweis u. a. auf ein Haar gleichen.

Dies Verhältnis scheint sich nun allmählich doch ändern zu wollen. Hat sich die heutige Philosophie bescheidenere erreichbare Ziele gesetzt, steht sie der Spezialforschung nicht mehr abhold gegenüber, nimmt sie sogar eifrig an derselben Teil, so sind anderseits die Spezialwissenschaften, Mathematik und Physik nicht minder als die historischen, die Sprachwissenschaften sehr philosophisch geworden. Der vorgefundene Stoff wird nicht mehr kritiklos hingenommen; man sieht sich nach den Nachbargebieten um, aus welchen derselbe herrührt. Die einzelnen Spezialgebiete streben nach gegenseitigem Anschluſs. So bricht sich allmählich auch unter den Philosophen die Überzeugung Bahn, daſs alle Philosophie nur in einer gegenseitigen kritischen Ergänzung, Durchdringung und Vereinigung der Spezialwissenschaften zu einem einheitlichen Ganzen bestehen kann. Wie das Blut, den Leib zu nähren, sich in zahllose Kapillaren teilt, um dann aber doch wieder im Herzen sich zu sammeln, so wird auch in der Wissenschaft der Zukunft alles Wissen in einen einheitlichen Strom mehr und mehr zusammenflieſsen.

Diese der heutigen Generation nicht mehr fremde Auffassung denke ich zu vertreten. Hoffen Sie also nicht, oder fürchten Sie nicht, daſs ich Systeme vor Ihnen bauen werde. Ich bleibe Naturforscher. Erwarten Sie aber auch nicht, daſs ich auch nur alle Gebiete der Naturforschung durchstreife. Nur auf dem mir vertrauten Gebiet kann ich ja versuchen Führer zu sein, und nur da kann ich einen kleinen Teil der bezeichneten Arbeit fördern helfen. Wenn es mir gelingt, Ihnen die Beziehungen der Physik, Psychologie und Erkenntniskritik so nahezu legen, daſs sie aus jedem dieser Gebiete für jedes Nutzen und Zuwachs an Klarheit gewinnen, werde ich meine Arbeit für keine vergebliche halten. Um aber an einem Beispiel zu zeigen, wie ich mir solche Untersuchungen meinen Vorstellungen und Kräften gemäſs geführt denke, bespreche ich heute, natürlich nur in Form einer Skizze, einen besonderen begrenzten Stoff: **Den Einfluſs zufälliger Umstände auf die Entwickelung von Erfindungen und Entdeckungen.**

Wenn man von einem Menschen sagt, er habe das Pulver nicht erfunden, meint man damit seine Fähigkeiten in eine recht ungünstige Beleuchtung zu stellen. Der Ausdruck ist kaum glücklich gewählt, da wohl an keiner Erfindung das vorsorgliche Denken einen geringeren und der glückliche Zufall einen gröſseren Anteil gehabt haben mag, als gerade an dieser. Dürfen wir aber die Leistung eines Erfinders überhaupt unterschätzen, weil ihm der Zufall behilflich war? Huygens, der so viel entdeckt und erfunden hat, daſs wir ihm wohl ein Urteil in diesen Dingen zutrauen können, weist dem Zufall eine gewichtige Rolle zu, indem er sagt, daſs er den für einen übermenschlichen Genius halten müſste, welcher das Fernrohr ohne Begünstigung durch den Zufall erfunden hätte.*)

Der mitten in die Kultur gestellte Mensch findet sich von einer Menge der wunderbarsten Erfindungen umgeben, wenn er nur die Mittel der Befriedigung der alltäglichen Bedürfnisse beachtet. Versetzt er sich in die Zeit vor Erfindung dieser Mittel, und versucht er deren Entstehung ernstlich zu begreifen, so müssen ihm die Geisteskräfte der Vorfahren, welche solches geschaffen haben, zunächst als unglaublich grofse, der antiken Sage gemäfs als fast göttliche erscheinen. Sein Erstaunen wird aber beträchtlich gedämpft durch die ernüchternden, aufklärenden und die Vorzeit doch so poetisch erleuchtenden Enthüllungen der Kulturforschung, welche vielfach nachzuweisen vermag, wie langsam, in wie unscheinbaren kleinen Schritten, jene Erfindungen entstanden sind.

Eine kleine Vertiefung im Boden, in welcher Feuer angemacht wird, ist der ursprüngliche Ofen. Das Fleisch des erlegten Tieres, mit Wasser in dessen Haut gethan, wird durch eingelegte erhitzte Steine gekocht. Auch in Holzgefäfsen wird dieses Steinkochen geübt. Ausgehöhlte Kürbisse werden durch Thonüberzug vor dem Verbrennen geschützt. So entsteht zufällig aus gebranntem Thon der umschliefsende Topf, welcher den Kürbis selbst überflüssig macht, der aber noch lange über den Kürbis, oder in ein Korbgeflecht hinein geformt wird, bevor die Töpfer-

---

*) ›Quod si quis tanta industria extitisset, ut ex naturae principiis et geometria hanc rem eruere potuisset, eum ego supra mortalium sortem ingenio valuisse dicendum crederem. Sed hoc tantum abest, ut fortuito reperti artificii rationem non adhuc satis explicari potuerint viri doctissimi.‹ Hugenii Dioptrica (de telescopiis).

kunst endlich selbständig auftritt. Auch dann behält sie noch, gewissermassen als Ursprungszeugnis, das geflechtähnliche Ornament bei. So lernt also der Mensch durch zufällige, d. h. aufser seiner Absicht, Voraussicht und Macht liegende Umstände, allmählich vorteilhaftere Wege zur Befriedigung seiner Bedürfnisse kennen. Wie hätte auch ein Mensch ohne Hilfe des Zufalls voraussehen sollen, dafs Thon in der üblichen Weise behandelt ein brauchbares Kochgefäfs liefern würde?

Die meisten der in die Kulturanfänge fallenden Erfindungen — Sprache, Schrift, Geld u. a. eingeschlossen — konnten schon deshalb nicht Ergebnis absichtlichen planmäfsigen Nachdenkens sein, weil man von deren Wert und Bedeutung eben erst durch den Gebrauch eine Vorstellung gewinnen konnte. Die Erfindung der Brücke mag durch einen quer über den Giefsbach gestürzten Baumstamm, jene des Werkzeugs durch einen beim Aufschlagen von Früchten zufällig in die Hand geratenen Stein eingeleitet worden sein. Auch der Gebrauch des Feuers wird wohl dort begonnen und von dort aus sich verbreitet haben, wo Vulkanausbrüche, heifse Quellen, brennende Gasausströmungen Gelegenheit boten, dessen Eigenschaften in ruhiger Beobachtung kennen und benützen zu lernen. Nun erst konnte der etwa beim Durchbohren eines Holzstückes gefundene Feuerbohrer in seiner Bedeutung als Zündvorrichtung gewürdigt werden. Phantastisch und unglaublich klingt ja die von einem grofsen Forscher geäufserte Ansicht, welche die Erfindung des Feuerbohrers durch eine religiöse Ceremonie entstehen läfst. Und so wenig werden wir von der Erfindung des Feuerbohrers erst den Gebrauch des Feuers ableiten wollen, wie etwa von der Erfindung der Zündhölzchen. Denn sicherlich entspricht nur der umgekehrte Weg der Wahrheit. *)

Ähnliche zum Teil noch in tiefes Dunkel gehüllte Vorgänge begründen den Übergang der Völker vom Jäger- zum Nomadenleben und zum Ackerbau. **) Wir wollen die Beispiele nicht häufen und nur noch bemerken, dafs dieselben Erscheinungen in der historischen Zeit, in der Zeit der grofsen technischen Erfindungen wiederkehren, und dafs auch über diese teilweise recht abenteuerliche Vorstellungen verbreitet sind, welche dem Zufall einen ungebührlich übertriebenen, psychologisch unmöglichen Einflufs einräumen. Die Beobachtung des aus dem Theekessel entweichenden, mit dem Deckel klappernden Dampfes soll zu Erfindung der Dampfmaschine geführt haben. Man denke sich den Abstand zwischen diesem Schauspiel und der Vorstellung einer grofsen Kraftleistung des Dampfes für einen Menschen, der die Dampfmaschine eben noch nicht kennt! Wenn aber ein Ingenieur, der schon Pumpen gebaut hat, eine zum Trocknen erhitzte noch mit Dampf erfüllte Flasche zufällig mit der Mündung ins Wasser taucht, und nun dieses heftig in die Flasche hineinstürzend sich erhebt, dann liegt wohl der Gedanke recht nahe, auf diesen Vorgang eine bequeme vorteilhafte Dampfsaugpumpe zu

---

* Dies schliefst nicht aus, dafs der Feuerbohrer nachher bei der Verehrung des Feuers oder der Sonne eine Rolle gespielt hat.

**) Vergl. hierüber die höchst interessante Mitteilung von Carus, the philosophy of the tool. Chicago 1893.

gründen, welche sich in psychologisch möglichen, ja naheliegenden unscheinbaren kleinen Schritten allmählich in die Wattsche Dampfmaschine umwandelt.

Wenn nun auch dem Menschen die wichtigsten Erfindungen in von ihm unbeabsichtigter Weise durch den Zufall recht nahe gelegt werden, so kann doch der Zufall allein keine Erfindung zu stande bringen. Der Mensch verhält sich hierbei keineswegs unthätig. Auch der erste Töpfer im Urwald mufs etwas von einem Genius in sich fühlen. Er mufs die neue Thatsache beachten, die für ihn vorteilhafte Seite derselben erschauen und erkennen, und verstehen, dieselbe als Mittel zu seinem Zweck zu verwenden. Er mufs das Neue unterscheiden, seinem Gedächtnis einfügen, mit seinem übrigen Denken verbinden und verweben. Kurz er mufs die Fähigkeit haben, Erfahrungen zu machen.

Man könnte die Fähigkeit, Erfahrungen zu machen, geradezu als das Maafs der Intelligenz ansehn. Dieselbe ist beträchtlich verschieden bei Menschen desselben Stammes und wächst gewaltig, wenn wir bei den niederen Tieren beginnend dem Menschen uns nähern. Erstere sind fast ganz auf ihre mit der Organisation ererbten Reflexthätigkeiten angewiesen, individueller Erfahrungen fast ganz unfähig, und bei ihren einfachen Lebensbedingungen auch kaum bedürftig. Die Reusenschnecke nähert sich immer wieder der fleischfressenden Aktinie, so oft sie auch mit Nesselfäden beworfen zusammenzuckt, als ob sie kein Gedächtnis für den Schmerz hätte.*) Dieselbe Spinne

*) Möbius, Naturwiss. Verein f. Schleswig-Holstein. Kiel. 1873 S. 113 ff.

läfst sich wiederholt durch Berührung des Netzes mit der Stimmgabel hervorlocken; die Motte fliegt wieder der Flamme zu, an welcher sie sich schon verbrannt hat; der Taubenschwanz stöfst unzähligemal gegen die gemalten Rosen der Tapetenwand*), ähnlich dem bedauerlichen verzweifelten Denker, der dasselbe unlösbare S ch e i n problem immer wieder in derselben Weise angreift. Fast so planlos wie Maxwellsche Gasmoleküle und fast ebenso unvernünftig kommen die Fliegen angeflogen, und bleiben dem Lichten und Freien zustrebend an der Glastafel des halb geöffneten Fensters gefangen, indem sie den Weg um den schmalen Rahmen herum nicht zu finden vermögen. Der Hecht aber, der im Aquarium von Ellritzen durch eine Glastafel getrennt ist, merkt doch schon nach einigen Monaten, nach dem er sich halb zu Tode gestofsen, dafs er diese Fische nicht ungestraft angreifen darf. Er läfst sie nunmehr auch nach Entfernung der Scheidewand in Ruhe, verschlingt aber sofort jeden fremden neu eingebrachten Fisch. Schon den Zugvögeln müssen wir ein bedeutendes Gedächtnis zuschreiben, welches wahrscheinlich wegen Wegfalls störender Gedanken so präcis wirkt wie jenes mancher Cretins. Allgemein bekannt ist aber die Abrichtungsfähigkeit der höheren Wirbeltiere, in welcher sich deren Fähigkeit, Erfahrungen zu machen, deutlich ausspricht.

Ein stark entwickeltes mechanisches Gedächtnis, welches dagewesene Situationen lebhaft und treu wieder-

---

*) Die Beobachtung über den Taubenschwanz verdanke ich Herrn Prof. Hatschek.

holend ins Bewußtsein zurückruft, wird genügen, eine bestimmte besondere Gefahr zu vermeiden, eine bestimmte besondere günstige Gelegenheit zu benützen. Zur Entwickelung einer Erfindung wird dasselbe
nicht ausreichen. Hierzu gehören längere Vorstellungsreihen, die Erregung verschiedener Vorstellungsreihen
durcheinander, ein stärkerer, vielfacher, mannigfaltiger
Zusammenhang des gesamten Gedächtnisinhaltes, ein
durch den Gebrauch gesteigertes mächtigeres und empfindlicheres psychisches Leben. Der Mensch kommt an
einen unüberschreitbaren Gießbach, der ihm ein schweres
Hemmnis ist. Er erinnert sich, daß er einen solchen
auf einem umgestürzten Baum schon überschritten hat.
In der Nähe sind Bäume. Umgestürzte Bäume hat er
schon bewegt. Er hat auch Bäume schon gefällt, und sie
waren dann beweglich. Zur Fällung hat er scharfe Steine
benutzt. Er sucht einen solchen Stein, und indem er die
in Erinnerung gekommenen Situationen, welche sämtlich
durch das eine starke Interesse der Überschreitung
des Gießbaches lebendig gehalten werden, in umgekehr-
ter Ordnung herbeiführt, erfindet er die Brücke.

Daß die höheren Wirbeltiere in bescheidenem Maße
ihr Verhalten den Umständen anpassen, ist nicht zweifelhaft. Wenn sie keinen merklichen Fortschritt durch Auf-
sammlung von Erfindungen zeigen, so erklärt sich dies
hinreichend durch einen Grad- oder Intensitätsunterschied
ihrer Intellegenz dem Menschen gegenüber; die Annahme
eines Artunterschiedes ist Newtons Forschungsprinzip
gemäß unnötig. Wer nur einen minimalen Betrag täglich

erspart, hat demjenigen gegenüber einen unabsehbaren Vorteil, der denselben Betrag täglich verliert, oder auch den gewonnenen nur nicht dauernd zu erhalten vermag. Ein kleiner quantitativer Unterschied erklärt hier einen gewaltigen Unterschied des Aufschwungs.

Dasselbe, was für die vorhistorische Zeit gilt, gilt auch für die historische, und, was von der Erfindung gesagt wurde, läfst sich fast wörtlich in Bezug auf die Entdeckung wiederholen; denn beide unterscheiden sich nur durch den Gebrauch der von einer neuen Erkenntnis gemacht wird. Immer handelt es sich um den neu erschauten Zusammenhang neuer oder schon bekannter sinnlicher oder begrifflicher Eigenschaften. Es findet sich z. B. dafs ein Stoff, der eine chemische Reaktion A gibt, auch eine Reaktion B auslöst; dient dieser Fund lediglich zur Förderung der Einsicht, zur Erlösung von einer intellektuellen Unbehaglichkeit, so liegt eine Entdeckung vor, eine Erfindung hingegen, wenn wir den Stoff von der Reaktion A benützen, um die gewünschte Reaktion B zu praktischen Zwecken herbeizuführen, zur Befreiung von einer materiellen Unbehaglichkeit. Der Ausdruck »Neuauffindung des Zusammenhanges von Reaktionen« ist umfassend genug, um Entdeckungen und Erfindungen auf allen Gebieten zu charakterisieren. Derselbe umfafst den Pythagoreischen Satz, welcher die Verbindung einer geometrischen mit einer arithmetischen Reaktion enthält, die Newtonsche Entdeckung des Zusammenhanges der Keplerschen Bewegung mit dem verkehrt quadratischen Gesetz ebenso gut, wie das Auffinden einer kleinen Konstruktionsänderung an einem Werkzeug oder einer zweckdienlichen Manipulationsänderung in der Färberei.

Die Erschliefsung neuer bislang unbekannter Thatsachengebiete kann nur durch zufällige Umstände herbeigeführt werden, unter welchen eben die gewöhnlich unbemerkten Thatsachen merklich werden. Die Leistung des Entdeckers liegt hier in der scharfen Aufmerksamkeit, welche das Ungewöhnliche des Vorkommnisses und der bedingenden Umstände schon in den Spuren wahrnimmt*), und die Wege erkennt, auf welchen man zur vollen Beobachtung gelangt.

Hierher gehören die ersten Wahrnehmungen über die elektrischen und magnetischen Erscheinungen, die Interferenzbeobachtung Grimaldis, Aragos Bemerkung der stärkern Dämpfung der in einer Kupferhülse schwingenden Magnetnadel gegenüber jener in einer Pappschachtel, Foucaults Beobachtung der stabilen Schwingungsebene eines auf der Drehbank rotierenden zufällig angestofsenen Stabes, Mayers Beachtung der Röte des venösen Blutes in den Tropen, Kirchhoffs Beobachtung der Verstärkung der D-Linie des Sonnenspektrums durch eine vorgesetzte Kochsalzlampe, Schönbeins Entdeckung des Ozons durch den Phosphorgeruch beim Durchschlagen von elektrischen Funken durch die Luft n. a. m. Alle diese Thatsachen, von welchen viele gewifs oft gesehen wurden, bevor man sie beachtete, sind Beispiele der Einleitung folgenschwerer Entdeckungen durch zufällige

---

*) Vgl. Hoppe, Entdecken und Finden. 1870.

Umstände, und setzen zugleich die Bedeutung der **gespannten Aufmerksamkeit** in ein helles Licht.

Aber nicht nur bei Einleitung, sondern auch bei Fortführung einer Untersuchung können ohne die Absicht des Forschers mitwirkende Umstände sehr einflufsreich werden. Dufay erkennt so die Existenz **zweier** elektrischer Zustände, während er das Verhalten des **einen** von ihm vorausgesetzten verfolgt. Fresnel findet durch Zufall, dafs die auf einem matten Glas abgefafsten Interferenzstreifen weit besser in der freien Luft zu sehen sind. Die Beugungserscheinung zweier Spalten fällt beträchtlich **anders** aus als Fraunhofer erwartet, und er wird in Verfolgung dieses Umstandes zur Entdeckung der wichtigen Gitterspektren geführt. Die Faradaysche Induktionserscheinung weicht wesentlich ab von der Ausgangsvorstellung, die seine Versuche veranlafst hat, und gerade diese Abweichung stellt die eigentliche Entdeckung vor.

Jeder hat schon über irgend etwas nachgedacht. Jeder kann diese grofsen Beispiele durch kleinere selbsterlebte vermehren. Ich will statt vieler nur eines anführen. Zufällig einmal beim Durchfahren einer Eisenbahnkurve bemerkte ich die bedeutende scheinbare Schiefstellung der Häuser und Bäume. Dies belehrte mich, dafs die Richtung der totalen **physikalischen Massenbeschleunigung physiologisch als Vertikale** reagiert. Indem ich zunächst nur **dies** in einem grofsen Rotationsapparat genauer erproben wollte, führten mich die Nebenerscheinungen auf die Empfindung der Winkelbeschleunigung, den Drehschwindel, die Flourensschen Versuche der

Durchschneidung der Bogengänge u. a., woraus sich allmählich die alsbald auch von Breuer und Brown vertretenen Vorstellungen über Orientierungsempfindungen ergaben, die erst so vielfach bestritten, jetzt so vielfach als richtig anerkannt werden, und welche noch in letzter Zeit durch Breuers Untersuchungen über die »macula acustica« und Kreidls Versuche mit magnetisch orientierbaren Krebsen in so interessanter Weise bereichert worden sind. Nicht Mifsachtung des Zufalls sondern zweckmäfsige und zielbewufste Benützung desselben wird der Forschung förderlich sein.

Je stärker der psychische Zusammenhang der gesamten Erinnerungsbilder je nach Individuum und Stimmung, desto fruchtbringender kann dieselbe zufällige Beobachtung werden. Galilei kennt das Gewicht der Luft, er kennt auch die »Resistenz des Vacuums« sowohl in Gewicht als auch in der Höhe einer Wassersäule ausgedrückt. Allein diese Gedanken bleiben in seinem Kopfe nebeneinander. Erst Torricelli variiert das spezifische Gewicht der druckmessenden Flüssigkeit, und dadurch erst tritt die Luft selbst in die Reihe der drückenden Flüssigkeiten ein. Die Umkehrung der Spektrallinien ist vor Kirchhoff wiederholt gesehen und auch mechanisch erklärt worden. Die Spur des Zusammenhanges mit Wärmefragen hat aber nur sein feiner Geist bemerkt, und ihm allein enthüllt sich in ausdauernder Arbeit die weitreichende Bedeutung der Thatsache für das bewegliche Gleichgewicht der Wärme. Nächst dem schon vorhandenen vielfachen organischen Zusammenhang des ge-

gesamten Gedächtnisinhaltes, welcher den Forscher kennzeichnet, wird es vor allem das **starke Interesse** für ein bestimmtes Ziel, für eine Idee sein, welche die **noch nicht** geknüpften günstigen Gedankenverbindungen schlägt, indem jene Idee bei allem sich hervordrängt, was tagsüber gesehen und gedacht wird, zu allem in Beziehung tritt. So findet Bradley lebhaft mit der Aberration beschäftigt, deren Erklärung durch ein ganz unscheinbares Erlebnis beim Übersetzen der Themse. Wir dürfen also wohl fragen, ob der Zufall dem Forscher, oder der Forscher dem Zufall zu Erfolg verhilft?

Niemand denke daran, ein größeres Problem zu lösen, von dem er nicht so ganz erfüllt ist, daß alles andere für ihn Nebensache wird. Bei einer flüchtigen Begegnung Mayers mit Jolly zu Heidelberg äußert letzterer zweifelnd, daß ja das Wasser durch Schütteln sich erwärmen müßte, wenn Mayers Ansicht richtig wäre. Mayer entfernt sich ohne ein Wort zu sagen. Nach mehreren Wochen tritt er, von Jolly nicht mehr erkannt, bei diesem ein mit den Worten: »Es ischt aso!« Erst durch einige Wechselreden erfährt Jolly, was Mayer sagen will. Der Vorfall bedarf keiner weiteren Erläuterung.[*]

Auch wer von sinnlichen Eindrücken abgeschlossen nur seinen **Gedanken** nachhängt, kann einer Vorstellung begegnen, welche sein ganzes Denken in neue Bahnen leitet. Ein **psychischer** Zufall war es dann, ein **Gedankenerlebnis** im Gegensatz zum **physischen**, dem

---

[*] Nach einer mündlichen, brieflich wiederholten Mitteilung Jollys.

er diese sozusagen am Nachbild der Welt auf deduktivem Wege gemachte Entdeckung, anstatt eines experimentellen, verdankt. Eine rein experimentelle Forschung gibt es übrigens nicht, denn wir experimentieren, wie Gaufs sagt, eigentlich immer mit unsern Gedanken. Und gerade der stetige berichtigende Wechsel, die innige Berührung von Experiment und Deduktion, wie sie Galilei in den Dialogen, Newton in der Optik pflegt und übt, begründet die glückliche Fruchtbarkeit der modernen Naturforschung gegenüber der antiken, in welcher feine Beobachtung und starkes Denken zuweilen fast wie zwei Fremde nebeneinander herschreiten.

Den Eintritt eines günstigen physischen Zufalls müssen wir abwarten. Der Verlauf unserer Gedanken unterliegt dem Associationsgesetz. Bei sehr armer Erfahrung würde dieses nur eine einfache Reproduktion bestimmter sinnlicher Erlebnisse zur Folge haben. Ist aber durch reiche Erfahrung das psychische Leben stark und vielseitig in Anspruch genommen worden, so ist jedes Vorstellungselement mit so vielen andern so verknüpft, dafs der wirkliche Verlauf der Gedanken durch ganz geringe zufällig ausschlaggebende, oft kaum bemerkte Nebenumstände beeinflufst und bestimmt wird. Nun kann der Prozefs, den wir als Phantasie bezeichnen, seine vielgestaltigen Gebilde von endloser Mannigfaltigkeit zu Tage fördern. Was können wir aber thun, um diesen Prozefs zu leiten, da wir doch das Verknüpfungsgesetz der Vorstellungen nicht in der Hand haben? Fragen wir lieber: Welchen Einflufs kann eine starke immer wiederkehrende

Vorstellung auf den Verlauf der übrigen nehmen? Die Antwort liegt nach dem Vorigen schon in der Frage. Die Idee beherrscht eben das Denken des Forschers, nicht umgekehrt.

Versuchen wir nun, in den Vorgang der Entdeckung noch etwas nähern Einblick zu gewinnen. Der Zustand des Entdeckers ist, wie W. James treffend bemerkt, nicht unähnlich der Situation desjenigen, der sich auf etwas Vergessenes zu besinnen sucht. Beide fühlen eine Lücke, kennen aber nur ungefähr die Natur des Vermifsten. Treffe ich z. B. in Gesellschaft einen wohlbekannten freundlichen Mann, dessen Namen mir entfallen, der aber die schreckliche Forderung ausspricht, ihn irgendwo vorzustellen, so suche ich nach Lichtenbergs Anweisung im Alphabet zuerst den Anfangsbuchstaben des Namens. Eine eigentümliche Sympathie hält mich beim G fest. Probeweise füge ich den nächsten Buchstaben hinzu, und bleibe beim e. Bevor ich den dritten Buchstaben r noch wirklich versucht habe, tönt schon der Name »Gerson« voll in mein Ohr, und ich bin von meiner Pein befreit. — Bei einem Ausgang hatte ich eine Begegnung und erhielt eine Mitteilung. Zu Hause angelangt hatte ich über Wichtigerem alles vergessen. Mifsmutig und vergebens sinne ich hin und her. Endlich merke ich, dafs ich in Gedanken meinen Weg nochmals gehe. An der betreffenden Strafsenecke steht der Mann wieder vor mir, und wiederholt seine Mitteilung. Hier treten also nach und nach alle Vorstellungen ins Bewufstsein, welche mit der vermifsten verbunden sein können, und ziehen schliefslich diese selbst ans Licht. Besonders in dem ersten Fall ist — wenn die Erfahrung einmal gemacht ist, und als bleibender Gewinn dem Denken sich eingeprägt hat — ein systematisches Verfahren leicht ausführbar, da man schon weifs, dafs ein Name aus einer gegebenen begrenzten Zahl von Lauten bestehen mufs. Zugleich sieht man aber, dafs doch die Kombinationsarbeit ins Ungeheure wachsen würde, wenn der Name etwas länger, und die Stimmung für denselben nur mehr schwach wäre.

Nicht ohne Grund pflegt man zu sagen, der Forscher habe ein Rätsel gelöst. Jede geometrische Konstruktionsaufgabe läfst sich in die Rätselform kleiden: »Was ist das für ein Ding M, welches die Eigenschaften A, B, C hat?« »Was ist das für ein Kreis, der die Geraden A, B und letztere in einem Punkt C berührt?« Die beiden ersten Bedingungen führen unserer Phantasie die Schar der Kreise vor, deren Mittelpunkte in den Symmetralen von A, B liegen. Die dritte Bedingung erinnert uns an die Kreise mit den Mittelpunkten in der durch C auf B errichteten Senkrechten. Das gemeinsame Glied oder die gemeinsamen Glieder dieser Vorstellungsreihen lösen das Rätsel, erfüllen die Aufgabe. Ein beliebiges Sach- oder Worträtsel leitet einen ähnlichen Prozefs ein, nur wird die Erinnerung in vielen Richtungen in Anspruch genommen, und reichere weniger klar geordnete Gebiete von Vorstellungen sind zu überschauen. Der Unterschied zwischen der Situation des konstruirenden Geometers und jener des Technikers oder Naturforschers, welcher vor einem Problem steht, ist nur der, dafs ersterer sich auf einem vollkommen bekannten Gebiet bewegt, während letztere sich mit diesem weit über das gewöhnliche Maaſs hinaus erst näher vertraut machen müssen. Der Techniker verfolgt hierbei mit gegebenen Mitteln wenigstens noch ein bestimmtes Ziel, während selbst letzteres dem Naturforscher zuweilen nur in allgemeinen Umrissen vorschweben kann. Oft hat er sogar das Rätsel erst zu formulieren. Oft ergibt sich erst mit der Erreichung des Ziels die vollständigere Übersicht, welche ein systematisches Vorgehen ermöglicht hätte. Hier bleibt also dem Glück und Instinkt viel mehr überlassen.

Unwesentlich ist es für den bezeichneten Prozeſs, ob derselbe in einem Kopfe rasch abläuft, oder im Laufe der Jahrhunderte durch eine lange Reihe von Denkerleben sich fortspinnt. Wie das ein Rätsel lösende Wort zu diesem verhält sich die heutige Vorstellung vom Licht zu den von Grimaldi, Römer, Huygens, Newton, Young, Malus und Fresnel gefundenen Thatsachen, und erst mit Hilfe dieser allmählich entwickelten Vorstellung vermögen wir groſse Gebiete besser zu durchblicken.

Zu den Aufklärungen, welche Kulturforschung und vergleichende Psychologie uns liefern, bilden die Mitteilungen groſser Forscher und Künstler eine willkommene Ergänzung. Forscher und Künstler dürfen wir sagen, denn Johannes Müller und Liebig haben es mutig ausgesprochen, daſs ein tiefgehender Unterschied zwischen dem Wirken beider nicht besteht. Sollen wir Leonardo da Vinci für einen Forscher oder für einen Künstler halten? Baut der Künstler aus wenigen Motiven sein Werk auf, so hat der Forscher die Motive zu erschauen, welche die Wirklichkeit durchdringen. Ist ein Forscher wie Lagrange oder Fourier gewissermafsen Künstler in der Darstellung seiner Ergebnisse, so ist ein Künstler wie Shakespeare oder Ruysdael Forscher in dem Schauen, welches seinem Schaffen vorhergehen mufs.

Newton, über seine Arbeitsmethode befragt, wufste nichts zu sagen, als dafs er oft und oft über dieselbe Sache nachgedacht habe; ähnlich äufsern sich D'Alembert, Helmholtz u. A. — Forscher und Künstler empfehlen die ausdauernde Arbeit. Wenn nun bei diesem wiederholten Überschauen eines Gebietes, welches dem günstigen Zufall Gelegenheit schafft, alles zur Stimmung oder herrschenden Idee Passende lebhafter geworden, alles Unpassende allmählich so in den Schatten gedrängt worden ist, dafs es sich nicht mehr hervorwagt, dann kann unter den Gebilden, welche die frei sich selbst überlassene hallucinatorische Phantasie in reichem Strome hervorzaubert, plötzlich einmal dasjenige hell aufleuchten, welches der herrschenden Idee, Stimmung oder Absicht vollkommen entspricht. Es gewinnt dann den Anschein, als ob das Ergebnis eines Schöpfungsaktes wäre, was sich in Wirklichkeit langsam durch eine allmähliche Auslese ergeben hat. So ist es wohl zu verstehn, wenn Newton, Mozart, R. Wagner sagen, Gedanken, Melodieen, Harmonieen seien ihnen zugeströmt, und sie hätten einfach das Richtige behalten. Auch das Genie geht gewifs, bewufst oder instinktiv, überall systematisch vor, wo dies ausführbar ist; aber dasselbe wird in feinem Vorgefühl manche Arbeit gar nicht beginnen, oder nach flüchtigem Versuch aufgeben, mit welcher der Unbegabte fruchtlos sich abmüht. So bringt dasselbe in mäfsiger Zeit zu stande, wofür das Leben des gewöhnlichen Menschen weitaus nicht reichen würde.*)

Wir werden kaum fehl gehen, wenn wir in dem Genie eine vielleicht nur geringe Abweichung von der mittleren menschlichen Begabung sehen — eine etwas gröfsere Reaktionsempfindlichkeit und Reaktionsgeschwindigkeit des Hirns. Mögen dann derartige Menschen, welche ihren Trieben folgend einer Idee so grofse Opfer bringen, statt ihren materiellen Vorteil zu suchen, dem Vollblutphilister immerhin als rechte Narren erscheinen, schwerlich werden wir mit Lombroso das Genie geradezu als eine Krankheit ansehen dürfen, wenn leider auch wahr bleiben wird, dafs ein empfindlicheres Hirn, ein gebrechlicheres Gebilde, auch leichter einer Krankheit verfällt.

Was C. G. J. Jacobi von der mathematischen Wissenschaft sagt, dafs dieselbe langsam wächst, und nur spät auf vielen Irrwegen zur Wahrheit gelangt, dafs alles wohl vorbereitet sein mufs, damit endlich zur bestimmten Zeit die neue Wahrheit wie durch eine göttliche Notwendigkeit

---

*) Ich weifs nicht, ob Swifts Akademie der Projektenmacher in Lagado, in welcher durch eine Art Würfelspiel mit Worten grofse Entdeckungen und Erfindungen gemacht werden, eine Satire sein soll auf Francis Bacons Methode mit Hilfe von (durch Schreiber angelegten) Übersichtstabellen Entdeckungen zu machen. Übel angebracht wäre dieselbe nicht. — F. Capitaines Schrift »das Wesen des Erfindens«, welche im Text nicht mehr berücksichtigt werden konnte, sei hier erwähnt. Die Schrift zeugt von einem aufrichtigen Streben nach Aufklärung und enthält viel Gutes. Allerdings hätte sich der Verfasser durch weitere Umschau überzeugen können, dafs es um die Einsicht in den Vorgang des Erfindens und um die Schärfe der wissenschaftlichen Begriffe nicht so schlimm steht, als er annimmt. Die Leistungsfähigkeit systematischer und mechanischer Proceduren als Hilfsmittel der Erfindung dürfte der Verfasser sehr überschätzen.

getrieben hervortritt*) — alles das gilt von jeder Wissenschaft. Wir staunen oft, wie zuweilen durch ein Jahrhundert die bedeutendsten Denker zusammenwirken müssen, um eine Einsicht zu gewinnen, die wir in wenigen Stunden uns aneignen können, und die einmal bekannt unter glücklichen Umständen sehr leicht zu gewinnen scheint. Gedemütigt lernen wie daraus, wie selbst der bedeutende Mensch mehr für das tägliche Leben als für die Forschung geschaffen ist. Wie viel auch er dem Zufall dankt, d. h. gerade jenem eigentümlichen Zusammentreffen des physischen und psychischen Lebens, in welchem eben die stets fortschreitende, unvollkommene, unvollendbare Anpassung des letztern an ersteres deutlich zum Ausdruck kommt, das haben wir heute betrachtet. Jacobis poetischer Gedanke von einer in der Wissenschaft wirkenden göttlichen Notwendigkeit wird für uns nichts an Erhabenheit verlieren, wenn wir in dieser Notwendigkeit dieselbe erkennen, die alles Unhaltbare zerstört und alles Lebensfähige fördert. Denn gröfser, erhabener und poetischer als alle Dichtung ist die Wirklichkeit und die Wahrheit.

*) »Crescunt disciplinae lente tardeque; per varios errores sero pervenitur ad veritatem. Omnia praeparata esse debent diuturno et assiduo labore ad introitum veritatis novae. Jam illa certo temporis momento divina quadam necessitate coacta emerget.«

Citiert bei Simony, In ein ringförmiges Band einen Knoten zu machen. Wien 1881. S. 41.

XV.

Über den relativen Bildungswert der philologischen und der mathematisch-naturwissenschaftlichen Unterrichtsfächer der höheren Schulen.*)

Zu den wunderlichsten Vorschlägen, deren Ausführung Maupertuis,**) der bekannte Präsident der Berliner Akademie, seinen Zeitgenossen ans Herz gelegt hat, gehört wohl jener der Gründung einer Stadt, in welcher (zum Nutzen und zur Ausbildung der studierenden Jugend) ausschliefslich lateinisch gesprochen werden sollte. Diese lateinische Stadt ist ein frommer Wunsch geblieben.

---

*) Die nachfolgenden Ausführungen sind im wesentlichen dem Entwurf eines Vortrages entnommen, welchen ich 1881 auf der Naturforscherversammlung zu Salzburg hätte halten sollen, der aber wegen Kollision mit der Pariser Ausstellung nicht zu stande kam. In der Einleitung zu meinen 1883 gehaltenen Vorlesungen »über den physikalischen Unterricht an der Mittelschule« kam ich nochmals auf denselben Stoff zurück, doch gab mir erst die freundliche Einladung des deutschen Realschulmännervereins Gelegenheit, meine Gedanken vor einem weiteren Kreise in der Versammlung zu Dortmund am 16. April 1886 darzulegen. Dieser äufsere Anlafs, ohne welchen es zu einer Publikation wohl nicht gekommen wäre, bringt es auch mit sich, dafs meine Ausführungen zunächst nur die deutschen Schulen betreffen, und dafs sie auf die österreichischen nicht ohne die übrigens naheliegenden Modifikationen zu übertragen sind.

Doch bestehen seit Jahrhunderten lateinisch-griechische Häuser, in welchen unsere Kinder einen guten Teil ihrer Tage verbringen, und deren Atmosphäre sie auch aufserhalb dieser Zeit unausgesetzt umgibt.

Seit Jahrhunderten wird der Unterricht in den antiken Sprachen gepflegt. Seit Jahrhunderten wird die Notwendigkeit desselben von **einer** Seite behauptet, von der **andern** bestritten. Energischer als je erheben sich jetzt wieder bedeutende Stimmen gegen das Übergewicht des Unterrichtes in den alten Sprachen und für eine mehr zeitgemäfse Erziehung, namentlich für eine ausgiebigere Berücksichtigung der Mathematik und der Naturwissenschaften.

Wenn ich nun, freundlicher und ehrenvoller Aufforderung folgend, hier über den relativen Bildungswert der philologischen und der mathematisch-naturwissenschaftlichen Unterrichtsfächer der höheren Schulen spreche, so sehe ich die Rechtfertigung hierfür in der Pflicht und der Notwendigkeit für jeden Lehrenden, sich nach **seinen** Erfahrungen über diese wichtige Frage eine Meinung zu

---

Indem ich hier einer starken und vor langer Zeit gefafsten persönlichen Überzeugung Ausdruck gebe, kann es mir nur willkommen sein, dafs dieselbe vielfach zu den Ansichten stimmt, die Paulsen (Geschichte des gelehrten Unterrichts, Leipzig 1885) und Frary (la question du latin. Paris Cerf. 1885) in ihrer Weise dargelegt haben. Es kommt mir hier durchaus nicht darauf an, viel Neues zu sagen, sondern vielmehr darauf, nach meinen Kräften zur Einleitung der unausbleiblichen Bewegung auf dem Gebiete des Schulwesens beizutragen. Diese Bewegung wird nach der Ansicht erfahrener Schulmänner zunächst dazu führen, das **Griechische einerseits und die Mathematik andererseits für fakultative Unterrichtsgegenstände der Oberklassen des Gymnasiums zu erklären.** (Vergl. Anm. S. 331 die vorzüglichen Einrichtungen in Dänemark.) Die eigentliche Kluft zwischen dem humanistischen Gymnasium und dem (deutschen) Realgymnasium wäre hierdurch überbrückt, und die übrigen unvermeidlichen Wandlungen würden sich dann relativ ruhig und lautlos vollziehen. Prag, im Mai 1866. E. M.

∞) Maupertuis, Oeuvres. Dresden 1752. S. 339.

bilden, und etwa noch in dem besonderen Umstande, dafs ich selbst in meiner Jugend nur kurze Zeit (unmittelbar vor dem Übertritt auf die Universität) dem Einflusse einer Schule ausgesetzt war, somit die Wirkung sehr verschiedener Unterrichtsweisen an mir selbst beobachten konnte.

Indem wir nun daran gehen, zu überschauen, was die Vertreter des philologischen Unterrichtes zu gunsten desselben anführen, und was die naturwissenschaftlichen Fächer dagegen für sich geltend machen können, befinden wir uns den ersteren Argumenten gegenüber in einiger Verlegenheit. Denn sehr verschieden waren diese zu verschiedenen Zeiten, und auch heute sind sie sehr mannigfaltig, wie es nicht anders sein kann, wenn man für etwas Bestehendes, das man eben um jeden Preis halten will, alles anführt, was sich nur auftreiben läfst. Wir werden manches finden, was ersichtlich nur ausgesprochen wurde, um dem Nichtwissenden zu imponieren, manches wieder, was in redlichster Absicht vorgebracht, auch der thatsächlichen Begründung nicht ganz entbehrt. Eine leidliche Übersicht der berührten Argumente erhalten wir, wenn wir zuerst diejenigen betrachten, welche sich an die historischen Umstände der Einführung des philologischen Unterrichtes knüpfen, nachher jene, die sich wie zufällige spätere neue Funde hinzugesellten.

Der Lateinunterricht wurde, wie dies von Paulsen[*] eingehend dargelegt worden, durch die römische Kirche mit dem christlichen Glauben eingeführt. Mit der la-

[*] F. Paulsen, Geschichte des gelehrten Unterrichts. Leipzig 1885.

teinischen Sprache zu gleich wurden die spärlichen und dürftigen Überreste der antiken Wissenschaft überliefert. Wer sich diese Bildung — damals die einzige nennenswerte — erwerben wollte, für den war die lateinische Sprache das einzige und notwendige Mittel; er mufste lateinisch lernen, um zu den Gebildeten zu zählen.

Der grofse Einfluss der römischen Kirche hat mancherlei Wirkungen hervorgebracht. Zu den jedermann willkommenen Wirkungen rechnen wir wohl ohne Widerspruch die Herstellung einer gewissen Uniformität unter den Völkern, eines internationalen Verkehrs durch die lateinische Sprache, der das Zusammenarbeiten der Völker an der gemeinsamen Kulturaufgabe im 15.—18. Jahrhundert wesentlich gefördert hat. Lange war so die lateinische Sprache die Gelehrtensprache und der Lateinunterricht der Weg zur allgemeinen Bildung, welches Schlagwort noch immer festgehalten wird, obgleich es längst nicht mehr pafst.

Für den Gelehrtenstand als solchen mag es bedauerlich bleiben, dafs die lateinische Sprache aufgehört hat, das allgemeine internationale Verkehrsmittel zu sein. Wenn man aber die Unhaltbarkeit der lateinischen Sprache in dieser Funktion durch ihre Unfähigkeit zu erklären versucht, den vielen neuen Gedanken und Begriffen zu folgen, welche im Entwicklungsgange der Wissenschaft sich ergeben haben, so halte ich diese Auffassung entschieden für falsch. Nicht leicht hat ein moderner Forscher die Naturwissenschaft mit so vielen neuen Begriffen bereichert wie Newton, und doch wufste er dieselben ganz korrekt und scharf in lateinischer Sprache zu bezeichnen. Wäre die erwähnte Auffassung richtig, so würde sie eben auch für jede lebende Sprache gelten. Jede Sprache muſs sich neuen Ideen erst anpassen.

Viel eher dürfte die lateinische Sprache durch den Einfluſs des Adels, der bequemen vornehmen Herren, aus der wissenschaftlichen Litteratur verdrängt worden sein. Indem diese Herren die Ergebnisse der schönen und wissenschaftlichen Litteratur mitgenieſsen wollten, ohne das schwerfällige Mittel der lateinischen Sprache, erwiesen sie aber auch dem Volke einen wesentlichen Dienst. Denn mit der Beschränkung der Kenntnis der gelehrten Litteratur auf eine Kaste war es nun vorbei, und darin liegt vielleicht der wichtigste moderne Fortschritt. Niemand wird nun heute, nachdem der internationale Verkehr sich auch trotz der Mehrheit der modernen Kultursprachen hergestellt hat, an Wiedereinführung der lateinischen Sprache denken.*)

Wie sehr auch die antiken Sprachen die Fähigkeit besitzen, neuen Begriffen zu folgen, ergibt sich aus dem Umstande, daſs die überwiegende Mehrzahl unserer wissenschaftlichen Begriffe als Überlebsel aus jener Zeit des lateinischen internationalen Verkehrs lateinische und griechische Bezeichnungen tragen, und noch vielfach neu erhalten. Wollte man aber aus der Existenz und dem Gebrauch solcher Termini die Notwendigkeit ableiten,

---

*) Es liegt eine eigentümliche Ironie des Schicksals darin, daſs, während Leibnitz nach einem neuen universellen sprachlichen Verkehrsmittel suchte, die lateinische Sprache, welche diesem Zweck noch am besten genügte, mehr und mehr auſser Gebrauch kam, und daſs gerade Leibnitz selbst nicht am wenigsten dazu beigetragen hat.

auch heute noch lateinisch und griechisch zu lernen, für jeden, der sie gebraucht, so müfste diese Folgerung doch als eine sehr weitgehende erscheinen. Alle Bezeichnungen, ob sie passend oder unpassend sind — und es gibt in der Wissenschaft genug unpassende und ungeheuerliche — beruhen auf Übereinkunft. Dafs man an das Zeichen genau die bezeichnete Vorstellung knüpfe, darauf kommt es an. Es wird wenig daran liegen, ob jemand das Wort: Telegraph, Tangente, Ellipse, Evolute u. s. w. philologisch richtig ableiten kann, wenn ihm nur beim Gebrauch des Wortes der richtige Begriff gegenwärtig ist. Weifs er anderseits die Ableitung noch so gut, so nützt ihm dieselbe gar nichts ohne die richtige Vorstellung. Man versuche doch, sich von einem guten Durchschnittsphilologen einige Zeilen aus Newtons „Prinzipien" oder aus Huyghens „Horologium" übersetzen zu lassen, und man wird sofort sehen, welche höchst untergeordnete Rolle in diesen Dingen die blofse Sprachkenntnis spielt. Jeder Name bleibt eben ein Schall ohne den zugehörigen Gedanken. Die Mode lateinische und griechische Termini zu verwenden — denn nicht anders kann mans nennen — hat ihren natürlichen historischen Grund, sie konnte auch nicht plötzlich verschwinden, ist aber schon sehr im Abnehmen begriffen. Die Bezeichnungen: Gas, Ohm, Ampère, Volt u. s. w. sind auch international, aber nicht mehr lateinisch und griechisch. Von einer Notwendigkeit Lateinisch oder Griechisch zu lernen aus dem angeführten Grunde, noch dazu mit einem Zeitaufwand von 8—10 Jahren, kann doch nur der sprechen, welcher die gleichgültige und zufällige Hülle für wichtiger hält, als den sachlichen Inhalt. Kann denn über solche Dinge nicht ein Wörterbuch in wenigen Sekunden Aufschluſs geben?*)

Es kann kein Zweifel bestehen, daſs unsere **moderne Kultur** an die **antike** angeknüpft hat, daſs dies sogar mehrmals stattgefunden hat, daſs vor Jahrhunderten die Überreste der antiken Kultur die **einzige** überhaupt in Europa vorhandene Kultur darstellten. **Damals** war gewiſs die philologische Bildung die **allgemeine** Bildung, die **höhere** Bildung, die **ideale** Bildung, denn sie war die **einzige** Bildung. Wenn aber jetzt für dieselbe noch der gleiche Anspruch erhoben wird, so muſs dieser als durchaus ungerechtfertigt mit aller Entschiedenheit zurückgewiesen werden. Denn unsere Kultur ist doch allmählich eine ganz selbständige geworden; sie hat sich weit über die antike erhoben, und überhaupt eine ganz neue

---

*) Es wird überhaupt dadurch viel gesündigt, daſs man das menschliche Hirn miſsbraucht, und mit Dingen belastet, welche viel zweckmäſsiger und besser in Büchern verwahrt bleiben, wo man sie jederzeit finden kann. — Herr Amtsrichter Hartwich (aus Düsseldorf) schrieb mir jüngst: „Eine Menge Wörter sind sogar noch vollkommen lateinisch oder griechisch und werden von an und für sich sehr gebildeten Leuten, die aber zufällig die alten Sprachen nicht erlernt haben, mit vollem Verständnis angewandt: so z. B. das Wort „Dynastie"..." Das Kind, respektive der Mensch, erlernt solche Wörter als Bestandteile des „Sprachschatzes", gleichsam als Teile der Muttersprache, gerade so wie die Worte „Vater, Mutter, Brod, Milch". Weiſs denn ein gewöhnlicher Sterblicher die Etymologie dieser deutschen Worte? Bedurfte es nicht der fast unglaublichen Arbeitskraft der Gebrüder Grimm, um wenigstens einiges Licht in das Werden und Wachsen unserer Muttersprache zu bringen? — Und bedienen sich nicht jeden Augenblick unzählige sogenannte humanistisch Gebildete einer Menge von Fremdwörtern, deren Ursprung sie nicht kennen? Nur wenige halten es der Mühe wert, im Fremdwörterbuch nachzuschlagen, obgleich sie mit Vorliebe behaupten, man müſste die alten Sprachen „schon der Etymologie wegen" erlernen."

Richtung eingeschlagen. Ihr Schwerpunkt liegt in der mathematisch-naturwissenschaftlichen Aufklärung, die nicht nur die Technik, sondern nach und nach alle Gebiete, selbst die philosophischen und historischen Wissenschaften, die Sozial- und Sprachwissenschaften durchdringt. Was an Spuren antiker Anschauungen in der Philosophie, im Rechtsleben, in Kunst und Wissenschaft noch zu finden ist, wirkt mehr hemmend als fördernd, und wird sich gegenüber der Entwicklung unserer eigenen Ansichten auf die Dauer nicht halten können.

Es steht also den Philologen schlecht an, wenn sie sich noch immer für die vorzugsweise Gebildeten halten, wenn sie jeden, der nicht Lateinisch und Griechisch versteht, für ungebildet erklären, sich darüber beschweren, daſs man mit ihm kein Gespräch führen könne u. s. w. Die ergötzlichsten Geschichten werden da als Beleg der mangelhaften Bildung mancher Naturforscher und Techniker in Umlauf gesetzt. Ein namhafter Naturforscher z. B. soll ein Collegium publicum mit der Bezeichnung „frustra" angekündigt, ein Insekten sammelnder Ingenieur erzählt haben, daſs er „Etymologie" treibe. Es ist richtig, ähnliche Vorkommnisse verursachen uns, je nach Stimmung oder Naturell, eine Gänsehaut oder eine heftige Erschütterung der Lachmuskel. Im nächsten Augenblicke müssen wir uns aber doch sagen, daſs wir da nur einem kindischen Vorurteil unterliegen. Ein Mangel an Takt allerdings, nicht aber ein Mangel an Bildung, spricht sich in dem Gebrauch solcher halbverstandener Bezeichnungen aus. Jeder, der aufrichtig ist, wird eingestehn, daſs manches Gebiet existiert, über welches er besser schweigt. Wir wollen auch nicht so boshaft sein, den Spieſs umzudrehen, und hier die Frage zu erörtern, welchen Eindruck etwa die Philologen auf den Naturforscher oder Ingenieur machen, wenn von Naturwissenschaft die Rede ist? Ob sich da nicht manche sehr heitere Geschichte ergeben möchte, zugleich von tief ernster Bedeutung, welche die mitgeteilten mehr als kompensieren würde?

Diese gegenseitige Härte des Urteils, auf die wir da gestoſsen sind, kann uns übrigens zum Bewuſstsein bringen, wie wenig verbreitet noch eine **wirkliche allgemeine Bildung** ist. Es liegt in dieser Urteilsweise etwas von dem beschränkten mittelalterlichen Standesprotzentum, für welches je nach dem Standpunkt des Urteilenden der Mensch beim Gelehrten, beim Soldaten oder beim Baron anfängt. Ja, gestehen wir's, es liegt wenig Sinn für die **ganze** Aufgabe der Menschheit, wenig Verständnis für die gegenseitige Hülfeleistung bei der Kulturarbeit, wenig freier Blick, wenig allgemeine Bildung darin!

Die Kenntnis des Lateinischen (und teilweise auch jene des Griechischen) bleibt ein Bedürfnis für die Angehörigen jener Berufszweige, welche noch stärker an die antike Kultur anknüpfen, also für Juristen, Theologen und Philologen, für Historiker, sowie überhaupt für die geringe Zahl derjenigen, zu welchen auch ich mich zeitweilig rechnen muſs, die aus der lateinischen Litteratur der verflossenen Jahrhunderte schöpfen wollen.[*] Daſs aber deshalb unsere

---

[*] Ich würde als Nichtjurist nicht gewagt haben, zu sagen, daſs das Studium des Griechischen für den Juristen unnötig sei; doch ist diese Ansicht bei der dem Vortrage folgenden Debatte von sehr sachverständiger Seite vertreten

ganze nach höherer Bildung strebende Jugend in so un-
mäfsiger Weise Lateinisch und Griechisch treiben mufs,
dafs deshalb die angehenden Mediziner und Naturforscher
mangelhaft gebildet, ja verbildet, an die Hochschule kommen müssen, dafs sie nur von jener Schule
kommen dürfen, welche ihnen nicht die nötige Vorbildung zu geben vermag, das sind doch etwas starke
Folgerungen.

Nachdem auch die Umstände, welche dem lateinischen
und griechischen Unterricht seine hohe Bedeutung gegeben
hatten, längst nicht mehr wirksam waren, wurde doch wie
natürlich der einmal hergebrachte Unterricht festgehalten.
Es konnte auch nicht fehlen, dafs mancherlei Wirkungen
dieses Unterrichtes, gute und schlimme, an die bei Einführung desselben niemand gedacht hatte, sich einstellten
und beobachtet wurden. Ebenso natürlich betonten diejenigen, welche an der Erhaltung dieses Unterrichtes ein
starkes Interesse hatten, weil sie nur diesen kannten, oder
von demselben lebten, oder aus irgend einem anderen
Grunde, die guten Wirkungen dieses Unterrichtes. Sie
hoben dieselben so hervor, als wären sie mit Vorbedacht
erzielt worden, und nur auf diesem Wege zu erzielen.

Ein wirklicher Vorteil, der sich durch den richtig
geleiteten philologischen Unterricht für die Jugend ergeben
könnte, würde in der Erschliefsung des reichen Inhaltes
der antiken Litteratur, in der Bekanntschaft mit der Welt-

worden. Hiernach würde die auf einem (deutschen) Realgymnasium erworbene
Vorbildung auch für den angehenden Juristen genügen, und nur für
Theologen und Philologen unzureichend sein.

anschauung zweier hochstehender Völker bestehen. Wer die griechischen und römischen Autoren gelesen und verstanden hat, hat **mehr** erlebt, als derjenige, der auf die Eindrücke der Gegenwart beschränkt bleibt. Er sieht, wie die Menschen unter anderen Umständen **ganz anders** über dieselben Dinge urteilen, als heute. Er wird selbst **freier** urteilen. Ja die griechischen und römischen Autoren sind wirklich eine reiche Quelle der Erfrischung, der Aufklärung und des Genusses nach des Tages Arbeit, und stets wird der einzelne, sowie die europäische Menschheit, denselben dankbar bleiben. Wer würde nicht gern der Irrfahrten des Odysseus sich erinnern, wer nicht gern der naiven Erzählung Herodots lauschen? Wer könnte es bereuen, Platons Dialoge kennen gelernt, oder Lucians göttlichen Humor verkostet zu haben? Wer wollte durch Ciceros Briefe, durch Plautus und Terentius nicht ins antike Privatleben geblickt haben? Wem wären Suetons Schilderungen nicht unvergeßlich? Ja wer wollte überhaupt ein Wissen von sich werfen, das er einmal erworben hat.

Aber wer nur aus **diesen** Quellen schöpft, wer nur **diese** Bildung kennt, hat allerdings **kein** Recht über den Wert einer **andern** abzusprechen. Als Forschungsobjekt für **Einzelne** ist ja diese Litteratur äußerst wertvoll, ob aber als fast einziges Unterrichtsmittel für die Jugend, das ist eine **andere** Frage.

Gibt es nicht noch andere Völker, andere Litteraturen, von welchen wir zu lernen haben? Ist nicht die Natur selbst unsere höchste Lehrmeisterin? Sollen uns die Griechen mit ihrer beschränkten kleinstädtischen Anschauung, in welcher sie alles in „Griechen und Barbaren" einteilen, mit ihrem Aberglauben, mit ihrem ewigen Orakelbefragen immer die höchsten Muster bleiben? Aristoteles mit seiner Unfähigkeit von Thatsachen zu lernen, mit seiner Wortwissenschaft, Platon mit seinem schwerfälligen schleppenden Dialog, mit seiner unfruchtbaren, oft kindlichen Dialektik, sind sie unübertrefflich?*)

Die Römer mit ihrer wort- und silbenreichen prahlenden prunkvollen Äußerlichkeit und Gefühllosigkeit, mit ihrer beschränkten Philisterphilosophie, mit ihrer wütenden Sinnlichkeit, mit ihrer in Tier- und Menschenhetzen schwelgenden grausamen Wollust, mit ihrem rücksichtslosen Mißbrauchen und Ausbeuten der Menschen, sind sie nachahmenswerte Muster? Oder soll vielleicht unsere Naturwissenschaft an Plinius sich erbauen, der Hebammen als Gewährsmänner zitiert, und der selbst auf ihrem Standpunkt steht?

Und wenn eine Bekanntschaft mit der antiken Welt wirklich erzielt würde, so möchte man sich mit dem philologischen Unterricht noch abfinden. Allein Worte und Formen sind es und Formen und Worte, die der Jugend

---

*) Wenn ich an dieser Stelle die Schattenseiten der Schriften des Platon und Aristoteles hervorhebe, die mir bei Lektüre vorzugsweise in deutscher Übersetzung aufgefallen sind, so denke ich natürlich nicht daran, hiermit die großen Verdienste und die hohe historische Bedeutung beider Männer herabsetzen zu wollen. Allerdings darf man die Bedeutung dieser Männer nicht nach dem Umstande messen, daß unsere spekulative Philosophie sich noch zum großen Teil in ihren Gedankenbahnen bewegt. Vielleicht folgt daraus eher, daß dieses Gebiet seit Jahrtausenden sehr geringe Fortschritte gemacht hat. War doch auch die Naturwissenschaft durch Jahrhunderte in Aristotelischen Gedanken befangen, und verdankt sie doch ihren Aufschwung wesentlich dem Abschütteln dieser Fesseln!

immer wieder geboten werden. Und alles, was daneben noch getrieben werden kann, verfällt derselben trostlosen Methode, und wird zur Wissenschaft aus Worten, zum bloſsen gehaltlosen Gedächtniskram.

Ja wirklich, man fühlt sich zurück versetzt um ein Jahrtausend, in die dumpfe Klosterzelle des Mittelalters! Das muſs anders werden! Man kann die Anschauungen der Griechen und Römer auf einem **kürzern** Wege kennen lernen, als durch den Verstand betäubendes 8 bis 10 jähriges Deklinieren, Konjugieren, Analysieren und Extemporieren. Es gibt auch jetzt schon Gebildete genug, welche mit Hilfe guter Übersetzungen lebendigere, klarere und umfassendere Ansichten über das klassische Altertum erworben haben als unsere Gymnasialabiturienten.*)

Die Griechen und Römer sind für die **moderne** Zeit einfach zwei Objekte der Archäologie und Geschichtsforschung wie alle andern. Führt man sie der Jugend in frischer und anschaulicher Weise und nicht bloſs in Worten und Silben vor, so wird die Wirkung nicht ausbleiben. Ganz anders genieſst man auch die Griechen, wenn man nach dem Studium der modernen Kulturforschung an dieselben herankommt. Anders lieſst man manches Kapitel im Herodot, wenn man mit Naturwissenschaft ausgerüstet, mit Kenntnissen über die Steinzeit und den Pfahlbau daran geht. Was die Philologie zu leisten **vorgibt**, das wird ein zureichender **historischer** Unterricht, der freilich nicht

---

*) Ich will durchaus nicht behaupten, daſs man ganz denselben Gewinn aus einem griechischen Autor zieht, ob man denselben im Original oder in der Übersetzung liest. Die Differenz aber, der Mehrgewinn im ersteren Fall, scheint mir, und wohl den meisten Menschen, welche nicht Fachphilologen werden wollen, mit einem Zeitaufwand von 8 Jahren **viel zu teuer** erkauft.

blofs Namen und Zahlen, Dynastie- und Kriegsgeschichte bieten darf, sondern wahre **Kulturgeschichte** sein mufs, der Jugend in viel ausgiebigerer Weise **wirklich leisten.**

Die Anschauung ist noch sehr verbreitet, dafs alle „**höhere ideale Bildung**", alle Erweiterung der Weltanschauung durch philologische und etwa noch durch historische Studien gewonnen werde, dafs dagegen die Mathematik und die Naturwissenschaften wegen ihres **Nutzens** nicht zu vernachlässigen seien. Ich kann dieser **Ansicht durchaus nicht zustimmen.** Es wäre auch sonderbar, wenn der Mensch aus einigen alten Topfscherben, beschriebenen Steinen und Pergamentblättern, die doch auch nur ein Stückchen Natur sind, **mehr** lernen, mehr geistige Nahrung schöpfen könnte, als aus der ganzen übrigen Natur. Gewifs geht den Menschen zunächst der Mensch an, aber doch nicht **allein.**

Wenn wir den Menschen nicht als Mittelpunkt der Welt ansehen, wenn uns die Erde als ein um die Sonne geschwungener Kreisel erscheint, der mit dieser in unendliche Ferne fliegt, wenn wir in Fixsternweiten dieselben Stoffe antreffen wie auf der Erde, überall in der Natur denselben Vorgängen begegnen, von welchen das Leben des Menschen nur ein verschwindender gleichartiger Teil ist, so liegt hierin **auch** eine Erweiterung der Weltanschauung, auch eine Erhebung, auch eine Poesie! Vielleicht liegt hierin Gröfseres und Bedeutenderes, als in dem Brüllen des verwundeten Ares, in der reizenden Insel der

Kalypso, dem Okeanos, der die Erde umfließt! Über den relativen Wert beider Gedankengebiete, beider Poesien, darf nur der sprechen, der **beide** kennt!

Der „**Nutzen**" der Naturwissenschaft ist gewissermaßen nur ein **Nebenprodukt** des geistigen Aufschwungs, der sie erzeugt hat. Doch darf ihn niemand unterschätzen, der sich die Verwirklichung der orientalischen Märchenwelt durch unsere moderne Technik willig gefallen läßt, am wenigsten derjenige, dem diese Schätze **ohne** sein Zuthun unverstanden wie aus der „vierten Dimension" zufallen.

Auch das darf man nicht glauben, daß die Naturwissenschaft etwa nur dem Techniker nützt. Ihr Einfluß durchdringt **alle** unsere Verhältnisse, **unser** ganzes Leben, **ihre** Anschauungen werden also auch **überall** maßgebend. Wie ganz anders wird auch der Jurist, der Staatsmann, der Nationalökonom urteilen, welcher sich z. B. nur lebhaft gegenwärtig hält, daß eine Quadratmeile fruchtbarsten Landes mit der alljährlich verbrauchten Sonnenwärme nur eine ganz bestimmte begrenzte Menschenzahl zu ernähren vermag, welche durch keine Kunst, keine Wissenschaft weiter gesteigert werden kann. Gar manche volkswirtschaftliche Theorie, die mit luftigen Begriffen neue Bahnen bricht, natürlich wieder nur in der Luft, wird ihm vor dieser Einsicht hinfällig.

Sehr gern betonen die Lobredner des philologischen Unterrichts die **Geschmacksbildung**, welche durch Beschäftigung mit den antiken Mustern erzielt wird. Ich gestehe aufrichtig, daſs dies für mich etwas Empörendes hat. Also um den Geschmack zu bilden, muſs die Jugend ein Decennium opfern! Der Luxus geht also dem Notwendigsten vor! Hat die künftige Generation angesichts der schwierigen Probleme, angesichts der sozialen Fragen, welchen sie an Verstand und Gemüt gekräftigt entgegen gehen sollte, wirklich nichts Wichtigeres zu thun?

Nehmen wir aber die Aufgabe an! Läſst sich der Geschmack nach Rezepten bilden? Ändert sich nicht das Schönheitsideal? Ist es nicht eine gewaltige Verkehrtheit, sich künstlich in die Bewunderung von Dingen hineinzuzwingen, die bei allem historischen Interesse, bei aller Schönheit im einzelnen, unserm übrigen Denken und Sinnen, wenn wir überhaupt ein eigenes haben, doch vielfach fremd gegenüberstehen? Eine wirkliche Nation hat ihren eigenen Geschmack, und holt ihn nicht bei andern. Und jeder einzelne volle Mensch hat seinen eigenen Geschmack.*)

Und worauf kommt es bei dieser Geschmacksbildung hinaus? Auf Aneignung des persönlichen Stils einiger Autoren! Was würden wir nun von einem Volke halten,

---

*) „Die Versuchung — schreibt Herr Amtsrichter Hartwich — den „Geschmack" der Alten für so „erhaben" und „unübertrefflich" zu halten, scheint mir wesentlich darin ihren Grund zu haben, daſs die Alten in der Darstellung des Nackten allerdings unübertrefflich dastehn; erstens schufen sie durch unausgesetzte Pflege des menschlichen Körpers herrliche Modelle und zweitens hatten sie diese Modelle in ihren „Gymnasien" und bei ihren Festspielen stets vor Augen; kein Wunder, daſs ihre Statuen noch heute unser Staunen erregen; denn die Form, das Ideal des menschlichen Körpers, hat sich im Laufe der Jahrhunderte nicht verändert. Ganz anders steht es aber mit den geistigen Idealen; diese ändern sich von Jahrhundert zu Jahrhundert, ja von Jahrzehent zu Jahrzehent! Es ist nun zu natürlich, daſs man das Anschaulichste, nämlich die Werke der Bildhauerkunst, unbewuſst als allgemeinen Maſsstab für den hochentwickelten Geschmack der Alten anlegt, ein Fehlschluſs, vor dem man nach meiner Ansicht nicht genug warnen kann."

das etwa nach 1000 Jahren seine Jugend zwingen würde, sich durch vieljährige Übung in den geschraubten oder überladenen Stil eines gewandten Advokaten oder Reichstags-Abgeordneten der Gegenwart einzuleben? Würden wir ihm nicht mit Recht Geschmacklosigkeit vorwerfen?

Die üble Wirkung dieser vermeintlichen Geschmacksbildung äufsert sich auch oft genug. Wenn ein junger Gelehrter das Niederschreiben einer wissenschaftlichen Arbeit für ein Advokatenkunststück hält, statt einfach die Thatsachen und die Wahrheit unverhüllt darzulegen, so sitzt er unbewufst auf der Schulbank, und vertritt unbewufst den römischen Standpunkt, auf dem das Ausarbeiten von Reden als wissenschaftliche (!) Beschäftigung erscheint.

Nicht unterschätzen wollen wir die Entwicklung des Sprachgefühles und das gesteigerte Verständnis der Muttersprache, welches durch philologische Studien erzielt wird. Durch die Beschäftigung mit einer fremden Sprache, namentlich mit einer von der Muttersprache sehr verschiedenen, ergibt sich eine Sonderung der sprachlichen Zeichen und Formen von dem bezeichneten Gedanken. Die sich am nächsten entsprechenden Worte verschiedener Sprachen koinzidieren nicht genau mit denselben Vorstellungen, sondern treffen etwas verschiedene Seiten derselben Sache, auf welche eben durch das Sprachstudium die Aufmerksamkeit hingelenkt wird. Dafs aber das Studium des Lateinischen und Griechischen das erfolgreichste und natürlichste oder gar das einzige

Mittel sei, diesen Zweck zu erreichen, dürfen wir deshalb noch nicht behaupten. Wer sich einmal das Vergnügen macht, in einer chinesischen Grammatik zu blättern, wer sich die Sprech- und Denkweise eines Volkes klar zu machen sucht, welches nicht bis zur Lautanalyse fortschreitet, sondern bei der Silbenanalyse stehen bleibt, welchem daher unsere Buchstabenschrift das gröfste Rätsel ist, welches durch wenige Silben mit geänderter Betonung und Stellung alle seine reichen und tiefen Gedanken ausdrückt, dem gehen vielleicht noch andere Lichter auf über das Verhältnis von Sprechen und Denken. Soll aber vielleicht unsere Jugend deshalb Chinesisch treiben? Gewifs nicht! Aber auch mit dem Lateinischen soll sie wenigstens nicht in dem Mafse belastet werden, als es geschieht.

Es ist ein sehr schönes Kunststück, einen lateinischen Gedanken möglichst sinngetreu und sprachgetreu deutsch wiederzugeben — für den Übersetzer. Wir werden auch dem Übersetzer hierfür sehr dankbar sein, aber von jedem gebildeten Menschen dieses Kunststück zu verlangen, ohne Rücksicht auf die Opfer an Zeit und Mühe, ist unvernünftig. Eben deshalb wird, wie die Pädagogen selbst zugestehen, dieses Ziel auch nur unvollkommen erreicht, nur bei einzelnen Schülern, bei besonderer Anlage und andauernder Beschäftigung. Ohne also die hohe Wichtigkeit des Studiums der antiken Sprachen als Fachstudium in Abrede zu stellen, glauben wir doch, dafs das zur allgemeinen Bildung gehörige Sprachbewufstsein auf andere Art gewonnen werden kann, und gewonnen werden soll.

Wären wir denn wirklich so ganz verloren, wenn etwa die Griechen gar nicht vor uns gelebt hätten?

Wir müssen ja mit unsern Forderungen sogar etwas weiter gehen, als die Vertreter der klassischen Philologie. Wir müssen wünschen, daſs ein gebildeter Mensch sich eine dem Standpunkte der Wissenschaft einigermaſsen entsprechende Vorstellung von dem Wesen und Wert der Sprache, von der Sprachbildung, von dem Bedeutungswechsel der Wurzeln, von dem Verfall ständiger Redensarten zu grammatischen Formen, kurz von den sehr aufklärenden Ergebnissen der modernen vergleichenden Sprachwissenschaft aneigne. Man sollte meinen, daſs dies durch ein vertieftes Studium der Muttersprache und der nächst verwandten Sprachen, nachher älterer Sprachen, von denen jene abstammen, zu erreichen wäre. Wer mir einwendet, daſs dies zu schwierig ist, und zu weit führt, dem rate ich neben eine deutsche Bibel einmal eine holländische, dänische und schwedische zu legen, und nur einige Zeilen zu vergleichen; er wird erstaunen über die Fülle von Anregungen.*) Ich bin sogar der Meinung, daſs auf diesem Wege allein der Sprachunterricht zu einem wirklich förderlichen, fruchtbaren, vernünftigen und aufklärenden werden kann. Mancher meiner Zuhörer er-

---

*) Im Anfang schuf Gott Himmel und Erde. Und die Erde war wüste und leer, und es war finster auf der Tiefe; und der Geist Gottes schwebte auf dem Wasser. — (Holländisch.) In het begin schiep God den hemel en de aarde. De aarde nu was woest en ledig, en duisternis was op den afgrond; en de Geest Gods zwefde op de wateren. — (Dänisch.) I Begyndelsen skabte Gud Himmelen og Jorden. Og Jorden var öde og tom, og der var morkt ovenover Afgrunden, og Guds Aand svoevede ovenover Vandene. — (Schwedisch.) I hegynnelsen skapade Gud Himmel och Jord. Och Jorden war öde och tom, och morker war pa djupet, och Guds Ande swäfde öfwer wattnet.

innert sich vielleicht noch aus seiner Jugend der aufheiternden erwärmenden Wirkung, ähnlich jener eines Sonnenblicks an trübem Tage, welche die spärlichen und schüchternen sprachvergleichenden Bemerkungen der Curtiusschen griechischen Grammatik in die öde geistlose Silbenstecherei brachten.

[Um jedem Mifsverständnis zu begegnen, mufs ich hier nochmals hervorheben, dafs meine Ausführungen **nicht gegen die philologische Forschung**, sondern nur gegen die Gymnasialpädagogik und Gymnasialdidaktik gerichtet sind. Die Entzifferung der Hieroglypheninschrift von Rosette oder der Keilschrift von Behistun erscheint mir als eine ebenso grofse Geistesthat, wie irgend eine bedeutende naturwissenschaftliche Entdeckung. Solche Leistungen sind aber überhaupt erst möglich geworden durch die Erziehung in der Schule der klassischen Philologie, abgesehen davon, dafs die dort entwickelte Kunst der Entzifferung, die Kunst zwischen den Zeilen zu lesen, und aus den leisesten Andeutungen auf den psychischen Zustand des Schreibers Konjekturen zu machen, an sich in keiner Weise unterschätzt werden darf.]*)

—

Der wesentlichste Erfolg, welcher bei der gegenwärtigen Art, das Studium der antiken Sprachen zu treiben, wirklich noch erzielt wird, ist an die Beschäftigung mit der komplizierten Grammatik derselben gebunden. Er besteht in der Schärfung der Aufmerksamkeit und in der

---

*) 1895 hinzugefügt.

Übung des Urteils durch Subsumieren besonderer Fälle unter allgemeine Regeln, und durch Unterscheiden verschiedener Fälle von einander. Selbstverständlich kann dasselbe Resultat auf mancherlei andere Art, z. B. durch irgend ein schwierigeres Kartenspiel, erreicht werden. Jede Wissenschaft, so auch die Mathematik und die Naturwissenschaften, leisten in Bezug auf Übung des Urteils dasselbe, wo nicht mehr. Hierzu kommt noch, dafs der Stoff dieser Wissenschaften für die Jugend ein viel höheres Interesse hat, wodurch die Aufmerksamkeit von selbst gefesselt wird, und dafs dieselben noch in andern Richtungen aufklärend und nützlich wirken, in welchen die Grammatik gar nichts leisten kann. Wem wäre es an sich nicht gänzlich gleichgiltig, ob man im Genitiv Pluralis „hominum" oder „hominorum" sagt, so interessant dies auch für den Sprachforscher sein mag. Und wer wollte es bestreiten, dafs das Kausalitätsbedürfnis durch die Naturwissenschaften und nicht durch die Grammatik geweckt wird?

Den günstigen Einflufs, den auch das Studium der lateinischen und griechischen Grammatik auf die Schärfung des Urteils ausübt, stellen wir also durchaus nicht in Abrede. Insofern nun die Beschäftigung mit dem Wort an sich die Klarheit und Schärfe des Ausdrucks besonders fördern mufs, insofern auch das Lateinische und Griechische für manche Berufszweige noch nicht ganz entbehrlich ist, räumen wir diesen Lehrstoffen gern einen Platz in der Schule ein, wünschen aber die ihnen ungebührlich zugemessene Zeit, welche sie in ganz ungerechtfertigter

Weise andern fruchtbareren Disziplinen entziehen, schon jetzt bedeutend beschränkt. Daſs aber das Lateinische und Griechische als **allgemeine** Bildungsmittel sich auf die Dauer **nicht** halten werden, davon sind wir überzeugt. Sie werden sich in die Stube des Gelehrten, des Fachphilologen zurückziehen, und allmählich den modernen Sprachen und der modernen Sprachwissenschaft Platz machen.

Schon Locke hat die übertriebenen Vorstellungen von dem engen Zusammenhange von Denken und Sprechen, von Logik und Grammatik auf ihr richtiges Maſs zurückgeführt und neuere Forscher haben seine Ansicht noch fester begründet. Wie wenig eine komplizierte Grammatik mit der Feinheit der Gedanken zu thun hat, beweisen die Italiener und Fanzosen, welche, obgleich sie den grammatischen Luxus der Römer fast gänzlich abgeworfen haben, doch an Feinheit der Gedanken gegen dieselben nicht zurückstehn, und deren poetische und namentlich wissenschaftliche Litteratur, wie wohl niemand bestreiten wird, sich mit der römischen messen kann.

Überblicken wir noch einmal die Argumente, welche für den Unterricht in den antiken Sprachen in die Wagschale geworfen werden, so müssen wir sagen, daſs dieselben groſsenteils überhaupt **nicht mehr** gelten. Soweit aber die Ziele, welche dieser Unterricht verfolgen könnte, noch erstrebenswert sind, erscheinen sie uns als **zu beschränkt**, als eben so einseitig und beschränkt aber auch die Mittel, welche verwendet werden. Fast als einziges, unbestreitbares Ergebnis dieses Unterrichts werden wir eine gröfsere Gewandtheit und Genauigkeit im Ausdruck zu betrachten haben. Wollte man boshaft sein, so könnte man sagen, dafs unsere Gymnasien erwachsene Menschen erziehen, die sprechen und schreiben können, aber leider nicht viel zu berichten wissen. Von dem freien umfassenden Blick, von der gerühmten allgemeinen Bildung, welche dieser Unterricht erzeugen soll, werden wir kaum im Ernst sprechen können. Vielleicht würde diese Bildung richtiger die einseitige oder beschränkte heifsen.

Wir haben schon bei Betrachtung des Sprachunterrichts einige Seitenblicke auf die Mathematik und auf die Naturwissenschaften geworfen. Stellen wir uns nun noch die Frage, ob diese als Unterrichtsfächer nicht manches leisten können, was auf keine andere Weise zu erzielen ist. Ich werde zunächst auf keinen Wiederspruch stofsen, wenn ich sage, dafs der Mensch ohne eine wenigstens elementare mathematische und naturwissenschaftliche Bildung ein Fremdling bleibt in der Welt, in welcher er lebt, ein Fremdling in der Kultur der Zeit, die ihn trägt. Was ihm in der Natur oder in der Technik begegnet, spricht ihn entweder gar nicht an, weil er kein Ohr und kein Auge dafür hat, oder es spricht zu ihm in einer unverständlichen Sprache.

Das sachliche Verständnis der Welt und der Kultur ist aber nicht die einzige Wirkung des Studiums der Mathematik und der Wissenschaften. Viel wichtiger für die

Vorbereitungsschule ist die formale Bildung durch diese Fächer, die Kräftigung des Verstandes und Urteils die Übung der Anschauung. Die Mathematik, die Physik, die Chemie und die sogenannten beschreibenden Naturwissenschaften verhalten sich in dieser Richtung so ähnlich, daſs wir dieselben in der Betrachtung, einzelne Punkte abgerechnet, gar nicht zu trennen brauchen.

Die für ein ersprieſsliches Denken so notwendige Folgerichtigkeit und Stetigkeit der Vorstellungen wird vorzugsweise durch die Mathematik, die Fähigkeit mit den Vorstellungen den Thatsachen zu folgen, d. h. zu beobachten oder Erfahrungen zu sammeln, vorzugsweise durch die Naturwissenschaften gefördert. Ob wir nun aber bemerken, daſs die Seiten und Winkel eines Dreieckes in gewisser Weise von einander abhängen, daſs ein gleichschenkliges Dreieck gewisse Symmetrieeigenschaften hat, oder ob wir die Ablenkung der Magnetnadel durch den elektrischen Strom, die Auflösung des Zinks in verdünnter Schwefelsäure wahrnehmen, ob wir bemerken, daſs die Flügel der Tagfalter unten, die Vorderflügel der Nachtfalter oben unscheinbar gefärbt sind, überall gehen wir von Beobachtungen, von intuitiven Erkenntnissen aus. Das Gebiet der Beobachtungen ist etwas kleiner und näher liegend in der Mathematik, etwas reicher und weiter, aber schwieriger zu durchmessen in den Naturwissenschaften. Doch müssen wir vor allem andern in jedem dieser Gebiete beobachten lernen. Die philosophische Frage ist hier für uns von keiner Bedeutung, ob etwa die intuitiven Erkenntnisse der Mathematik von **besonderer Art** seien. Gewifs kann nun die Beobachtung auch an **sprachlichem** Stoffe geübt werden. Niemand wird aber bezweifeln, dafs die **konkreten** lebendigen Bilder, welche in den vorher bezeichneten Gebieten auftreten, ganz anders anziehend auf den jugendlichen Geist wirken werden, als die **abstrakten** Schattengestalten, welche der sprachliche Stoff bietet, und denen die Aufmerksamkeit gewifs nicht so spontan und also nicht mit gleich grofsem Erfolg sich zuwenden wird.*)

Haben wir durch Beobachtung verschiedene Eigenschaften etwa eines geometrischen oder eines Naturgebildes gefunden, so bemerken wir in vielen Fällen eine gegenseitige **Abhängigkeit** dieser Eigenschaften von einander. In keinem Gebiete drängt sich nun diese Abhängigkeit (wie etwa Gleichschenkligkeit und Gleichheit der Winkel an der Grundlinie des Dreiecks, Zusammenhang von Druck und Bewegung) so **deutlich** auf, nirgens wird die **Notwendigkeit** und **Beständigkeit** dieser Abhängigkeit so bemerklich, wie in den bezeichneten Gebieten. Daher die **Stetigkeit** und **Folgerichtigkeit** der Vorstellungen, welche man sich durch Beschäftigung mit diesen Gebieten erwirbt. Die relative **Einfachheit** und **Übersichtlichkeit** geometrischer und physikalischer Verhältnisse wirkt hier sehr fördernd. Verhältnisse von ähnlicher Einfachheit finden sich auf **den** Gebieten nicht, welche der sprachliche Unterricht zu er-

---

*) Vgl. die vortreffliche Ausführung von Herzen (de l'enseignement secondaire dans la suisse romande. Lausanne 1886).

schliefsen vermag. Mancher dürfte sich schon gewundert
haben, wie wenig Achtung vor den Begriffen Ursache
und Wirkung und deren Verhältnis bei Vertretern der
philologischen Fachgruppe zuweilen gefunden wird. Die
Erklärung mag wohl darin liegen, dafs das ihnen geläufige
analoge Verhältnis von Motiv und Handlung lange nicht
die übersichtliche Einfachheit und Bestimmtheit darbietet,
wie das erstere.

Die vollständige Übersicht aller möglichen
Fälle, die daraus hervorgehende ökonomische Ordnung und organische Verbindung der Gedanken,
welche jedem, der sie einmal gekostet hat, zu einem
bleibenden Bedürfnis wird, das er in jedem neuen Gebiet zu befriedigen strebt, kann sich nur bei der relativen Einfachheit des mathematischen und naturwissenschaftlichen Stoffes in gleichem Mafse entwickeln.

Wenn eine Reihe von Thatsachen mit einer Reihe von
andern Thatsachen in scheinbaren Widerstreit gerät, und
dadurch ein Problem auftritt, so besteht die Lösung
gewöhnlich nur in einer verfeinerten Unterschei-
dung, in einer vervollständigten Übersicht der
Thatsachen, wie dies z. B. an der Newtonschen Lösung
des Dispersionsproblems sich sofort erläutern läfst. Wenn
eine neue mathematische oder naturwissenschaftliche Thatsache bewiesen oder erklärt wird, so beruht dies
wieder nur auf der Darlegung des Zusammenhanges der
neuen Thatsache mit schon bekannten. Dafs z. B. der
Kreisradius sechsmal in der Peripherie aufgetragen werden
kann, wird erklärt oder bewiesen durch Zerlegung des dem

Kreise eingeschriebenen regulären Sechseckes in gleichseitige Dreiecke. Daſs die in einem Stromleiter in der Sekunde entwickelte Wärmemenge mit der Verdoppelung der Stromstärke sich vervierfacht, erklären wir durch das zur doppelten Stromstärke gehörige doppelte Potentialgefälle und die ebenfalls zugehörige doppelte durchfliefsende Menge, mit einem Wort durch die Vervierfachung der zugehörigen Arbeit. Erklärung und direkter Beweis sind nicht wesentlich von einander verschieden.

Wer eine geometrische, physikalische oder technische Aufgabe wissenschaftlich löst, bemerkt leicht, daſs sein Verfahren ein durch die ökonomische Übersicht ermöglichtes methodisches Suchen in Gedanken ist, ein vereinfachtes zielbewuſstes Suchen, zum Unterschied von dem planlosen unwissenschaftlichen Probieren. Der Geometer z. B., der einen zwei gegebene Gerade berührenden Kreis zu konstruieren hat, überblickt die Symmetrieverhältnisse der gesuchten Konstruktion, und sucht den Kreismittelpunkt nur mehr in der Symmetrielinie der gegebenen Geraden. Wer ein Dreieck mit zwei gegebenen Winkeln und gegebener Seitensumme sucht, überblickt die Formbestimmtheit des Dreiecks, und sucht nur mehr in einer gewissen Reihe formgleicher Dreiecke. So macht sich unter den verschiedensten Umständen die Einfachheit und Durchdringbarkeit des mathematisch-naturwissenschaftlichen Stoffes fühlbar, und fördert die Übung und das Selbstvertrauen im Gebrauch des Verstandes.

Ohne Zweifel wird sich durch den mathematisch-naturwissenschaftlichen Unterricht noch viel mehr erreichen lassen, als jetzt schon erreicht wird, wenn noch eine etwas natürlichere Methode in Gebrauch kommt. Hierzu gehört, daſs die Jugend nicht durch **verfrühte Abstraktion** verdorben wird, sondern den Stoff durch die **Anschauung** kennen lernt, bevor sie mit demselben denkend zu arbeiten hat. Eine zweckentsprechende Ansammlung von geometrischer Erfahrung würde z. B. durch das geometrische Zeichnen und durch das Herstellen von Modellen gewonnen. An die Stelle der unfruchtbaren nur für einen beschränkten Zweck passenden Euklidesschen Methode muſs eine freiere und mehr bewuſste treten, wie dies schon Hankel betont hat.*) Werden nun etwa bei Wiederholung des geometrischen Stoffes, wenn dieser selbst keine Schwierigkeiten mehr bereitet, die allgemeineren Gesichtspunkte, die Grundsätze des wissenschaftlichen Verfahrens hervorgehoben, und zum Bewuſstsein gebracht, wie dies v. Nagel,**) J. K. Becker,***) Mann****) u. A. in vorzüglicher Weise gethan haben, so kann eine fruchtbringende Wirkung nicht ausbleiben. Ebenso muſs auch der naturwissenschaftliche Lehrstoff durch Anschauung und Experiment bekannt sein, bevor eine tiefere denkende Erfassung desselben versucht wird. Auch hier werden die allgemeineren Gesichtspunkte zuletzt hervorzuheben sein.

---

*) Geschichte der Mathematik. Leipzig 1874.
**) Geometrische Analysis. Ulm 1886.
***) In seinen mathematischen Elementarbüchern.
****) Abhandlungen aus dem Gebiete der Mathematik. Würzburg 1883.

In diesem Kreise habe ich wohl nicht nötig, weiter darzulegen, daſs Mathematik und Naturwissenschaften berechtigte Bildungselemente sind, was ja selbst die Philologen, mit einigem Widerstreben allerdings, schon zugeben. Hier kann ich vielleicht sogar auf Zustimmung rechnen, wenn ich sage, daſs Mathematik und Naturwissenschaften als Unterrichtsfächer für sich **allein** eine **ausgiebigere materielle und formale Bildung**, eine mehr **zeitgemäſse**, eine **allgemeinere Bildung** erzeugen, als die philologischen Fächer für sich **allein**.

Wie soll nun dieser Anschauung in dem Lehrplan der Mittelschulen Rechnung getragen werden? Mir scheint es unzweifelhaft, daſs die Realschule und das Realgymnasium, welche den sprachlichen Unterricht nicht vernachlässigen, dem **mittleren Menschen** eine zweckmäſsigere Bildung geben als das Gymnasium, wenn auch erstere als Vorbildungsschulen für angehende Theologen und Philologen zur Zeit nicht für zureichend gehalten werden.*) Die Gymnasien sind zu **einseitig**. An **diesen** ist zunächst zu modifizieren; mit **diesen** allein wollen wir uns hier, um nicht weitläufig zu werden, einen Augenblick beschäftigen. Vielleicht möchte auch **eine** zweckmäſsige Vorbereitungsschule allen Bedürfnissen genügen.

Sollen wir nun in den Gymnasien die Lehrstunden, welche wir zur Verfügung haben, oder welche wir etwa den Philologen noch abringen können, mit möglichst viel und

---

*) Es ist hier nur von den deutschen Realschulen 1. O. und von den deutschen Realgymnasien die Rede. Die österreichischen Realschulen, welche die antiken Sprachen gar nicht berücksichtigen, können selbstverständlich als Vorbildungsschulen für Juristen, Theologen u. s. w. nicht in Betracht kommen.

möglichst mannigfaltigem mathematisch-naturwissenschaftlichem **Stoff** ausfüllen? Erwarten Sie keine solchen Vorschläge von mir. Niemand wird sie vorbringen, der sich selbst mit naturwissenschaftlichem Denken beschäftigt hat. Gedanken lassen sich anregen und befruchten, wie ein Feld durch Sonnenschein und Regen befruchtet wird. Gedanken lassen sich aber nicht durch Häufung von Stoff und Unterrichtsstunden, überhaupt nicht nach Rezepten **heraushetzen und herausdressieren**; sie wollen **freiwillig wachsen**. Gedanken lassen sich auch eben so wenig über ein gewisses Maaſs in **einem Kopf** anhäufen, als der Ertrag eines Feldes unbegrenzt gesteigert werden kann.

Ich glaube, daſs der für eine zweckmäſsige Bildung zureichende Lehrstoff, welcher **allen** Zöglingen einer Vorbereitungsschule **gemeinsam** geboten werden muſs, **sehr bescheiden ist**. Hätte ich den nötigen Einfluſs, so würde ich mit voller Beruhigung, und in der Überzeugung das Beste zu thun, zunächst in den Unterklassen den gesammten Unterrichtsstoff in den **philologisch-historischen und in den mathematisch-naturwissenschaftlichen** Fächern bedeutend reduzieren; ich würde die Zahl der Schulstunden und die Arbeitszeit auſser der Schule bedeutend **einschränken**. Ich bin nicht mit vielen Schulmännern der Meinung, daſs 10 Arbeitsstunden täglich für einen Knaben nicht zu viel seien. Ich bin überzeugt, daſs die reifen Männer, die so gelassen dieses Wort aussprechen, **selbst** nicht im stande sind, **täglich** durch so lange Zeit einem ihnen neuen Stoff z. B. elementarer Mathematik oder Physik, die Aufmerksamkeit mit **Erfolg** zuzuwenden, und ich bitte jeden, der das Gegenteil glaubt, an sich die Probe zu machen. Das Lernen, sowie das Unterrichten, ist keine Bureauarbeit, die nach der schon geläufigen Schablone **lange** fortgesetzt werden kann. Und auch solche Arbeit ermüdet endlich. Soll der junge Mensch nicht abgestumpft und erschöpft auf die Hochschule kommen, soll er nicht in der Vorbereitungsschule seine Lebenskraft **ausgeben**, die er daselbst doch zu **sammeln** hat, so muſs hier eine bedeutende Änderung eintreten. Sehe ich auch von den schädlichen Folgen der Überbürdung in **leiblicher** Beziehung hier ganz ab, so erscheinen mir die Nachteile für den **Verstand** schon **furchtbar**.

Ich kenne nichts Schrecklicheres als die armen Menschen, die **zu viel** gelernt haben. Statt des gesunden kräftigen Urteils, welches sich vielleicht eingestellt hätte, wenn sie **nichts** gelernt hätten, schleichen ihre Gedanken ängstlich und hypnotisch einigen Worten, Sätzen und Formeln nach, immer auf denselben Wegen. Was sie besitzen, ist ein Spinnengewebe von Gedanken, zu schwach um sich darauf zu stützen, aber kompliziert genug um zu verwirren.

Wie soll nun aber eine **bessere** mathematisch-naturwissenschaftliche Erziehung mit **Verminderung** des Stoffes vereinigt werden? Ich glaube einfach durch Aufgeben des **systematischen Unterrichts**, wenigstens soweit er für alle Zöglinge gemeinsam ist. Es scheint mir keine **Notwendigkeit**, daſs aus der Mittelschule Menschen hervorgehen, welche kleine Philologen, **zugleich** aber auch kleine Mathematiker, Physiker, Botaniker sind; ja ich sehe gar nicht die Möglichkeit eines solchen Ergebnisses. Ich sehe in dem Streben nach diesem Resultat, in welchem jeder für sein Fach allen andern gegenüber eine Ausnahmsstellung wünscht, den Hauptfehler unserer Schuleinrichtung. Ich wäre zufrieden, wenn jeder Jüngling einige wenige mathematische oder naturwissenschaftliche Entdeckungen so zu sagen mit erlebt, und in ihre weiteren Konsequenzen verfolgt hätte. Der Unterricht würde sich da vorzüglich und natürlich an die ausgewählte Lektüre der grofsen naturwissenschaftlichen Klassiker anschliefsen.*) Die wenigen kräftigen und klaren Ideen könnten in den Köpfen ablagern, gründlich verarbeitet werden, und die Jugend würde uns gewifs ein anderes Bild bieten.

Was soll z. B. die Belastung eines jungen Kopfes mit allen botanischen Einzelheiten? Wer nur unter Leitung des Lehrers einmal gesammelt hat, dem tritt statt Indifferentem überall Bekanntes oder Unbekanntes entgegen, wodurch er angeregt wird; er hat einen bleibenden Gewinn. Ich spreche hier nur die Ansicht eines befreundeten sachverständigen Schulmannes aus. Es ist auch gar nicht nötig, dafs alles, was in der Schule vorgebracht wurde,

---

*) Ich denke hier an eine zweckmäfsige Zusammenstellung von Lesestücken aus den Schriften von Galilei, Huyghens, Newton u. s. w. Die Wahl läfst sich leicht so treffen, dafs von einer ernstlichen Schwierigkeit nicht die Rede sein kann. Der Inhalt würde mit den Schulern durchgesprochen und durchexperimentiert. Diesen Unterricht allein würden in den Oberklassen jene Schuler erhalten, welche auf einen systematischen Unterricht in den Naturwissenschaften nicht reflektieren. Diesen Reformvorschlag bringe ich hier nicht zum erstenmal vor. Ich zweifle übrigens nicht, dafs man auf so radikale Änderungen nur langsam eingehen wird.

auch gelernt werde. Das Beste, was wir gelernt haben, und was uns fürs Leben geblieben ist, ist uns niemals abexaminiert worden. Wie kann der Verstand gedeihen, wenn Stoff auf Stoff gehäuft, und auf Unverdautes noch Neues aufgeladen wird? Es handelt sich ja gar nicht um Anhäufung von positivem Wissen, sondern viel mehr um geistige Übung. Es scheint ferner unnötig, dafs in jeder Schule genau dasselbe getrieben werde. Ein philologisches, ein historisches, ein mathematisches und ein naturwissenschaftliches Fach als gemeinsame Unterrichtsgegenstände für alle Zöglinge können für die geistige Entwicklung alles leisten. Die gegenseitige Anregung müfste im Gegenteil durch eine gröfsere Mannigfaltigkeit der positiven Bildung der Menschen wesentlich gefördert werden. Die Uniformierung pafst ja gewifs vortrefflich fürs Militär, für die Köpfe taugt sie aber gar nicht. Das hat schon Karl V. erfahren, und man hätte es nicht wieder vergessen sollen. Lehrer und Schüler bedürfen im Gegenteil eines beträchtlichen individuellen Spielraumes, wenn sie leistungsfähig sein sollen.

Ich bin mit Joh. Karl Becker der Meinung, dafs von jedem Fache genau festgestellt werden mufs, welchen Nutzen sein Studium gewährt, und wie viel von demselben für jeden nötig ist. Was über dieses Mafs hinausgeht, müfste, aus den Unterklassen wenigstens, unbedingt verbannt werden. In Bezug auf Mathematik scheint mir Becker*) diese Aufgabe in vorzüglicher Weise gelöst zu haben.

*) Die Mathematik als Lehrgegenstand des Gymnasiums. Berlin 1883.

Etwas anders stellt sich die Forderung in Bezug auf die Oberklassen. Auch hier braucht der allen Zöglingen gemeinsame Lehrstoff ein bescheidenes Mafs nicht zu überschreiten. Allein bei den vielen Kenntnissen, welche ein junger Mann heutzutage für seinen Beruf erwerben mufs, geht es nicht mehr an, dafs ein Dezennium der Jugend mit blofsen Präludien vergeudet werde. Die Oberklassen müssen eine wirkliche ausgiebige Vorbereitung für das Berufsstudium geben, und sollen nicht blofs nach den Bedürfnissen der künftigen Juristen, Theologen und Philologen zugeschnitten sein. Natürlich wäre es aber sinnlos und unmöglich, denselben Menschen zugleich für die verschiedensten Berufszweige ausgiebig vorzubereiten. Die Schule würde da, wie schon Lichtenberg fürchtete, nichts erzielen, als eine Auslese der Abrichtungsfähigsten, und gerade die gröfsten Spezialtalente, die sich nicht jede beliebige Dressur gefallen lassen, würden von der Wettbewerbung ausgeschlossen. Demnach mufs in den Oberklassen notwendig eine gewisse Lernfreiheit eingeführt werden, vermöge welcher es jedem, der über die Wahl seines Berufes sich klar ist, freisteht, sich vorzugsweise dem Studium der philologisch-historischen oder der mathematisch-naturwissenschaftlichen Fächer zu widmen. Dann kann der gegenwärtig behandelte Stoff beibehalten, in manchen Fächern vielleicht noch zweckmäfsig vermehrt werden,*) ohne dafs eine gröfsere

---

*) So unzweckmäfsig es ist, dafs auch die künftigen Mediziner und Naturforscher der Theologen und Philologen wegen mit dem Griechischen belastet werden, so unzweckmäfsig wäre es, die Theologen und Philologen der Mediciner wegen etwa zum Studium der analytischen Geometrie anzuhalten. Übrigens

Belastung des Schülers durch **viele Fächer** oder eine Vermehrung der Stundenzahl nötig wird. Bei **mehr homogener Arbeit** steigt auch die Leistungsfähigkeit des Schülers, indem ein Teil der Arbeit den andern stützt, statt ihn zu behindern. Wählt aber ein junger Mann später noch einen anderen Beruf, dann ist es **seine Sache**, das ihm Fehlende nachzuholen. Der Gesellschaft wird es gewiß nicht schaden, und sie wird es nicht als Unglück empfinden, wenn etwa mathematisch gebildete Philologen und Juristen, oder philologisch gebildete Naturforscher auftauchen.*)

---

kann ich nicht glauben, daß dem Mediziner, wenn er nur sonst im quantitativen Denken geübt ist, die Unkenntnis der analytischen Geometrie ernstlich hinderlich werden könnte. Einen besonderen Erfolg kann man an den Abiturienten der österreichischen Gymnasien, die ja alle analytische Geometrie getrieben haben, im allgemeinen nicht wahrnehmen.

*) Direktor Dr. **Krumme** in Braunschweig hat mich im Gespräch aufmerksam gemacht, daß das hier vorgeschlagene Prinzip der **beschränkten Lernfreiheit an den dänischen Gelehrtenschulen**, die unseren Gymnasien entsprechen, bereits mit bestem Erfolg **durchgeführt ist**. Die Dänischen Gelehrtenschulen sind **sechsklassige Einheitsschulen mit Bifurkation der beiden oberen Klassen**. Ich entnehme Krummes „pädagogischem Archiv" 1883 S. 544 den Lehrplan der beiden oberen Klassen. In der folgenden Tabelle bedeutet SG die sprachlich-geschichtliche, MN die mathematisch-naturwissenschaftliche Abteilung und G die beiden Abteilungen gemeinsamen Unterrichtsgegenstände.

	V. Klasse			VI. Klasse			Summe der Stunden	
	SG	G	MN	SG	G	MN	SG	MN
Dänisch	—	4	—	—	4	—	8	8
Deutsch und Englisch	—	2	—	—	2	—	4	4
Französisch	—	3	—	—	3	—	6	6
Lateinisch	9	—	—	8	—	—	17	—
Griechisch	6	—	—	6	—	—	12	—
Geschichte	—	3	—	—	4	—	7	—
Mathematik und Zeichnen	—	—	10	—	—	10	—	20
Naturlehre	3	—	5	3	—	5	6	10
	18	12	15	17	13	15	60	55

Die Einsicht ist schon sehr verbreitet, daſs die lateinisch-griechische Bildung längst nicht mehr dem allgemeinen Bedürfnis entspricht, daſs es eine mehr zeitgemäſse, eine allgemeinere Bildung gibt. Mit dem Namen allgemeine Bildung wird allerdings viel Miſsbrauch getrieben. Eine wirkliche allgemeine Bildung ist gewiſs sehr selten. Die Schule ist wohl kaum im stande diese zu bieten; sie kann dem Schüler höchstens das Bedürfnis nach derselben ins Herz legen. Seine Sache ist es dann, sich je nach seinen Kräften eine mehr oder wenig allgemeine Bildung zu verschaffen. Es wäre wohl auch recht schwer, zur Zeit eine jedermann zufriedenstellende Definition der allgemeinen Bildung zu geben, noch schwerer eine solche, welche etwa für 100 Jahre vorhalten würde. Das Bildungsideal ist eben sehr verschieden. Dem Einen scheint „selbst durch einen frühen Tod" die Kenntnis des klassischen Altertums nicht zu teuer verkauft. Wir haben auch nichts dagegen, daſs dieser und seine Gesinnungsgenossen ihr Ideal in ihrer Weise verfolgen. Dagegen wollen wir aber energisch protestieren, daſs solche Bildungsideale an unseren Kindern verwirklicht werden. Ein Anderer, Platon z. B., stellt wieder in der Geometrie unwissende Menschen auf die Stufe der Thiere.*) Hätten solche beschränkte Urteile die Macht der Zauberin Kirke, dann würde mancher, der sich vielleicht mit Recht für sehr ge-

---

Die in derselben Richtung interessante Schulordnung in Norwegen ist etwas zu kompliziert, um sie hier kurz darzulegen. Näheres hierüber im „pädagog. Archiv". 1884. S. 497.

*) Vgl. M. Cantor, Geschichte der Mathematik. Leipzig 1880. I Bd. S. 193.

bildet hält, eine nicht sehr schmeichelhafte Verwandlung an sich verspüren. Suchen wir also mit unserem Unterrichtswesen den Bedürfnissen der Gegenwart gerecht zu werden, und schaffen wir keine Vorurteile für die Zukunft!

Wie kommt es doch, müssen wir uns fragen, daſs etwas so Unzeitgemäſses, wie die Gymnasialeinrichtung, sich so lange gegen die öffentliche Meinung halten konnte? Die Antwort ist einfach. Die Schulen waren erst eine Unternehmung der Kirche, nachher, seit der Reformationszeit, eine Staatsunternehmung. Solche groſse Unternehmungen bieten manche Vorteile. Dem Unterricht können Mittel zugeführt werden, wie sie eine Privatunternehmung (wenigstens in Europa) kaum auftreiben würde. Es kann in vielen Schulen nach demselben Plan gearbeitet, und dadurch ein Experiment im Groſsen angestellt werden, das sonst wieder unmöglich wäre. Ein einzelner Mann, der eben Einfluſs und Einsicht hat, kann unter diesen Umständen Bedeutendes in Förderung des Unterrichtes leisten.

Allein die Sache hat auch ihre Kehrseite. Die eben im Staate herrschende Partei arbeitet für sich, benutzt die Schule für sich. Jede Konkurrenz ist ausgeschlossen, ja jeder ausgiebige Versuch einer Verbesserung ist unmöglich, wenn der Staat nicht selbst ihn unternimmt, oder wenigstens duldet. Durch die Uniformität der Volkserziehung wird ein einmal geltendes Vorurteil in Permanenz erklärt. Die höchste Intelligenz und der kräftigste Wille vermöchte nicht, dasselbe auf einmal zu brechen. Ja da alles dieser Anschauung angepaſst ist, so wäre eine plötzliche Wandlung auch materiell unmöglich. Eben die beiden den Staat fast noch allein regierenden Stände, die Juristen und Theologen, kennen nur die einseitige vorwiegend philologische Bildung, welche sie in der Staatsschule erworben haben, und wollen nur diese geachtet und geschätzt wissen. Andere nehmen aus Leichtgläubigkeit diese Meinung an. Andere beugen sich, ihren eigenen Wert für die Gesellschaft unterschätzend, vor der Macht der herrschenden Meinung. Wieder andere affektieren die Meinung der herrschenden Stände, um mit diesen auf gleicher Stufe der Achtung zu bleiben, sogar gegen ihre bessere Überzeugung. Ich will keine Beschuldigung aussprechen, muſs aber doch gestehn, daſs mir das Verhalten der Ärzte gegenüber der Berechtigungsfrage der Realschulabiturienten zuweilen diesen Eindruck gemacht hat. Bedenken wir endlich, daſs ein einfluſsreicher Staatsmann selbst innerhalb der Schranken, welche Gesetz und öffentliche Meinung ihm ziehen, dem Unterricht auch sehr schaden kann, indem er seine einseitige Ansicht für unfehlbar hält, und dieselbe in rücksichtsloser, unduldsamer Weise zur Geltung bringt, was nicht nur geschehen kann, sondern wiederholt wirklich geschehen ist,*) so sehen wir das Staatsmonopol doch mit etwas anderen Augen an. Und darüber können wir nicht im Zweifel bleiben, daſs die Gymnasien in ihrer gegenwärtigen Form längst nicht mehr bestehen würden, wenn der Staat sie nicht gehalten hätte.

---

*) Vgl. Paulsen, a. a. O. S. 607. 688.

Diese Dinge müssen sich nun ändern. Sie werden sich nicht von selbst, nicht ohne unser kräftiges Zuthun und jedenfalls nur langsam ändern. Der Weg ist aber vorgezeichnet. Die Volksvertretung muſs auf die Schulgesetzgebung gröſseren und stärkeren Einfluſs nehmen. Dazu müssen aber die hierher gehörigen Fragen vielfach öffentlich und mit Freimut erörtert werden, damit sich die Ansichten klären. Alle die, welche die Unzulänglichkeit des Bestehenden erkennen, müssen sich zu einem groſsen Bunde **vereinigen**, damit ihre Meinung Nachdruck erhalte, und die einzelne Stimme nicht ungehört verhalle.

Meine Herren! kürzlich habe ich in einer vortrefflichen Reisebeschreibung gelesen, daſs die Chinesen nur ungern von Politik sprechen. Ein derartiges Gespräch wird gewöhnlich mit der Bemerkung abgebrochen: „Darum mögen sich diejenigen kümmern, die es angeht, und die dafür bezahlt sind." Es will mir nun scheinen, daſs es nicht nur den **Staat**, sondern auch **jeden** von uns sehr stark angeht, **wie** unsere Kinder in den öffentlichen Schulen auf **unsere** Kosten erzogen werden.